公路养护实用技术培训教材

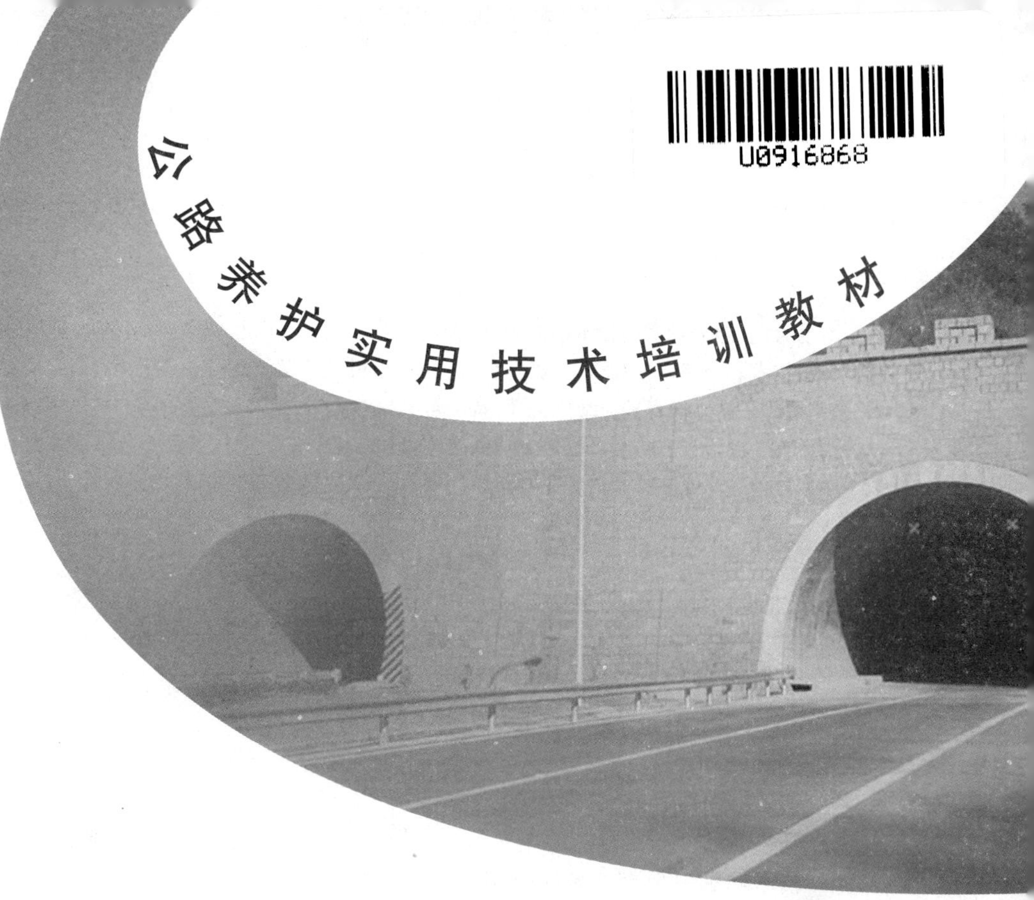

U0916868

公路桥涵与隧道养护

Gonglu Qiaohan Yu Suidao Yanghu

主　编　管　频
　　　　王运周
副主编　吴祥海
主　审　赵河清

内 容 提 要

本书为《公路养护实用技术培训教材》分册之一。以现行标准、规范为基本依据，主要介绍了公路桥涵与隧道养护技术。全书共分八章，主要内容包括：公路桥梁上部结构养护与维修，公路桥梁下部结构养护与维修，公路桥梁附属结构养护与维修，公路特殊桥梁日常养护与维修，公路涵洞养护与维修，公路隧道养护与维修，公路桥涵、隧道灾害防治与抢修，桥涵、隧道养护与维修的常用机具及安全作业等内容。

本书可作为职业院校相关专业的教学用书，也可作为公路养护技术人员和管理人员的培训教材。

图书在版编目(CIP)数据

公路桥涵与隧道养护/管频，王运周主编. —北京：人民交通出版社，2009.8

公路养护实用技术培训教材

ISBN 978-7-114-07940-5

I.公… II.①管…②王… III.①公路桥-桥涵工程-养护-技术培训-教材②公路隧道-隧道维护-技术培训-教材 IV.U448.145.7 U459.2

中国版本图书馆CIP数据核字(2008)第094689号

书　　名：公路桥涵与隧道养护
著 作 者：管　频　王运周
责任编辑：江　妤　袁　方
出版发行：人民交通出版社股份有限公司
地　　址：(100011)北京市朝阳区安定门外外馆斜街3号
网　　址：http://www.ccpress.com.cn
销售电话：(010)59757973
总 经 销：人民交通出版社股份有限公司发行部
经　　销：各地新华书店
印　　刷：北京市密东印刷有限公司
开　　本：787×1092　1/16
印　　张：10.5
字　　数：254千
版　　次：2009年8月　第1版
印　　次：2017年1月　第3次印刷
书　　号：ISBN 978-7-114-07940-5
印　　数：4001-5000册
定　　价：25.00元

《公路养护实用技术培训教材》
编　委　会

前　　言

我国公路事业的迅猛发展，促使公路交通成为交通运输的主要形式之一，极大地推进了我国国民经济的快速发展。随着公路通车里程的增加、交通量的增长、车辆的大型化、严重超载以及公路随时间的推移出现的各种病害，致使公路在使用过程中面临着严峻的考验。针对上述情况，为了提高公路的通行能力、承载能力和快速反应能力，增强公路交通的安全性和舒适性，最大地发挥公路的经济效益和社会效益；同时也为了加强和规范公路养护管理工作，提高公路养护人员的技术素质，我们组织相关院校资深教师及企事业单位专家针对目前公路养护现状，在总结经验的基础上借鉴国内外公路养护与管理的新方法和新技术，精心编写了一套《公路养护实用技术培训教材》（共分四册），分别为：《公路路基与路面养护》、《公路桥涵与隧道养护》、《交通工程及沿线设施养护》和《公路养护机械使用与维护》。

本套教材详尽地介绍了公路养护的管理模式、养护技术及各种先进的养护机械设备结构、性能与运用技术。它具有以下特点：

一是以公路养护工程的小修保养为主，突出基本定义和概念、基本方法和工艺、基本标准和要求；注重反映公路养护的新技术、新工艺、新方法和新材料。

二是以部颁公路养护规范及规程为标准，紧扣公路养护施工实际，突出先进性、指导性、实用性和操作性。

三是教材以图代文、图文并茂，语言生动，通俗易懂。

四是以理论实践一体化的教学模式，突出技能教学，注重快速提高实际运用能力和操作能力。

该套教材的编写在校企联合开发教材方面做出了有益尝试，它既可作为职业院校相关专业的教学用书，又可作为公路养护技术人员和管理人员的培训教材。

《公路桥涵与隧道养护》是本套教材之一，主要介绍了公路桥涵与隧道养护技术。本册共分八章（主要内容见“内容提要”），参加本册教材编写工作的有：甘肃交通职业技术学院管频（编写第七章、第八章）、陈彪来（编写第一章）、王运周（编写第六章）、王博（编写第二章）、王勇（编写第四章、第五章），甘肃省公路局吴祥海（编写第三章）。本册教材由管频、王运周担任主编，吴祥海担任副主编，甘肃省公路局赵河清担任主审。

限于编者的水平，书中疏漏与错误之处在所难免，恳请读者不吝赐教。

编委会

2009 年 6 月

前　言

目　　录

绪　　论

桥涵与隧道是确保公路畅通的咽喉,为了保证桥梁时刻处于安全的运营与完好的技术状态,延长其使用年限,满足承载能力和通行能力要求,就必须对桥涵、隧道进行适时养护、及时维修与加固。

一、桥涵与隧道养护的技术政策

(1)必须贯彻“预防为主、防治结合”的方针,根据积累的技术经济资料和当地的具体情况,通过检测及科学分析,预先防范,消除可能导致桥涵和隧道损坏的因素,增强桥涵和隧道的耐久性和抗灾能力。特别要做好雨季和冬季的防护工作,以减少水毁和冻胀损坏等。

(2)全面贯彻执行《公路桥涵养护管理工作制度》,加强桥涵的检查、诊断、评估、维修养护、加固和改造,逐步消灭危桥;及时处理废桥、碍洪桥,改建加宽宽路窄桥和不符合公路荷载等级的桥梁。

(3)推广应用先进的养护技术和科学的管理办法,改善养护手段,提高养护技术水平,采用先进设备机具,推广应用桥梁管理系统,重视环境保护和综合治理工作。

(4)应按照现行《公路工程技术标准》(JTG B01—2003)、《公路桥涵养护规范》(JTG H11—2004)和《公路隧道养护技术规范》(JTG H12—2003)等有关规范的要求进行设计与施工。

(5)贯彻以桥面养护为中心、以承重构件养护为重点的全面养护工作方针。

二、桥涵与隧道养护工作的基本要求

桥涵和隧道建成后,为了适应公路交通运输事业的发展,确保正常运营,必须加强日常养护和维修,具体要求如下:

(1)建立、健全公路桥涵、隧道的检查、评定制度。对公路桥涵、隧道结构和设施进行周期性的检查,系统地掌握技术状况,及时发现缺损和相关状况的变化。按桥涵、隧道检查结果,对其技术状况进行分类评定,制订相应的养护对策。

(2)建立公路桥涵与隧道管理系统和数据库,实施桥涵、隧道病害监控,实行科学决策。逐步建立特大型桥梁与隧道预警系统和地震、洪水、流冰和坍方等预防决策系统。

(3)公路桥涵、隧道养护应做到:桥涵、隧道外观整洁,桥面铺装坚实平整、横坡适度,桥头(洞口)连接顺适,排水畅通,结构完好无损,标志、标线、通风、照明等附属设施齐全完好。

(4)桥涵、隧道的养护,首先应使原结构保持设计荷载等级的承载要求及设计交通量的通行要求。根据交通发展的需要,也可通过改造或改建来提高承载能力和通行能力。在确定改造或改建工程方案时,应注意新旧结构之间的关系,充分发挥原有结构的作用。

(5)养护作业和工程实施应注意保障车辆、行人的安全通行及环境保护。

(6)桥涵、隧道养护应有对付洪水、流冰、泥石流和地震等灾害的防护措施,同时应备有应急预案。

(7)新建或改建桥梁、隧道竣工接养,应有完备的交接手续并提供成套技术数据。特大桥、大桥和隧道应配置养护设施、机具,设置养护工作通道、扶梯、吊杆、平台;设计单位应提供养护技术要点及要求。未配置或配置不能完全满足养护工作需要的，可根据实际需要增添。

(8)桥涵、隧道的检查及技术状况评定、养护对策、维修、加固、改建的竣工验收等有关技术文件，均应按统一格式完整地归入桥涵、隧道养护技术档案及数据库。

三、桥涵、隧道病害及缺陷的定义

(1)结构部件破损：人行道、栏杆、帽石、锥坡、端墙、墩台有缺件、断裂、破损及露筋等；伸缩缝、支座被杂物卡住或出现松动、锈蚀、老化现象。

(2)排水不良：桥面不整洁、泄水孔堵塞、影响桥面排水；涵洞(管)淤塞超过孔径1/4者。

(3)桥头(涵顶)跳车：桥梁、过水路面衔接处不平及涵洞顶纵坡不适；桥梁伸缩缝养护不良，引起行车颠簸者。

(4)隧道损坏：有衬砌隧道拱圈、侧墙变形、裂缝、砌体脱落；无衬砌隧道出现危石或大量碎落石；洞身较大范围渗漏水；洞口端墙、翼墙倾斜、位移；隧道内排水系统淤塞积水以及应有照明、通风设备而未设或效果较差者。

四、桥涵、隧道养护工程分类

桥涵、隧道的养护按其工程性质、规模大小、技术难易程度，划分为小修保养工程、中修工程、大修工程和改建工程四类。

(1)小修保养工程：即对管养范围内的桥涵及其工程设施进行预防性保养和修补轻微损坏部分使其经常保持完好状态。它通常是由基层管理机构在年度小修保养定额经费内，按月(旬)安排养护工作计划，是经常进行的养护工作。

(2)中修工程：即对管养范围内桥涵及其工程设施的一般性磨损和局部损坏进行定期的修理加固，恢复原状的小型工程项目。它通常是由基层管理机构按年(季)安排计划并组织实施。

(3)大修工程：即对管养范围内的桥涵及其工程设施的较大损坏进行周期性的综合修理，以全面恢复到原设计标准；或在原技术等级范围内进行局部改善和个别增建，以逐步提高通行能力的工程项目。

(4)改建工程：即对桥涵及其工程设施因不适应交通量、载重、泄洪或局部改建需要提高技术等级及重建，或通过改建显著提高其通行能力的较大工程项目。

按照《公路养护工程管理办法》的规定，桥梁、涵洞和隧道养护工程分类范围，如表0-1所示。

桥梁、涵洞和隧道养护工程分类范围　　表0-1

工程分类		桥梁、涵洞、隧道的具体养护工程内容
小修保养工程	保养	①清除污泥、积雪、杂物，保持桥面、隧道内及洞口清洁； ②疏通涵管，疏导桥下河槽； ③养护伸缩缝，疏通泄水孔，栏杆油漆； ④桥涵的日常养护； ⑤保持隧道内及洞口清洁
	小修	①局部修理，更换栏杆和修理泄水孔、伸缩缝、支座和桥面的局部轻微损坏； ②修补墩、台及河床铺底和防护圬工的微小损坏； ③涵洞进出口的铺砌加固； ④通道的局部维修和疏通修理排水沟； ⑤清除隧道洞口碎落岩石和修理圬工接缝，处理渗漏水

续上表

工程分类	桥梁、涵洞、隧道的具体养护工程内容
中修工程	①修理、更换人行吊桥木道板的损坏构件及防腐; ②修理、更换中、小桥支座、伸缩缝及个别构件; ③大、中型钢桥的全面油漆防锈和各部构件的检修; ④永久性桥墩、台侧墙及桥面的修理和小桥桥面的加宽; ⑤重建、增建、接长涵洞; ⑥桥梁河床铺底或调治构造物的修复和加固; ⑦隧道工程局部防护加固; ⑧通道的修理与加固; ⑨排水设施的更新; ⑩各类排水泵站的修理
大修工程	①大、中型桥梁不提高技术等级的加宽、加固、加高; ②增、改建小型桥梁和技术性简单的中桥; ③增、改建较大的河床铺底和永久性调治构造物; ④吊桥、斜拉桥的修理与个别索的调整更换; ⑤大桥桥面铺装的更换; ⑥大桥支座、伸缩缝的修理更换; ⑦通道改建; ⑧隧道的通风和照明及排水设施的大修或更新; ⑨隧道的较大防护、加固工程
改建工程	①提高公路技术等级,加宽、加高大中型桥梁; ②改建、增建小型立体交叉桥; ③增建公路通道; ④新建渡口的公路接线、码头引线; ⑤新建短隧道工程

五、桥涵与隧道养护三级负责制度

桥涵与隧道养护三级负责制度的级别、要求和职责划分,如表 0-2 所示。

桥涵与隧道养护的三级负责制度 表 0-2

级别	要　求	职 责 划 分
县级公路管理机构	设专职养护工程师(或技术员)	①主持桥涵、隧道的经常性检查,并详细记录检查结果; ②根据经常性检查结果,负责向上一级专职养护工程师和本县段主管领导报告三类以上桥涵、隧道的病害情况; ③负责主持辖区内桥涵、隧道小修保养和抗灾抢险工作,考核养护质量,及时上报辖区内的桥涵、隧道受自然灾害和其他因素损坏的情况。并根据上级审定的超重车辆通过桥梁方案,组织和指导超重车辆通过,其后详细检查有无损坏,同时记录在案; ④提出辖区内桥涵、隧道小修保养年度工作计划; ⑤参与辖区内桥涵、隧道养护大修、中修、改善工程的竣工验收; ⑥协助上一级专职桥涵、隧道养护工程师作定期检查

续上表

级别	要　　求	职 责 划 分
地(市)级公路管理机构	设专职养护工程师	①制订、安排桥涵、隧道年度定期检查计划,组织实施辖区内养护的定期检查,以及桥涵、隧道受各种自然灾害、人为损害情况的检查,并按规定提出检查报告; ②根据上述检查结果,提出桥涵、隧道的养护、维修、改善方案和措施; ③向上级专职养护主管工程师或总工程师提出年度需要作特殊检查的申请报告,说明需要检查的桥涵、隧道的部位和原因,供总工程师审定; ④提出辖区内桥涵、隧道养护大修、中修、改善工程项目的年度计划; ⑤负责桥涵、隧道养护大修、中修工程计划的落实和工程施工的监督、检查和质量控制; ⑥组织桥涵、隧道大修、中修、改善工程的中间检查和竣工验收; ⑦参与辖区内桥涵、隧道新、改建工程的竣工验收; ⑧审核辖区内桥涵、隧道小修保养年度计划; ⑨监督、检查县级公路管理机构的桥涵、隧道小修保养工作情况; ⑩协助实施辖区内桥涵、隧道的特殊检查工作; ⑪负责辖区内桥涵、隧道技术档案的补充、完善和保密工作,定期对辖区内桥涵、隧道技术状况作出综合评价与分析
省级公路管理机构	由总工程师兼养护管理工作,也可授权公路养护处(科)设专职养护主管工程师,负责全省(自治区、直辖市)桥涵、隧道养护管理工作	①负责全省(自治区、直辖市)内的桥梁养护技术工作; ②审核并提出桥涵、隧道特殊检查工作计划并组织实施; ③主持审定桥涵、隧道特殊检查报告,依据特殊检查报告,向本局主管领导提出桥涵、隧道的特殊加固、改造、改建工程项目建议; ④组织专职养护工程师的技术业务培训; ⑤组织制订全省(自治区、直辖市)的桥涵、隧道养护工作计划,审批桥涵、隧道加固、改造设计方案,并监督实施; ⑥提出桥涵、隧道养护的科研计划,主持审定科研成果; ⑦组织检查、分析桥涵、隧道养护工作中的重大质量、安全事故; ⑧参加超限运输车辆通过桥梁的审批,审定超限运输车辆通过公路桥梁的方案

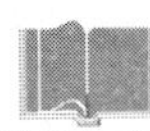

第一章　公路桥梁上部结构养护与维修

公路桥梁的上部结构也称为桥跨结构，主要由桥面系、承重结构和支座等组成。其作用是承受车辆和人群等荷载，并通过支座将荷载传递给墩台。

第一节　桥面系养护与维修

公路桥梁的桥面系，主要包括桥面铺装、排水设施、伸缩装置、人行道（安全带）构件、栏杆（护栏）和桥上交通信号、标志、标线以及照明设施等。

一、桥面铺装养护与维修

桥面铺装的作用是防止车轮直接磨耗行车道板，保护主梁免受雨水侵蚀，提高桥梁的整体性，有利于车轮荷载的传递。通过养护要防止桥面铺装开裂，并保证耐磨；通过维修要保证桥面铺装有足够的强度。

1. 桥面铺装常见缺陷

桥面铺装材料主要有水泥混凝土和沥青类材料等两种，由于使用材料不同，缺陷的形式也不一样，现分述如下：

(1)沥青类铺装层缺陷。

①泛油：桥面出现泛油后，车辆过桥时粘轮，下雨时易打滑，使行驶安全度降低。

②松散、露骨：桥面出现锯齿状的粗糙状态。

③裂缝：有纵缝、横缝或网裂。

④高低不平、产生跳车：一般出现在桥跨结构物的连接部位，如简支梁桥的接头处和有挂梁的悬臂梁桥挂梁支点处等。

(2)普通水泥混凝土铺装层缺陷。

①磨光：铺装层被行驶的车辆磨耗，表面呈平滑状态。

②裂缝：有网裂，纵、横缝等。

③脱皮、露骨：表层脱皮或局部破损露骨。

④高低不平：在接头部位与沥青铺装层相同。

2. 桥面铺装养护与维修

(1)桥面铺装养护，包括以下几个方面：

①应经常清扫桥面，保持桥面清洁完整和有一定的横坡。

②在雨后应及时将桥面积水排除，冬季结冰或下雪后应及时清除桥面上的冻块或积雪。

③严禁在桥面上摆设摊点、堆置杂物或晾晒庄稼等。

(2)水泥混凝土铺装层维修。水泥混凝土铺装层若有磨光、脱皮、露骨或破裂等缺陷时，通常可用如下方法进行维修：

①原结构凿补。将原水泥混凝土铺装层的表面凿毛，并尽可能深一些，使骨料露出，用清水冲洗干净并充分润湿，再涂刷上同强度等级的水泥砂浆（或其他新旧混凝土黏结材料），最

后铺筑一层 4 ~5cm 厚的水泥混凝土铺装层(在桥梁荷载能力容许的前提下)。

②采用黑色路面改建桥面。采用黑色路面,即沥青类材料修补桥面铺装,一般较水泥混凝土铺装容易,且上下结合也比较牢靠,施工期间对交通影响也较小,为了不影响美观,必须全桥加铺。黑色路面修补的结构可采用沥青表面处治或沥青细砂罩面,也可加铺一层沥青混凝土。采用沥青细砂时,应先涂刷黏层油,使之与旧面层可靠黏结。

③全部凿除,重筑铺装层。桥面铺装层如已损坏严重,可采用全部凿除、重筑铺装层的方法修补。新铺的面层可采用普通水泥混凝土,也可采用钢纤维混凝土等其他材料。在浇筑桥面混凝土之前必须严格按设计重新布设钢筋网,以保证钢筋网上下保护层,从而减少裂缝。在绑扎桥面钢筋网之前必须用钢丝刷清除梁顶结合面上的浮浆,用空压机吹净,冲洗干净,以保证梁板与桥面铺装的结合。在浇筑桥面混凝土时要充分振捣,保证密实,初凝前要对表面做拉毛处理,以保证桥面有足够的粗糙度。水泥混凝土桥面铺装施工完成后必须及时覆盖和养生,并须在混凝土达到设计强度之后才能开放交通。

(3)沥青混合料桥面铺装维修。沥青混合料桥面铺装出现泛油、拥包、裂缝、波浪、坑槽、车辙等病害时,应及时处治。当损坏面积较小时,可局部修补;损坏面积较大时,可将整跨铺装层凿除,重铺新的铺装层。一般不应在原桥面上直接加铺,以免增加桥梁恒载。

(4)桥面凹凸不平,如因构件连接处沉陷不均引起时,可采用在桥下以液压千斤顶顶升,调整构件连接处高程,使其顶面具有相同高度的方法进行维修。

(5)砖、石、混凝土拱桥桥面铺装层的破损维修与同类型公路路面破损维修一样。如主拱圈下垂或拱上建筑物的损坏造成桥面沉落或开裂,则必须查明原因后再进行修复。

3. 桥面铺装层修补

(1)桥面损坏情况。铺装层局部隆起而遭破坏,铺装层与顶板脱开呈空洞现象,桥面钢筋裸露,表面脱落,如图 1-1 所示。

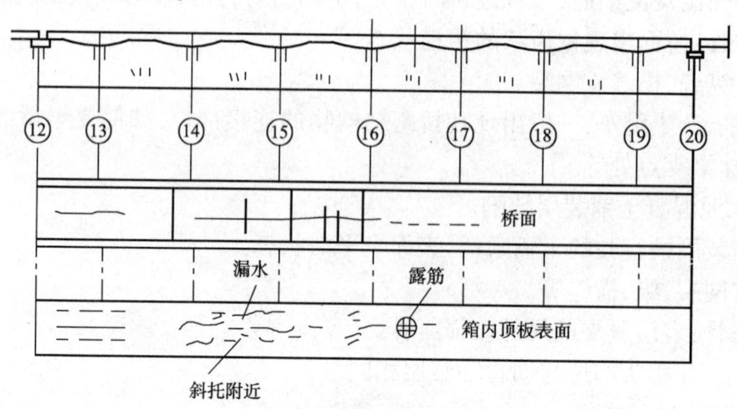

图 1-1　桥面破损图示

(2)桥面铺装修补施工要点。

①人工凿开原桥面防水混凝土及钢筋网,并清除干净。

②施工前将顶板表面尘土、杂物等清扫干净。

③拆除桥面泄水管,按新设计高程重新安装,并做好防水处理。

④按设计严格控制桥面铺装层每层的施工高程,确保桥面纵向、横向高程达到设计要求。

⑤做好各种结构的材料配比试验,选用最佳材料配比。

⑥施工机具进场、就位、试机。

⑦做好半幅施工的安全设施的配制,确保车辆、行人、施工的安全。

⑧浇筑混凝土找平层,凡与旧混凝土接触的所有接触面,应均匀地涂上一层新旧混凝土黏结剂。

⑨浇筑 C40 防水混凝土。

⑩在找平层混凝土强度达到设计强度的75%时,在新旧混凝土接合的阴、阳角和接头等部位,均匀涂刷一层阳离子氯丁胶乳的水浮型橡胶沥青污水材料。

⑪当第一层胶乳基本干后,再按上述方法涂刷第二层胶乳(含6%的阳离子氯丁橡胶),待胶乳稍干后迅速而均匀地辊辗一层玻纤布。

⑫待玻纤布贴好后,涂上一薄层掺有30%的阳离子氯丁橡胶乳胶的水乳型橡胶沥青。

⑬铺筑热拌沥青混合料(或沥青混凝土),可半幅施工,半幅通行。

⑭用热拌橡胶沥青细砂(石屑)封面。

⑮加强初期养护,慢速通车。

⑯安装、涂刷安全标志和标线设施。

二、桥面排水设施养护与维修

1. 排水设施常见缺陷

桥面排水设施主要有泄水管和引水槽两种。这两种排水设施的常见缺陷如下:

(1)泄水管的缺陷

①在外界作用影响下,管道出现局部破裂或损伤,而导致漏水。

②由于接头连接不牢而使管体脱落,失去排水作用。

③管内有泥石杂物堵塞,从而排水不畅、水流不通。

④管口有泥石杂物堆积。

(2)引水槽的缺陷

引水槽的缺陷主要表现在堆泥、堵塞,水流不畅,槽口破裂损坏而出现漏水、积水等方面。

2. 排水设施养护与维修

(1)桥面的引水槽、泄水管要及时清扫、疏通;缘石的横向泄水孔道,不够长的要及时接长,避免桥面水流沿梁侧泻流。

(2)桥面应保持大于1.5%的横坡,以利于桥面排水。

(3)泄水管损坏要及时修补,接头不牢已掉落的要重新安装接上,损坏严重的要予以更换。

(4)引水槽破裂的要重新修补,当槽口太小不能满足排水需要时要扩大槽口,重新修筑。

三、人行道、栏杆、护栏和防撞墙的养护与维修

1. 人行道、栏杆、护栏和防撞墙的常见缺陷

(1)混凝土构件出现松动、缺损、开裂、混凝土剥落或错位。

(2)桥梁栏杆立柱倾斜、露筋;扶手损坏、断裂。

(3)伸缩装置处的水平杆件不能自由伸缩。

(4)钢质栏杆严重变形或断裂。

(5)桥梁两端的栏杆柱或防撞墙端面的立面标记和示警标志油漆或钢质栏杆防锈漆脱落或颜色暗淡。

(6)桥上灯柱缺损或歪斜,灯具损坏,不能保证夜间照明。

2. 人行道、栏杆、护栏和防撞墙的养护与维修

(1)人行道块件应牢固、完整,桥面路缘石应经常保持完好状态,若出现松动、缺损应及时进行修整或更换。

(2)桥梁栏杆应经常保持完好状态,栏杆柱应竖立正直,扶手应无损坏、断裂,伸缩装置处的水平杆件应能自由伸缩,栏杆柱、扶手如有缺损,应及时补齐。因栏杆损坏而采用临时防护措施时,使用时间不得超过三个月。

(3)石质栏杆如有缺损要及时用砂浆修补,选用同样石料砌筑或更换;钢筋混凝土栏杆开裂严重或混凝土剥落,应凿除损坏部分,修补完整。

(4)护栏、防撞墙应牢固、可靠,若有损坏应及时修理或更换;钢护栏与钢筋混凝土护栏上的外露钢构件以及钢质栏杆等应定期涂漆防锈,一般每年一次。

(5)桥梁两端的栏杆柱或防撞墙端面,涂有立面标记或示警标志的,应定期涂刷,使油漆颜色保持鲜明,一般每年一次。

(6)桥上灯柱应保持完好状态,如有缺损和歪斜,应及时修理、扶正;灯具损坏应及时更换,保证夜间照明。

四、桥面伸缩装置养护与维修

桥面伸缩装置由于设置在梁端构造薄弱部位,直接承受车辆荷载的重复作用,又多暴露于大自然中,受到各种自然因素的影响,极易损坏,且难以修补。随着交通量的增大,重车增多,一些老的伸缩装置的损坏也逐渐增多。这不仅影响车辆的行驶性能,而且会发展到引起结构本身的破坏,如由于桥面伸缩装置的损坏,使水向下渗漏从而影响梁体端部结构和造成支座锈蚀等病害。因此,必须把桥面伸缩装置看成与梁体同等的结构来进行养护维修或更换。

1. 桥面伸缩装置常见缺陷

桥面伸缩装置常见的类型有锌铁皮伸缩装置、钢板伸缩装置、橡胶伸缩装置和模数支承式伸缩装置等。常见缺陷随伸缩装置形式的不同而有所不同,现分述如下:

(1)锌铁皮伸缩装置(图1-2)常见缺陷如下:

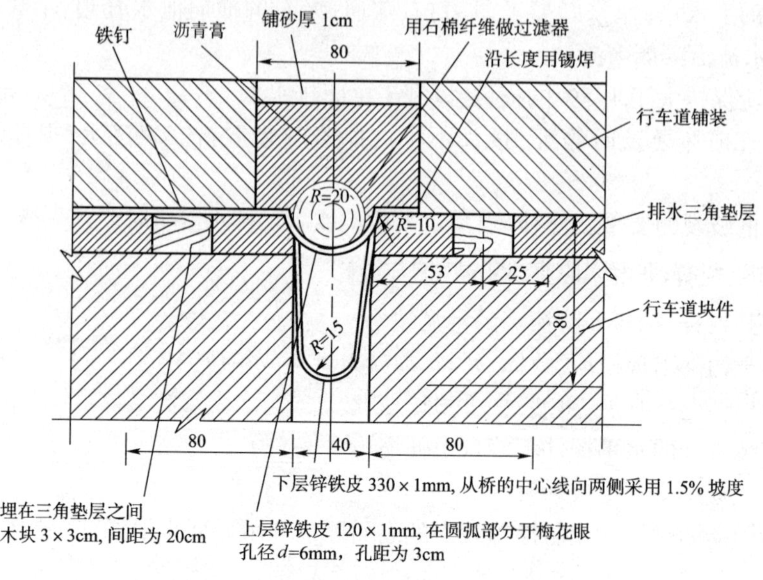

图1-2 锌铁皮伸缩装置(尺寸单位:mm)

①软性防水材料，如沥青砂或氯乙烯胶泥老化、脱落；

②伸缩装置凹槽填入其他硬物，不能自由变形；

③锌铁皮上压填的铺装层（如水泥混凝土或沥青混凝土等）断裂、剥离或发生沉陷、高低不平等；

④由于墩台下沉引起异常伸缩，车辆行驶时出现过大冲击及噪声。

（2）钢板伸缩装置（图1-3）常见缺陷如下：

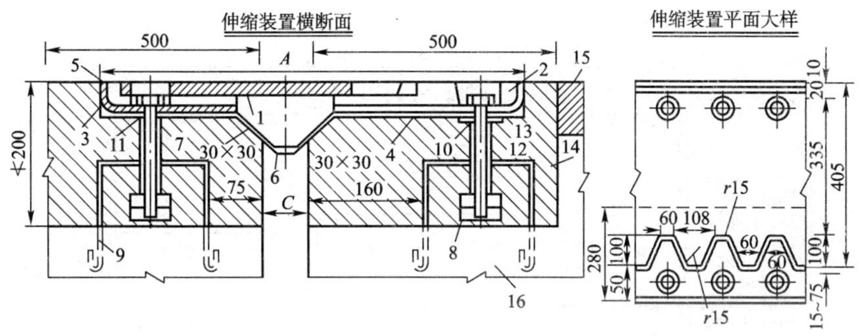

图1-3　钢板伸缩装置（尺寸单位：mm）

A-伸缩装置宽度；*C*-伸缩缝间隙量；1-梳形钢板；2-橡胶梳形板；3-橡胶板下钢垫板；4-橡胶梳形板下钢垫板；5-橡胶板；6-橡胶防水带；7-水平钢筋；8-方螺母；9-工地预埋钢筋；10-锚固螺栓套筒；11-方垫板；12-锚固螺栓；13-垫圈；14-现浇C30混凝土；15-桥面铺装；16-行车道块件

①角钢与钢筋混凝土梁锚固不牢，使钢板松动，在车辆行驶的冲击摆动下加速破损；

②缝内塞进石块等硬物，使伸缩装置不能自由变形；

③排水管发生损伤或被土砂等杂物堵塞；

④表面钢板焊接部位破坏损伤；

⑤梳形钢板伸缩装置在梳齿与承托板的焊接处出现裂缝，甚至出现剪断现象。

（3）橡胶伸缩装置（图1-4）常见缺陷如下：

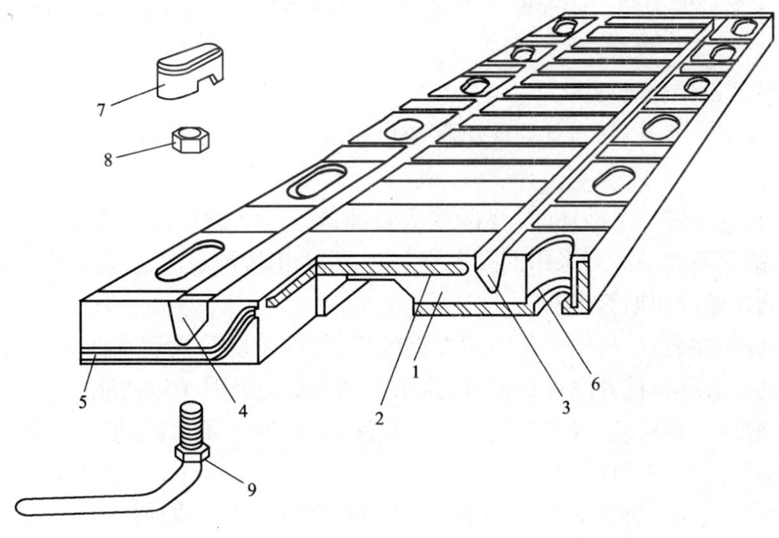

图1-4　橡胶伸缩装置

1-橡胶；2-加强钢板；3-伸缩用槽；4-止水块；5-嵌合部；6-螺母垫板；7-腰形盖帽；8-螺母；9-螺栓

①橡胶条损伤；

②橡胶条剥离；

③橡胶嵌条连接部位漏水；

④锚固构件破损、锚固螺栓松脱；

⑤伸缩装置构造部位下陷或凸出；

⑥行车不适，噪声较大。

(4)模数支承式伸缩装置(图1-5)常见缺陷如下：

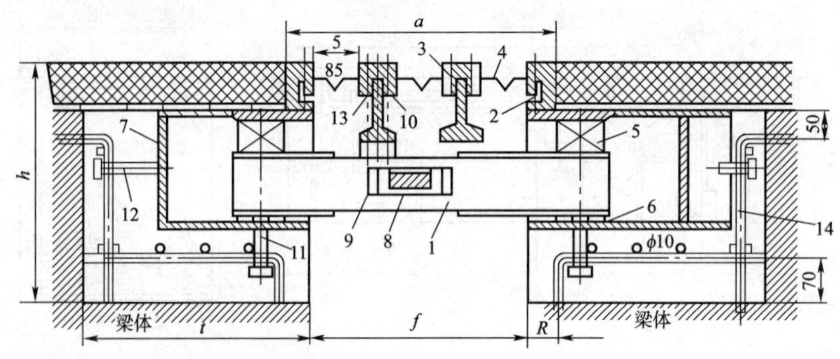

图1-5 模数支承式伸缩装置

1-支承横梁；2-边梁；3-中间梁；4-伸缩橡胶带；5-压紧支座；6-支承支座；7-位移控制箱；8-位移控制梁；9-弹性元件；10-压条；11-下锚筋；12-侧锚筋；13-内六角螺钉；14-预埋钢筋(ϕ16mm，间距250mm)；a——位移尺寸；f——混凝土梁缝宽；h、t——混凝土凹槽尺寸；R——间距

①中梁开裂，出现晃动、噪声；

②伸缩缝均匀性差，甚至失灵；

③密封橡胶带老化迅速，出现脱落或跳出，严重漏水；

④装置两侧混凝土出现裂缝、破裂损坏，锚固系统不理想，出现局部或整体性破坏等。

2. 伸缩装置养护与维修

(1)桥面伸缩装置养护。桥面伸缩缝要经常保持平整、无损，缝内无石粒、硬块嵌入或卡住等现象发生。

(2)伸缩装置缺陷修补。

①对于锌铁皮伸缩装置，当其软性填料老化脱落时，在充分清扫原缝隙泥土后，重新注入新的填缝料。

②当伸缩装置处铺装层破坏时，要凿除重新铺筑。凿除破损部位要画线切割(或竖凿)，清扫旧料后再铺筑新面层。当采用混凝土浇筑时，要采用快硬水泥，并注意新旧接缝要保持平整，对铺筑部分要做好初期养生。

③对于钢板伸缩装置，当钢板与角钢焊接破裂时，应清除污垢后重新焊牢；当梳齿断裂或出现裂缝后，也要采取焊接方法进行修补；排水沟堵塞后应及时予以清除。

④橡胶伸缩缝如有松动，可将缝边的铺装层凿大，重新浇筑水泥混凝土，使伸缩缝尺寸减小，将橡胶板压紧，使其不致松动、漏水。

(3)伸缩装置更换。伸缩装置出现下列病害时，应及时进行更换。

①U形锌铁皮伸缩装置的锌铁皮老化、开裂或断裂。

②钢板伸缩装置或锯齿钢板伸缩装置的钢板变形，螺栓脱落，伸缩不能正常进行。

③橡胶条伸缩装置的橡胶条老化、脱落,固定角钢变形、松动。

④板式橡胶伸缩装置的橡胶板老化开裂,预埋螺栓松脱,伸缩失效。

⑤模数伸缩装置松动、变形,伸缩失效。

更换的伸缩装置应选型合理,伸缩量应满足桥跨结构变形的需要,安装应牢固、平整、不漏水。桥面伸缩装置的修补或更换工作一般在不中断交通的情况下进行,通常可考虑半边施工、半边盖板,保证车辆通行等方法来施工。在保证修补质量前提下要注意抓紧时间,尽量缩短工期。

五、桥梁支座的养护与更换

桥梁支座是连接桥梁上、下部结构的传力装置,其作用是将桥梁上部结构的各种荷载(包括恒载和活载)安全、有效、集中地传递到桥梁的下部结构,同时保证桥梁上部结构在支座处能够自由转动或移动,使梁体完成必要的自由变形。支座按其作用可分为固定支座和活动支座两大类。顾名思义,固定支座起到的作用就是固定桥梁结构在墩台上的位置,只能转动不能移动;而活动支座可以保证在温度变化、混凝土收缩及荷载作用下使桥梁上部结构自由转动和移动,确保桥梁的安全使用。常见的桥梁支座形式,有一般简易支座(油毛毡垫层、橡胶垫等)、板式橡胶支座、盆式橡胶支座、球形支座和钢支座等。桥梁支座的损坏已成为威胁桥梁安全、影响道路畅通的重要因素之一,加强桥梁支座的病害分析及养护维修加固显得尤为重要。

1. 检查内容

(1)支座组件是否完好、清洁,有无断裂、错位、脱空。

(2)活动支座是否灵活,实际位移量是否正常,固定支座的锚销是否完好。

(3)支承垫石是否有裂缝。

(4)简易支座的油毡是否老化、破裂或失效。

(5)橡胶支座是否老化、开裂,有无过大的剪切变形或压缩变形,各夹层钢板之间的橡胶层外凸是否均匀。

(6)四氟滑板支座是否脏污、老化,四氟乙烯板是否完好,橡胶块是否滑出钢板。

(7)盆式橡胶支座的固定螺栓是否剪断,螺母是否松动,钢盆外露部分是否锈蚀,防尘罩是否完好。

(8)组合式钢支座是否干涩、锈蚀,固定支座的锚栓是否紧固,销板或销钉是否完好。

(9)摆柱支座各组件相对位置是否准确,受力是否均匀。

(10)辊轴支座的辊轴是否出现不允许的爬动、歪斜。

(11)摇轴支座是否倾斜。

(12)钢筋混凝土摆柱支座的柱体有无混凝土脱皮、开裂、露筋,钢筋及钢板有无锈蚀。

2. 支座的日常养护

(1)支座各部应保持完整、清洁,每半年至少清扫一次。清除支座周围的油污、垃圾,防止积水、积雪,保证支座正常工作。

(2)滚动支座的滚动面,应定期涂润滑油(一般每年一次)。在涂油之前,应把滚动面揩擦干净。

(3)对钢支座要进行除锈防腐。除铰轴和滚动面外,其余部分均应涂刷防锈油漆。

(4)及时拧紧钢支座各部接合螺栓,使支承垫板平整、牢固。

(5)各种橡胶支座应经常清扫污水,排除墩、台帽积水,要防止橡胶支座接触油脂,应对梁底及墩、台帽上的残存机油等进行清洗,防止因橡胶老化、变质而失去作用。板式橡胶支座在使用阶段,应每年对支座进行一次检查,并根据不同情况进行养护。

(6)对盆式橡胶支座应定期进行清扫,并应设置支座防尘罩,防止灰尘落入或雨、雪渗入支座内。支座的外露部分,应定期涂红丹防锈漆进行保护。

3. 支座维修与更换

(1)支座如有缺陷或产生故障而不能正常工作时,应及时予以修整或更换:

①支座的固定锚销剪断,滚动面不平整,轴承有裂纹或切口,辊轴大小不合适,混凝土摆柱出现严重开裂、歪斜,必须更换。

②支座座板翘起、变形、断裂时,应予更换;焊缝开裂应予整修。

③板式橡胶支座出现脱空或不均匀压缩变形时,应进行调整。

④板式橡胶支座发生过大剪切变形、中间钢板外露、橡胶开裂、老化时,应及时更换。

⑤油毡垫层支座失去功能时,应及时更换。

(2)调整、更换板式橡胶支座、钢板支座、油毛毡垫层支座时,采用如下方法:在支座旁边的梁底或端横隔处设置同步千斤顶,将梁(板)整体适当顶起,使支座脱空不受力;然后进行调整或更换。调整完毕或新支座就位正确后,落梁(板)到使用位置。

(3)需要抬高支座时,可根据抬高量的大小选用下列几种方法:

①垫入钢板(50mm 以内)或铸钢板(50 ~ 100mm)。

②更换为板式橡胶支座。

③就地浇筑钢筋混凝土支座垫石,垫石高度按需要设置,一般应大于 100mm。

第二节　桥跨结构的养护与维修

一、钢筋混凝土和预应力混凝土梁桥

1. 主要检查内容

(1)梁端头、底面是否损坏;箱形梁内是否有积水,通风是否良好。

(2)混凝土有无裂缝、渗水、表面风化、剥落、露筋和钢筋锈蚀;有无碱集料反应引起的整体龟裂现象。混凝土表面有无严重炭化。

(3)预应力钢束锚固区段混凝土有无开裂;沿预应力筋的混凝土表面有无纵向裂缝。

(4)梁(板)式结构的跨中、支点及变截面处,悬臂端牛腿或中间铰部位,刚构的固结处和桁架节点部位,混凝土是否开裂、缺损和出现钢筋锈蚀。

(5)装配式梁桥,应注意检查连接部位的缺损状况。

①组合梁的桥面板与梁的结合部位及预制桥面板之间的接头处混凝土,有无开裂、渗水。

②横向连接结构件是否开裂;连接钢板的焊缝有无锈蚀、断裂;边梁有无横移或向外倾。

2. 日常养护维修内容

(1)清除表面污垢。

(2)修补混凝土空洞、破损、剥落、表面风化以及裂缝。

(3)清除暴露钢筋的锈渍、恢复保护层。

(4)处理各种横、纵向构件的开裂、开焊和锈蚀。

(5)保持箱梁的箱内通风,未设通风孔的应补设。

(6)梁体的污垢宜用清水洗刷,不得使用有腐蚀性的化学清洗剂。

3. 常用修补材料

修补混凝土桥梁缺陷，首先选用比原结构材料强度等级高一级的小石子水泥混凝土和水泥砂浆，其水泥和集料的品种应与原混凝土相同。但是，常常见到修补的结构往往再次破坏，大多数情况下都是由于新旧混凝土之间黏结效果差；或者新旧混凝土之间产生的收缩不均，因而导致界面产生应力，使得新旧结构发生脱离。因此，修补混凝土结构要高度重视黏结技术，合理选用新旧混凝土结合材料。

(1)混凝土材料。一般采用比原结构高一等级的小石子混凝土材料；水泥取42.5级以上，水灰比尽量取小值，并且通过试验来确定，必要时可以加入减水剂来调节和易性。

(2)水泥砂浆。最好采用与原混凝土相同品种的水泥拌制的水泥砂浆，配合比一般要通过试验求得。水泥砂浆的修补，可采用人工涂抹填压、喷浆修补法。

(3)混凝土胶黏剂。不同的混凝土胶结材料，可以根据不同要求拌制成净浆、砂浆剂混凝土等形式，采用表面封涂、灌浆、黏结、浇筑等方法修补缺陷，效果较好。常用的胶液是硅酸钠，固化剂可用氟硅酸钠进行配制。

(4)环氧树脂类有机黏结材料。常用修补材料为有机环氧胶液、环氧砂浆、环氧混凝土等。用环氧树脂类材料修补混凝土结构表层缺陷，虽然效果较理想，但由于环氧材料的价格比较贵；因此，只有在修补质量要求比较高的部位或其他材料无法满足要求时，才考虑使用。环氧树脂类别很多，最常用的是双酚A型环氧树脂，它的分子量为340～7000的环氧树脂，低分子值在常温下流动性较好，适宜作黏结剂；高分子值的机械性能大，但是较脆，它们可溶于丙酮、二甲苯、酒精等有机溶液。环氧树脂主要由主剂环氧树脂、固化剂、固化促进剂、增韧剂、稀释剂、填料、偶联剂等组成。

环氧树脂在硬化后有较高的机械强度，其抗压强度为167～174MPa，抗弯强度为90～120MPa，抗拉强度为46～70MPa，黏结强度也可达10MPa以上，均大大超过混凝土的相应强度；环氧树脂收缩率较小，只有0.1%～0.05%左右，热膨胀系数小，抗磨性好，耐受一般酸、碱、盐的腐蚀，可以在常温下固化，是一种质量可靠、稳定性好、强度高的建筑材料。

环氧砂浆各掺料的掺配料顺序为：环氧树脂→增韧剂→稀释剂→固化剂→填料。每次调配的环氧树脂用量，应根据需要配制，如果一次调配数量过大，用不完会造成浪费。在调试时注意通风、个人化学防护、防火等。

4. 修补技术要求

(1)在昼夜平均气温低于5℃的冬季维修桥梁时，对修补的混凝土构件应采取保温措施，保证混凝土的正常凝固和硬化。

(2)用于修补加固的混凝土和钢材，其强度和其他质量指标应不低于原桥所用材料。修补用的混凝土强度等级应比原强度等级提高一级，在pH值小于5.6的地区，所用水泥应根据环境特点采用耐酸的硅酸盐水泥、抗铝硅酸盐水泥等。

(3)受拉区修补用的混凝土宜用环氧树脂配制，受压区修补用的混凝土可用膨胀水泥配制。用水泥混凝土或砂浆修补的构件应加强养生，有条件时宜蒸汽养生或封闭养生。

5. 表层缺陷修补方法

1)混凝土修补法

混凝土桥梁结构中出现了蜂窝、空洞以及较大范围的破损等缺陷，一般可以采用混凝土进行修补。混凝土要求达到良好级配，具有较好的和易性。修补时首先把构件的蜂窝或空洞缺陷部分尽可能凿除(图1-6)，对于浅层或损坏面积较小的构件，一般可采用手工工具凿除；对于损坏面积较大,且有一定深度的缺陷,如内部蜂窝、空洞,一般可以采用气动工具凿除,对于个别部位不能满足要求的,再用手工工具补凿;对于浅显损坏层,且面积较大的缺陷,可用高速水流冲射法除去混凝土损坏部分。对混凝土修补部位进行凿毛处理,并使老混凝土表面保持湿润、清洁、不粘尘土;然后在钢筋和其周围的混凝土上涂抹一层水泥浆液或其他结合剂(如1:0.4的铝粉水泥浆液、1:1的铝粉砂浆、新旧混凝土结合剂);在浆液涂抹后尚未凝固前,即可立即浇筑新的混凝土。混凝土修补完成后,要进行最后处理,特别要注意新老混凝土胶界面(缝)的处理;最后要注意和加强养护。

2)水泥砂浆修补法

(1)水泥砂浆人工涂抹法。对于小面积的缺陷或损坏深度较浅的部位,可采用水泥涂抹法进行修补。其修补程序为:准备材料→涂抹修补 → 反复压光处理→养护→再次检查(1个月后)→水泥胶液防护。

(2)喷射砂浆修补法。它是将水泥、砂和水的混合料,经高压喷射到修补部位的一种修补方法,适用于重要混凝土结构物或大面积混凝土表面缺陷和破损的修补。

①喷浆法的特点:采用较小水灰比,可以获得较高强度和密实度;喷射砂浆层与受喷面之间有较高的黏结强度、耐久性较好;工艺简单、工效简单;但消耗材料较多,当喷浆层胶薄或不均匀时,容易干缩而产生裂缝。

②喷浆准备:对老混凝土进行凿毛处理,并将表面清理干净;修补要求挂网时,要进行制作和固定处理;喷浆前一小时,应对受喷面进行洒水处理,保持湿润。

③工艺流程:一般采用干料法喷浆,其工艺流程如图1-7所示。

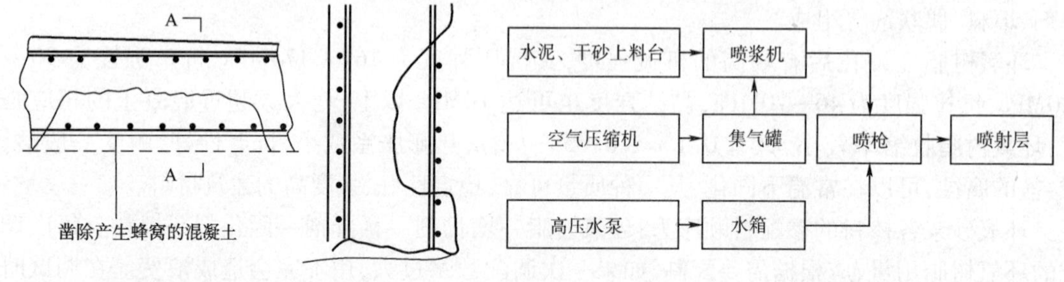

图1-6 混凝土修补示意图

图1-7 喷浆法工艺流程

④喷浆作业基本要求。

a. 喷浆前应准备充足的砂子和水泥,经拌和后要及时使用。

b. 一般采用软管作为输料管,不宜采用短于15m长的管道。

c. 喷浆的压力应控制在0.25~0.40MPa范围之内,喷头与喷面的距离为80~120cm,喷头与受喷面要保持垂直。

d. 当分层喷射时,要在第一层没有完全凝固时开始第二层的喷射,每层的间歇时间以2~3h为宜,如果上层已凝固,则采用刷子将层间松层刷除,然后再喷射;最后根据要求进行表面处理。

e. 喷射完成后要采取必要的养护、遮阴和保湿措施。

3)采用混凝土胶粘剂修补法

(1)表面封涂修补:对于混凝土桥梁结构表面的风化、剥落、露筋及小面积的破损,可以采用混凝土胶粘剂进行修补。

①人工表面封涂施工工艺:其工艺流程,如图1-8所示。

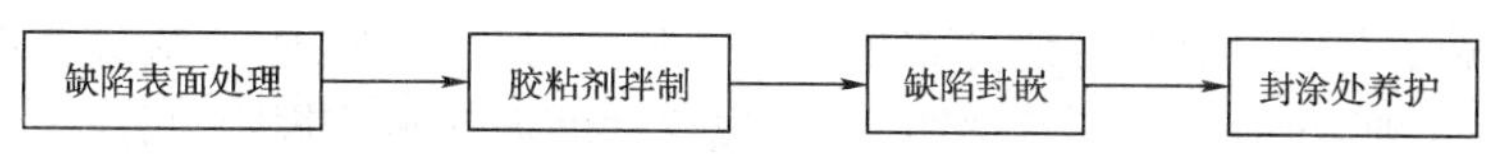

图 1-8　人工表面封涂工艺流程

②注意事项：涂抹修补实施从低向高、由内向外，并保证在涂抹缺陷处的周边有 2cm 黏附层，涂抹厚度不小于 2.5cm。

（2）浇筑修补：混凝土结构破坏较大且深入构造内一定深度时，可以采用混凝土胶粘剂浇筑涂层的方法进行修补。其操作程序，如图 1-9 所示。

图 1-9　混凝土浇筑修补流程

施工操作时，应避免荷载作用和振动；在修补强度达到原结构强度的 100% 后，方可承受荷载作用或振动。修补部位要注重养护，在早期和中期都应避免高温影响。

4）环氧树脂修补

环氧树脂具备有较高的强度、抗腐蚀、抗渗透，能与混凝土材料牢固粘贴，是一种较好的修补材料。但是价格较高，工艺要求高，通常在特别需要的情况下才使用。

（1）修补工艺流程。环氧树脂修补工艺流程，如图 1-10 所示。

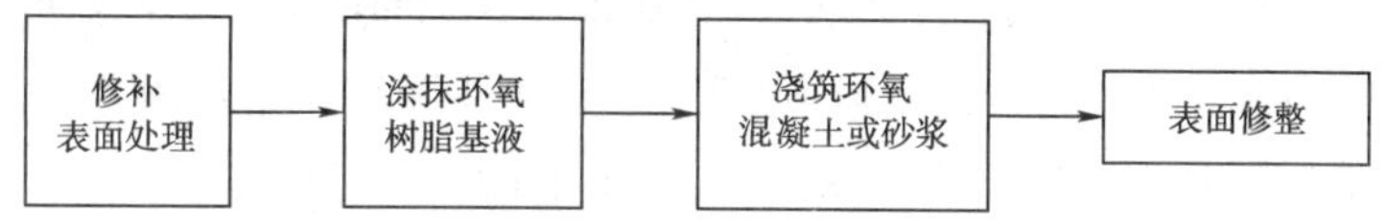

图 1-10　环氧树脂修补工艺流程

（2）修补施工技术要求。

①混凝土表面处理后要求做到无水湿、无油渍、无灰尘、无软弱带和其他污物。对混凝土面加以凿毛，保持平整、干燥、坚固、密实。混凝土表面凿毛可以采用人工、高压水或空气吹净，或采用风砂枪喷砂除净。

②采用人工涂抹环氧树脂基液，使混凝土表面充分被环氧树脂基液所湿润（厚度不超过 1mm）。间隔 30 ~ 60min 后再进行下一道工序。

③在顶面浇筑环氧混凝土时，应充分插捣或反复压抹；在侧面或底面浇筑环氧混凝土时，均须架立模板，并要插捣密实。

④环氧材料的养护温度，应保持在 10℃ 以上。夏天养护时间为一天，冬天养护时间为 2d 以上，养护期不应遭受水的浸泡或其他冲击。

⑤配置环氧材料时要注意温度变化的影响，要严格控制每次环氧材料的配置数量，保证所配材料在 2h 内用完为宜。

⑥为了保证施工人员的安全、防止污染环境，配置的环氧材料要妥善储存。

5）露筋或保护层剥落修补方法

先将松动的保护层凿去，并清除钢筋锈迹，然后修复保护层。损坏面积不大可用环氧砂浆修补，如损坏面积过大可用喷射高强度等级水泥砂浆的方法修补。

6）梁（板）体横、纵向连接件的修补措施

梁（板）体的横、纵向连接件开裂、断裂、开焊，可采取更换、补焊、帮焊等措施修补。

6. 梁桥的裂缝处理

当裂缝的宽度大于限值及裂缝分布超出正常范围时，应作处理；当裂缝宽度在限值范围内时，可进行封闭处理，一般涂刷环氧树脂胶；当裂缝宽度大于限值规定时，应采用压力灌浆法灌注环氧树脂胶或其他灌缝材料；当裂缝发展严重时，应加强观测，查明原因，按照规范的有关规定进行加固处理。

1）表面抹灰

表面抹灰是指用水泥浆、水泥砂浆、环氧基液及环氧砂浆等材料，涂抹在混凝土表面裂缝部位上的一种修补方法。

（1）水泥砂浆涂抹。对于混凝土结构，可先将裂缝附近的混凝土表面凿毛，并尽可能使糙面平整，经洗刷干净后，洒水使之保持湿润（不留水珠），然后涂抹1:1～1:2的水泥砂浆。涂抹时混凝土表面不能有流水，最好先用纯水泥浆涂刷一层底浆（厚度约0.5～1.0mm），再将水泥砂浆一次或分几次抹完（应视总厚度而定），一次过厚容易在侧面和顶部引起流淌或因自重下坠脱壳；太薄则容易在收缩时引起开裂。涂抹的总厚度一般为1.0～2.0cm，待收水后，涂抹压实并抹光。用来配制砂浆的砂子不宜太粗，一般为中细砂。水泥可用普通水泥，其强度不低于42.5级。温度较高时，涂抹3～4h后即需洒水养生，并防止阳光直射，在冬季施工时还应注意保温。

（2）环氧封缝胶。环氧封缝胶的配方可参照相关厂家说明，涂抹工艺及注意事项如下：

①先将裂缝处的混凝土用砂轮打磨平整，并清洗浮渣，打磨宽度范围为5cm左右。

②用手持式皮风箱（皮老虎）清除缝内的灰尘，用红外线灯烘干混凝土表面。裂缝外宜用蘸有丙酮或二甲苯的回丝（纱头）洗擦一遍（不宜用清水洗），保证混凝土裂缝内面无灰尘、油污等。

③用刮刀将环氧封缝胶涂抹至打磨好的混凝土表面。待环氧树脂硬化后（温度越高，硬化时间越短，一般常温“20～25℃”下，需1～2d），就可应用。养护期间结构不宜受振、受潮（酮亚胺等湿固性环氧树脂除外），以保证修补质量。

④用乙二胺等固化剂时，须带上塑料手套，防止皮肤灼伤；拌制环氧树脂工作量较大时，要戴口罩，注意通风，修补后须洗手。一般溶剂处不宜有明火，以防引起火灾。

2）表面粘贴修补法

表面粘贴修补法是指用胶粘剂把玻璃布、碳纤维布或钢板等材料，粘贴在裂缝部位的混凝土表面上来封闭裂缝的一种修补方法。

（1）玻璃布粘贴。玻璃布一般采用无碱玻璃纤维织成，有无捻粗纱布、平纹布、斜纹布、缎纹布及单向布等多种。常用的为无捻粗纱方格布，其特点是强度高，气泡易排除，施工方便。

玻璃布粘贴的胶粘剂多为环氧基液。由于玻璃布在制作过程中加入浸润剂，含有油脂和蜡，影响环氧基液与玻璃布的结合，因此，必须对玻璃布进行除油蜡处理，使环氧基液能浸入玻璃纤维内，提高粘贴效果。玻璃布除油蜡的方法有两种：一种是将玻璃布放置在碱水中煮沸30～60min，然后用清水漂净；另一种是热处理，将玻璃布放在烘烤箱上加温到190～250℃。实践证明，采用后者除油蜡效果较好。但是玻璃布在烘烤时，由于油蜡燃烧，玻璃布上会有很多灰尘，因而必须在烘烤后将玻璃布放在浓度为2%～3%的碱水中煮沸约30min. 然后取出用清水洗净，放在烘烤箱内烘干或晾干。玻璃布粘贴前要将混凝土面打磨至露出集料，然后用丙酮擦洗干净，使表面无油污、灰尘，若表面不平整，可先用环氧砂浆抹平。粘贴时，先在粘贴面上均匀刷一层环氧基液（不能有气泡产生）；然后展开、拉直玻璃布，放置并抹平使之紧贴在混凝土面上；此后用刷子或其他工具在玻璃布面上刷一遍，使环氧基液浸透玻璃布并溢出；最

后在玻璃布上刷环氧基液。按同样方法粘贴第二层玻璃布,但上层玻璃布应比下层玻璃布稍宽1~2cm,以便压边。

(2)碳纤维粘贴。

①碳纤维有如下优点:

a. 碳纤维布高强、轻质,粘贴固化后不增加恒载及断面尺寸,在其表面还可以涂刷一层与原有结构外观颜色一致的涂料,不影响结构的外观。

b. 碳纤维布加固补强系采用环氧树脂系列的黏结材料进行粘贴,不需要设置锚固螺栓及开凿混凝土等,因而不会对已经损伤的结构产生新的破坏,可以避免钻孔时与结构内原有钢筋和预应力索发生冲突而引起新的问题。

c. 碳纤维布(片)粘贴在混凝土的表面,不仅封闭了混凝土的裂缝,其高强高模量的特性还约束了混凝土结构裂缝的继续生成和扩展,改变了裂缝的形态,使宽而深的裂缝变成分散的细微裂缝,从而提高了混凝土构件的整体刚度。

d. 粘贴碳纤维布(片) 可适应不同构件形状,成型很方便;工艺简便,施工时不需大型设备、模板、夹具及支撑,现场施工所需工作面小。

e. 碳纤维布(片)是一种复合材料,几乎无腐蚀性和磁性,具有较好的耐热性,不仅能经得起水泥碱性的侵蚀,而且当应用于经常受盐害侵蚀等腐蚀性环境时,其寿命也较长。

②碳纤维黏结材料。黏结材料是将连续纤维状的碳纤维结合在一起,同时又与混凝土表面黏合的系列黏结材料。它主要包括底层涂料、整平材料和浸渍树脂等。

a. 底层涂料(底涂胶)。在处理好的混凝土表面上,涂一层很薄的底层胶,既可以浸入混凝土表面,强化混凝土表面强度,又可以改进胶结性能,从而使混凝土与碳纤维布之间的黏结性得以提高。因此要求底涂胶必须具有很低的黏度,以及与混凝土良好的黏结性能,以便于涂刷在混凝土表面后,胶粘剂能渗入混凝土结构中。为保证性能,应尽量避免使用溶剂型胶。

b. 整平材料(找平胶)。碳纤维布只有与所加固补强的混凝土表面紧密接触,才能产生良好的补强效果。但混凝土表面的锐利突起物、错位和转角部位等都可能使碳纤维布产生损伤,并引起强度降低。混凝土表面小的模板错位及混凝土气孔很难通过基底处理一道工序彻底清理。因此,在涂敷的底层涂料指触干燥后,必须用找平胶进行找平,同时将矩形断面直角打磨后补成圆弧状。找平胶应具有优良的力学性能,以及良好的施工性能与触变性能。在施工过程中,找平胶应易于操作,且不随时间的延长出现明显的变形,防止胶的滴挂。一般的普通环氧树脂的黏结强度和强韧性都达不到找平胶的要求,不应调配使用。

c. 浸渍树脂(粘贴主胶)。浸渍树脂在黏结材料中起着至关重要的作用,它连接底胶和碳纤维布。它的黏度应控制在一定范围,有利于浸渍树脂顺利地将碳纤维布黏附于混凝土表面,经过碾压,使浸渍树脂很容易浸透碳纤维布,形成一个复合性整体,共同抵抗外力作用。浸渍树脂不仅应具有良好的渗透性以利于浸透碳纤维布,而且应具有一定的初黏力,防止粘贴的碳纤维布塌落而形成空洞或空隙。并且本身具有良好的触变性,易于施工且不会发生明显的滴淌现象。另外,为了满足碳纤维布和混凝土形成预定的复合材料,胶粘剂与碳纤维的相容性和黏结力必须很好。

d. 防护材料(罩面胶)。为了保护碳纤维布和保证施工表面比较美观,需要罩面胶。丙烯酸体系、聚氯酯体系、不饱和聚酯体系、有机硅和有机氟体系等适合于做罩面胶。

碳纤维布在加固补强施工过程中,胶是一层一层叠加上去复合而成的,混凝土直接与底涂胶接触;找平胶与底涂胶和碳纤维布粘贴;碳纤维布主胶和罩面胶相连。因此不同胶粘剂之间的相容性、黏结性应予以充分考虑。一般来讲，同类型的胶粘剂黏结性较好，不同类型的胶粘剂黏结相容性就须做预先的试验并加以论证。

③施工工艺。

a. 处理表面：混凝土表面的劣化层（如浮浆、风化层等），要用砂轮机进行清除和打磨；基面的错位及突出部分要磨平，转角部位要进行倒角处理；裂缝部分要注入环氧树脂浆进行修补。

b. 清洗基面：先用钢丝刷将表面松散浮渣刷去，然后用压缩空气除去粉尘；用丙酮或无水酒精擦拭表面，也可以用清水冲洗，但必须保证其充分干燥后才能进行下一道工序的施工。

c. 涂刷底胶：按比例准确配制好底胶并搅拌均匀，注意一次调和量在可以使用时间内用完，超过使用时间的绝对不能使用，以确保黏结质量；用滚筒或刷子均匀地涂抹在基面上，注意直横均匀涂抹，自然风干，如在冬季施工，胶的黏度较高，不能涂得太厚；底胶硬化后，在表面有凸起部分时，要用磨光机或砂纸打光；待底胶指触干燥后，进入下一道工序。

d. 修补粘贴面：若发现粘贴面上有凹入部位，应用找平胶进行修补，保证粘贴面的平整，以确保加固效果；待找平胶指触干燥后进入下一道工序。

e. 粘贴碳纤维布：在待粘贴面上画出各层位置；依设计尺寸裁剪碳纤维布，应根据现场施工经验和作业空间确定下料长度，若需要进行接长时，接头的长度应根据实际情况而定，一般不得小于15cm；下料数量应以当天能用完为准；粘贴碳纤维布时，应依设计位置由上而下、由左至右有秩序地粘贴，并以滚筒压挤贴片，使碳纤维布与浸渍树脂充分结合，同时以压板去除气泡；及时观察贴片是否粘贴密实，若发现有间隙或气泡，应及时处理。

f. 表面防护处理：粘贴完碳纤维布后，及时在其表面再直横均匀涂抹一层浸渍树脂，自然风干；确保贴片表面已充分风干结合后，在其表面涂抹罩面胶或采取其他措施处理，以保证各层胶的耐久性。

④粘贴施工要求。

a. 基面要求：为了提高碳纤维布与构件表面的粘贴效果，要求基面的混凝土强度等级不低于C15。同时要求构件应具有良好的保护层，即基面平整且具有一定强度。构件表面缺损，必须先进行修复，并应将粘贴基面打磨平整、清理干净，且不应具有尖锐楞角和浮灰粉尘，防止碳纤维布的局部剥断破坏和粘贴失效。

b. 碳纤维布的粘贴：施工时宜采用薄布多层的粘贴方法，使碳纤维布其与黏结材料充分浸润，确保黏结效果。对于受弯构件宜在受拉区沿轴向平直粘贴碳纤维布进行加固补强，并在主纤维方向的断面端都进行附加锚固处理。

c. 碳纤维布的搭接与截断：若碳纤维布确需搭接时，其搭接部位应避开构件应力最大区段，搭接长度不应小于100mm，且搭接端部应平整无翘曲。多层搭接的各层接口位置不应在同一截面，每层接口位置的净距宜大于200mm。

d. 其他注意事项：现场气温低于5℃及雨天或可能结霜时，应停止施工；在施工现场，应做好防火等安全措施；各种胶黏附在皮肤上时，要用肥皂水冲洗，特别是进入眼内，要立即用水冲洗，或接受医生诊治；加固所用的碳纤维布及其配套的黏结材料，均应有厂家所提供的材料检验证明和合格证。

e. 钢板粘贴：此法是把环氧基液胶粘剂涂敷在整个钢板上，然后将其压贴于待修补的裂缝位置上，如图1-11所示。钢板粘贴的施工顺序如下：对钢板进行表面处理，即按所需要的尺寸切割好钢板，用打磨机研磨，使钢板表面露出钢；对混凝土表面进行修凿，使其平整；用丙酮或

二甲苯擦洗修补部位的混凝土表面及钢板面，以便去除黏结面的油脂和灰尘；在钢板和混凝土粘贴面上均匀涂刷环氧基液黏结剂，用方木、角钢和固定螺栓等均匀地施加压力来压贴钢板；养生到所要求的时间，拆除压贴用的方木、角钢等支架材料并在钢板表面涂刷养护涂料，如铅丹或其他防锈油漆等。

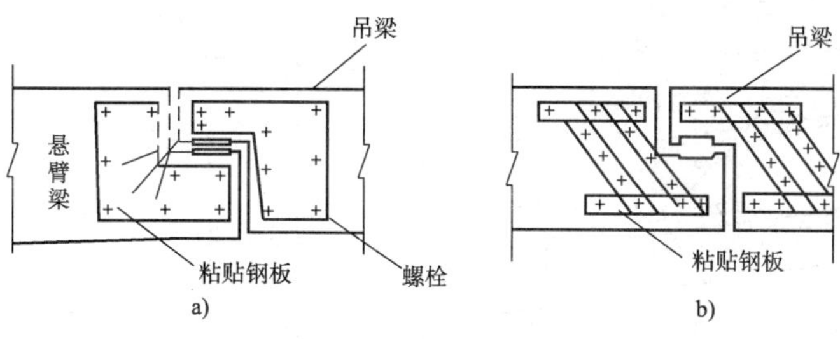

图 1-11　钢板粘贴修补裂缝

a）块状钢板；b）带状钢板

3）凿槽嵌补

凿槽嵌补是沿混凝土裂缝凿一条深槽，然后在槽内嵌补各种黏结材料，如环氧砂浆、沥青、甲基丙烯酸酯类化学补强剂（甲凝）等的一种修补方法。修补时先沿裂缝凿槽，槽形根据裂缝位置和填补材料而定，缝槽形状通常采用V形槽。槽的两边混凝土面必须修理平整，槽内要清洗干净，必要时可在填料前用丙酮擦一遍。若槽口外需要抹水泥砂浆或喷涂砂浆，在凿毛时须将槽口外的混凝土表面一并凿毛，并同时清理干净。用水泥砂浆填补，事先要保持槽内润湿，但不应有积水；用沥青或环氧材料填补时，要保持槽内干燥，否则应先采取其他措施，使槽内干燥后再进行填补。

4）表面喷浆

喷浆修补是在已经凿毛处理的裂缝表面，喷射一层密实而且强度高的水泥砂浆保护层来封闭裂缝的一种修补方法。根据裂缝的部位、性质和修理要求与条件，可分为无筋素喷浆、挂网喷浆或挂网喷浆结合凿槽嵌补方法。表面喷浆工艺及注意事项如下：

（1）进行喷浆以前，必须完成各项准备工作。

（2）需要喷浆的结构表层，应仔细敲击。在敲击中发现剥离的部分应当敲碎并除去，有缺陷的地方应及时填塞。

（3）若系钢筋混凝土，尚需清除露筋部分钢筋上的铁锈。

（4）为使喷涂层粘牢固，最好把裂缝凿成V形槽。

（5）用水冲洗结构物表面，在开始喷浆之前先把基层润湿一下，然后再开始喷浆。

5）扒钉钉合或打箍加固封闭法

所谓钉合是指在裂缝两侧钻孔清理干净，灌以不收缩的胶泥或以环氧树脂为主剂的胶粘剂，将扒钉腿锚入孔中，如图 1-12 所示。所用扒钉的长度和布置方向都应有变化，扒钉的布置应能使跨越裂缝的拉力不是只由截面范围内的单个平面、而是通过一个区域传递。在裂缝端部，扒钉间距应减小。此外，应考虑在裂缝的每一端都钻一个孔，使裂缝端变钝，以消除应力集中。此法一般不能使裂缝缩小，但能阻止它继续蔓延扩大。

当钢筋混凝土梁件产生应力裂缝时，可采用在裂缝处加箍使裂缝封闭的方法，如图 1-13 所示。箍可用扁钢焊成或圆钢制成，可以直箍也可以斜箍，其方向应和裂缝方向垂直。箍与梁的上下面接触处可垫以角钢或钢板，角钢、钢板面积及箍的横截面积，根据修补加固部位主应力的大小；箍的安全应力及混凝土的抗压强度，通过计算而得到。

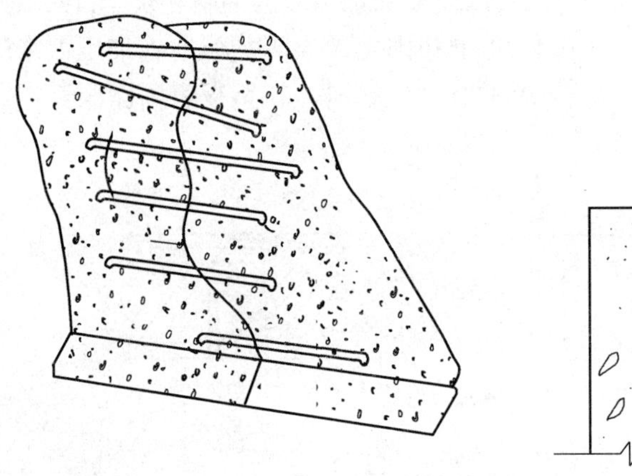
图 1-12　扒钉钉合裂缝

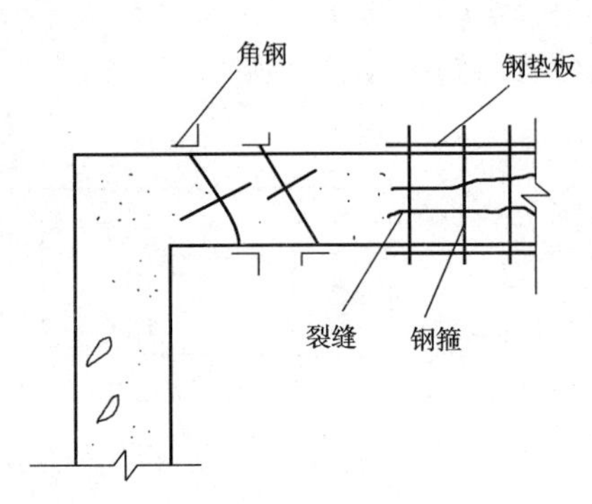

图 1-13　打箍封闭裂缝

6)压力灌浆修补裂缝

压力灌浆是指施加一定的压力,将某种浆液灌入结构内部裂缝中去,以达到封闭裂缝,恢复并提高结构强度、耐久性和抗渗性能的一种修补方法。此法一般用于裂缝多且深入结构内部或结构有空隙的情况。按灌浆材料不同,可将压力灌浆分为三类,如表 1-1 所示。

压力灌浆分类表　　表 1-1

序号	分　类	灌 浆 材 料
1	水泥、石灰、黏土灌浆	①纯水泥灌浆;②水泥黏土灌浆;③石灰黏土灌浆;④水泥砂浆灌浆;⑤石灰灌浆;⑥石灰水泥灌浆
2	化学灌浆	①水玻璃类灌浆;②丙烯酰胺类灌浆;③聚氨酯类灌浆;④甲基丙烯脂类灌浆;⑤木质类灌浆;⑥丙烯酸盐类灌浆;⑦环氧树脂灌浆
3	沥青灌浆	沥青灌浆

不同压力灌浆液,用途也有所不同。因此,本节仅对应用较多的水泥灌浆和化学灌浆作重点叙述。在化学灌浆中,采用环氧树脂灌浆材料及甲基丙烯酸酯类(即甲凝)材料,进行裂缝修补,其效果最佳,应用也最广。

(1)水泥灌浆

①工艺流程。用水泥灌浆法修补裂缝,其工艺流程如图 1-14 所示。

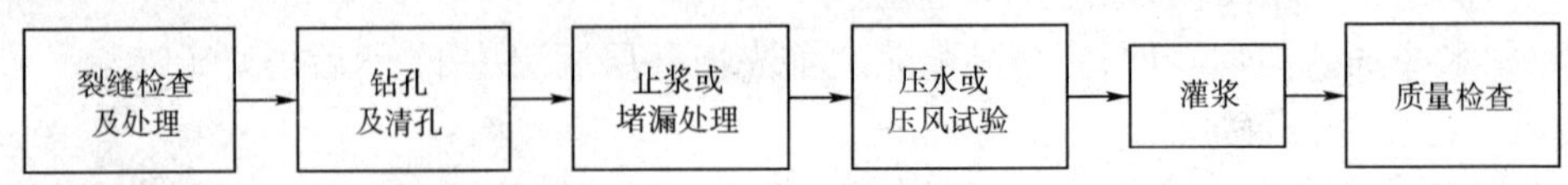

图 1-14　水泥灌浆工艺流程

②施工要求:

a. 裂缝检查及处理:实施灌浆前,应对裂缝再仔细检查,以便确定修补数量、范围、钻孔眼位置及浆液数量。

b. 钻孔及清孔:通过钻孔方法,将水泥浆液灌入砌体或混凝土。钻孔时,除骑缝浅孔外,不得顺裂缝钻孔,孔轴线与裂缝面的交角应大于 30°。孔眼钻好后,必须进行清理,即用水由上向下冲洗。孔眼冲洗干净之后,使用压缩空气逐排吹干。

c. 止浆或堵漏处理:浆液灌入砌体或混凝土中时,可能从其他裂缝和空隙流出,因此,灌浆

前应用水泥砂浆或环氧胶泥粘贴这些裂缝，进行止浆或堵漏处理。

d. 压水或压风（气）试验：通过压水或压风试验，主要是检验质量、检查孔眼畅通情况及止浆效果。

e. 灌浆：对于混凝土和钢筋混凝土结构，所用水泥一般不低于 C42.5；对于砖石砌体，一般使用不低于 C32.5 的普通水泥。

f. 灌浆压力和浆体稠度：钢筋混凝土结构，灌浆压力一般为 0 ~ 0.08MPa。在灌浆施工中，灌浆压力和浆体稠度的调整，一般有两种做法：一种是灌浆自始至终使用同一个压力和同一个稠度的浆体，这种灌浆一次成活，施工方便，使用于灌浆条件良好并且灌浆量不大的情况；另一种是，所采用的压力和浆液稠度有所变化，先用低压，后用高压，先用稀浆，后用稠浆，以适应裂缝粗细不均、灌浆渗漏较大的情况。

g. 灌浆加压设备：在工程量较大时，宜采用灌浆机、灌（压）浆泵，也可用风压泵。目前，多使用活塞推送式压灌灰浆机，该种类型的灰浆机有直接作用式、片状式、圆柱形隔膜式三种。这种灰浆泵是利用活塞的往返运动，将进入泵缸中的浆体压出去，并经管道输送到施工地点。当工程量不大时，可使用手压施工；工程量很小时，可采用类似打气筒等工具改制成的注射器施工。

（2）化学灌浆

采用化学材料灌浆修补结构裂缝，可以大大改善灌浆材料，可灌入 0.15mm 或更细小的裂缝，施工机械简单，操作简便，其应用日趋广泛。

①灌浆材料。用于修补混凝土裂缝的化学灌浆材料，常用的主要有两种：环氧树脂和丙烯酸酯类灌浆材料。

②灌浆工艺。利用化学灌浆材料修补桥梁结构裂缝，其工艺流程和施工要求与水泥灌浆基本相同，但具体做法有所差异，现叙述如下：

a. 裂缝的检查及清理：在裂缝两侧画线之内，用小锤、小铲、钢丝刷把构件表面整平，凿除突出部分，然后用丙酮擦洗，清除时应注意不要将裂缝堵塞。修补前，同样要对修补部位的裂缝进行详细的检查，以便对裂缝作出定量和定性分析。

b. 埋嘴：嘴子是化学灌浆材料的喷入口，也是裂缝的排气口。嘴子大小要适当，施工时要尽可能地轻，以防因不易粘牢而坠落。嘴子布置的原则是宽缝稀、窄缝密。断缝交接处单独设嘴，贯通缝的嘴子宜在构件的两面交接处布置。埋嘴前，先把嘴子底盘用丙酮擦洗干净，然后用灰刀将环氧浆液抹在底盘周围，骑缝埋贴到构件裂缝处。操作中切勿堵死嘴子和裂缝灌浆的通道。

c. 嵌缝止浆：嵌缝止浆的目的是防止浆液流失，确保浆液在灌浆压力下将裂缝填充密实。如嵌缝质量不好，则灌浆压力不能升高，即使是降压，浆液也不会大量外漏，以致缝内不能得到有效的灌注，影响灌浆质量。因此，当嘴子埋贴后，必须把其余裂缝全部封闭，进行嵌缝或堵漏处理。封闭严实程度是压浆补强成败的关键，我们必须认真对待。对于裂缝较大的混凝土构件，可先凿成 V 形槽，宽度约 5 ~ 10cm，深 3 ~ 5cm，并清除槽内松动的混凝土碎屑、粉尘，然后向槽内嵌塞水泥砂浆；对于裂缝较小的混凝土构件，可沿裂缝走向均匀刷一层环氧封闭裂缝胶，宽约 4 ~ 5cm，而用灰刀沿嘴子周围抹成鱼脊形状。

d. 压水或压气实验：上述封闭工作完成后相隔一天，即可进行压水或压气实验，以便检查封闭效果及嘴子的通畅情况。

e. 灌浆：经压水（气）试验检查，认为嵌缝质量良好，无渗漏现象后，即可配制浆液、准备灌浆。往裂缝里灌注浆液,根据裂缝病态状况及施工条件的不同,分别可采用手压泵灌注或灌浆注射器灌注两种方法。当裂缝较大时可用手压泵,当裂缝细微,灌浆量不大时,多采用灌浆注射器。

f. 收尾处理:灌浆完毕待浆液聚合固化后,即可将灌浆嘴逐个拆除,并用环氧浆液抹平。最后对每一道裂缝表面再刷一层环氧树脂水泥浆,确保封闭严实,并使其颜色与混凝土结构尽量保持一致。黏附在工具上的浆液混合物固化后很难清除,因此施工结束后,一般可用丙酮或甲苯来清洗。

灌注次序应先行标定,其原则是:竖向裂缝先下后上;水平裂缝由低端逐渐灌向高端;贯通裂缝宜在两面一先一后交错进行。在整个灌注过程中应随时注意排气。

③化学灌浆施工的防护措施。目前使用的化学灌浆材料一般都具有不同程度的毒性,包括刺激性、腐蚀性、致敏性及易燃易爆等。对这些危害健康的副作用,除应有正确的认识外,施工时必须采取有效的防护措施。

a. 有效通风:采用的化学灌浆材料,应做好必要的通风。现场施工时,工作人员应尽量避免在浆液的下风位置操作,以减少吸入有毒气体的机会。施工人员一般应戴防护口罩,必要时应戴防护眼镜,以防毒气刺激眼睛。

b. 密封措施:有毒性和刺激性臭味且易挥发的化学灌浆材料,应密封储存,防止气体漏出,污染环境。

c. 皮肤保护:施工人员应穿防护服,戴橡胶或乳胶手套及专用袖套,尽量避免浆液玷污衣物、皮肤。操作时,不允许用肢体直接接触化学灌浆材料。现场配制浆液人员应戴防护口罩,灌浆人员必须戴防护眼镜,以防止浆液溅入眼睛。

d. 环境保护:施工结束后,剩余的废浆液材料以及冲洗设备、管路中的废液都应集中妥善处理,以防止污染环境。

e. 防火防爆:对易燃易爆材料,如丙酮、甲苯等储存处必须远离施工现场,隔绝火源。使用时,严禁在现场吸烟,严禁明火加热易燃物品,禁止明火取暖。使用强光灯泡、碘钨灯照亮时,应采取灯管加罩保护的安全措施,以防止灯管爆炸而引起火灾。

f. 个人卫生:在化学灌浆施工现场,不进食、不吸烟。离开现场前应洗手,皮肤沾有浆液的,可用热水、肥皂或酒精溶剂擦干净。黏附性材料,如环氧树脂等附着皮肤时,可先用锯末、砂或去污粉擦拭,再用热水冲洗干净,不得用丙酮等渗透性较强的溶剂洗涤,防止有毒物质渗入皮肤。

7)壁可法修补裂缝

壁可法与我们常用的人工控制注浆的修补裂缝的方法不同,它是采用特制的橡胶管,利用橡胶的收缩压力,自动地控制注浆。其核心是裂缝全封闭、恒压力慢速注浆。它的原理是利用缓慢均匀的压力,通过浆液将微细裂缝中的空气压入混凝土的毛细孔中,并由混凝土的自然作用排除,克服裂缝中的气阻现象,使其灌注的胶液达到微细裂缝的末端,从而确保修补质量。

(1)壁可法的特点

用壁可法修补的裂缝,不仅对裂缝的空间有填充作用,更重要的是对裂缝两壁具有较强黏结作用,使混凝土裂缝处的强度达到或超过结构原有基材的强度。为了实现上述目的,修补的材料至关重要。壁可法使用的灌注材料是一种专门用于混凝土结构裂缝灌注的双组分高分子树脂胶。它具有强大的黏结力、卓越的耐久性、超低黏度和极强的渗透力,另外还具有不收缩

及瞬间凝固的特点。

(2)施工操作程序

①清理裂缝表面:对裂缝附近5mm范围的混凝土表面用钢丝刷、角向砂轮、抹布等将水泥翻浆、灰尘、污垢等清除干净,露出清洁、坚实的混凝土表面。

②计算用胶量和搅拌混合胶液。封口胶每延米用胶约0.2kg。灌注胶的经验公式为:每延米裂缝用量=[0.0115×缝宽(mm)×缝深(cm)+0.13]kg。注入器的用量约为每延米3套。封口胶按主剂和硬化剂7:3的比例充分搅拌均匀,呈均匀一致的颜色;灌注胶按主剂和硬化剂2:1的比例搅拌均匀,呈透明的浅黄色即可。

③封闭裂缝和粘胶注入用101号密封胶封闭裂缝,并将其注入,按每30cm缝段黏结。

④灌注裂缝。将搅拌均匀的灌注胶,通过黄油枪注入到注入器的橡胶管内,并将膨胀后的橡胶管装在注入座中,此时,注入器便开始将胶缓慢均匀地注入到裂缝中去。如裂缝较深,可以重复灌注,直至橡胶注入器不再注胶为止,并由此断定,裂缝已完全被胶填满。注胶工序完成后,可以用丙酮和清水反复清洗黄油枪等工具,以备下次再用。

⑤待橡胶管注入器里残留的胶完全硬化后,便可以敲掉注入器,打磨混凝土表面。

7. 桥梁结构钢筋锈蚀修补

(1)钢筋锈蚀的原因

在钢筋混凝土结构中,钢筋处于水泥水化时所生成的强碱介质中(pH=12~14),钢筋表面会形成钝化膜,可以抑制钢筋的锈蚀过程。如果有混凝土不密实,保护层遭受破坏,混凝土碳化、裂缝或者外加剂等其他因素的影响,将会导致钢筋锈蚀。

(2)钢筋锈蚀对混凝土结构产生的影响

钢筋锈蚀将引起体积膨胀(约为原来的2.5倍),从而使混凝土开裂、剥离,破坏了混凝土的受力性能,降低了材料的耐久性,影响桥梁的使用寿命。削弱了钢筋的受力截面。铁锈层及其引起的混凝土裂缝,削弱了钢筋和混凝土的共同作用效果。

(3)钢筋锈蚀的一般修补方法和步骤

①凿除松脱、剥离等已损坏部分的混凝土;

②对钢筋进行防锈处理,涂以环氧胶液等胶粘剂;

③立模、配料浇筑,喷浆、涂抹施工;

④对新喷涂或浇筑的环氧混凝土进行表面处理;

⑤对于锈蚀而出现的微小裂缝的部位,可以采用粘贴两层玻璃布的方法进行修补。

8. 梁桥维修新工艺和新材料工程实例

(1)聚合物快硬修补砂浆

聚合物快硬修补砂浆具有很高的强度和很好的黏结性,能够在不影响或尽可能少影响行车的情况下对混凝土桥梁进行修补,起到很好的效果。

① 材料和机具。所用材料为混凝土修补胶,混凝土快速修补剂;机具有钢凿子、铁锤、扁铲,有条件时可用电动凿石机具,还有铁锅、拌和铲、小盘秤、油漆刷、抹刀及盛器等。

②修补工序。

a. 清理破损混凝土:清理混凝土破损面,松动的混凝土应剔除,做到要修补的混凝土表面无粉尘、无污物。

b. 涂刷界面处理浆:用刷子在要修补的混凝土表面或槽的底部和四周,均匀涂刷一层界面处理浆。界面处理浆按ZV型混凝土修补胶与TJ型混凝土快速修补剂为1:1的质量比调匀即可。

c. 压抹聚合物快硬修补砂浆：把混凝土快速修补剂倒入搅拌锅，加入其质量10%的混凝土修补胶及8%左右的水，拌和均匀。在界面处理浆尚未硬化前，将拌制好的聚合物快硬修补砂浆用抹刀压入槽中，每次压抹1～2cm，直到要修补的厚度，然后抹平表面。

d. 养护：一般在修补半小时后就要洒水或在修补面上加一层塑料薄膜进行养护，桥面快速抢修时一般3h左右就可以开放交通。

(2)环氧树脂混凝土

某桥Ⅱ形梁的梁肋在高度方向有很多条细小裂缝，梁肋底部局部钢筋保护层开裂脱落，外露钢筋严重锈蚀。详细检查裂缝情况，对钢筋保护层混凝土已开裂未脱落的进行人工凿除，进一步检查钢筋锈蚀情况，对锈蚀严重的钢筋进行人工除锈，补焊钢筋予以加固。已脱落的钢筋保护层混凝土用环氧树脂混凝土修补好，并保证保护层厚度，对梁肋侧面因泄水孔失效，被雨水侵蚀冻裂脱落的混凝土用环氧树脂胶泥进行修补。环氧树脂胶泥的配合比是每10m²(厚0.7cm)，用环氧树脂胶79.4kg、石英粉15kg、丙酮25.8kg、邻苯二甲酸二丁酯6.9kg、乙二胺5.9kg。梁肋侧面横向细小裂缝较多，无法大动，将已修补好的梁肋两侧面和底面用电动手砂轮打磨再用水冲洗干净，在混凝土体表面埋设ϕ8长15cm的栓钉，挂设冷拉3号钢丝编制网格为20mm×20mm、30mm×30mm的网片。分层高压喷射水泥砂浆，总厚度为2.5cm。

(3)钢纤维混凝土

由于新设计标准的荷载负弯矩作用，桥梁负弯矩区段桥面混凝土的拉应力将达到3.96MPa，采用现行《公路钢筋混凝土及预应力混凝土桥涵设计规范》(JTG D62—2004)中所列各强度等级普通混凝土均会因抗拉设计强度无法满足而使梁顶开裂，只有采用钢纤维混凝土，其抗拉设计强度有可能大于此拉应力，从而保证桥面不出现裂缝。针对现役桥梁的主梁负弯矩区产生大量裂缝，桥面铺装层亦产生大量网裂的情况，可考虑采用钢纤维混凝土进行补强。为了保证钢纤维混凝土与梁顶翼缘板牢固地连成整体，在施工时要将梁顶翼缘板顶打毛外，在其上设锚筋并在顶面刷黏层剂使新老混凝土紧密结合。另外，在浇筑钢纤维混凝土铺装层前，尚需用高分子化学材料压入梁顶的裂缝内，使裂缝黏合。

(4)UEA补偿收缩自防水混凝土

UEA补偿收缩混凝土是一种适度膨胀的混凝土，在钢筋和邻位约束下，可在混凝土中建立0.2～0.7MPa预压应力，使结构达到抗裂防渗的目的，即解决防水问题。施工时先凿去原桥面铺装层及油毛毡，将原桥面打毛，用锚杆在原铺装层厚度范围内加一层钢筋网，然后浇筑C30UEA补偿收缩自防水混凝土。

二、拱桥桥跨的养护与维修

1. 拱桥的常见病害

(1)裂缝病害

①石砌拱桥主拱圈抗弯强度不够会起拱圈开裂，裂缝主要发生在拱顶区段的拱圈下缘与侧面，其裂缝有时可一直延伸到拱上结构(边墙)。主拱圈抗剪强度不够会引起拱圈开裂，裂缝主要发生在拱脚。此外，预制拼装拱桥或分环砌筑的圬工拱桥，沿连接部位或砌缝发生环向裂缝。如拱圈和边墙用不同材料砌筑，在接缝处也会发生裂缝。裂缝最初出现的时候也许很小，但以后在外界因素的作用下会逐渐扩大。

②空腹式钢筋混凝土拱，在拱脚、立柱、立柱与拱圈相接的地方可能会出现裂缝，如图1-15所示。

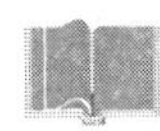

③双曲拱桥的常见裂缝(图 1-16),主要有主拱圈拱脚处上缘出现横向贯穿裂缝；主拱圈跨中截面肋波接合面的环向裂缝；腹拱拱板沿桥宽的横向裂缝；拱波沿桥纵向裂缝；立柱与盖梁混凝土剥落露筋,并有压裂现象;拱肋跨中径向开裂。多条裂缝主要分布在拱肋跨中部分,约在(1/4 ~3/4)L 范围内,裂缝从肋两侧由下向上延伸发展。

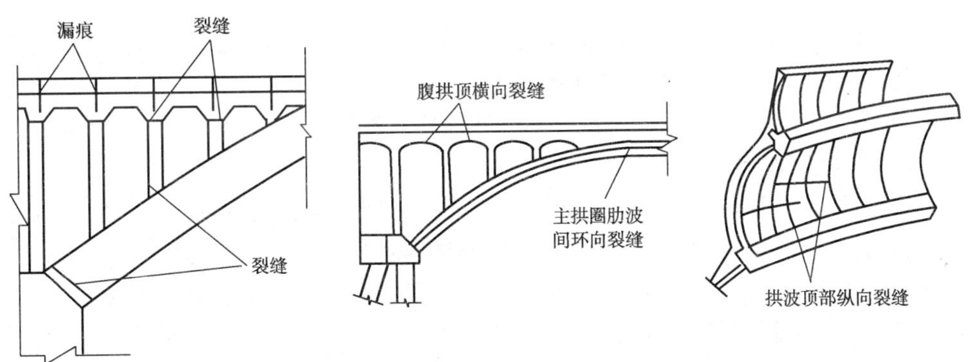

图 1-15　空腹式钢筋混凝土拱桥裂缝　　图 1-16　双曲拱桥的常见裂缝

④桁架拱桥常见裂缝有:靠近桥头的桥面由于受负弯矩作用,多出现沿桥宽方向的横向裂缝；立杆与上下弦杆接合处的裂缝;当跨径较大,架片分段预制并采用现浇混凝土接头或钢板接头时,受荷载反复作用而出现施工接头的拉裂,如图 1-17 所示。

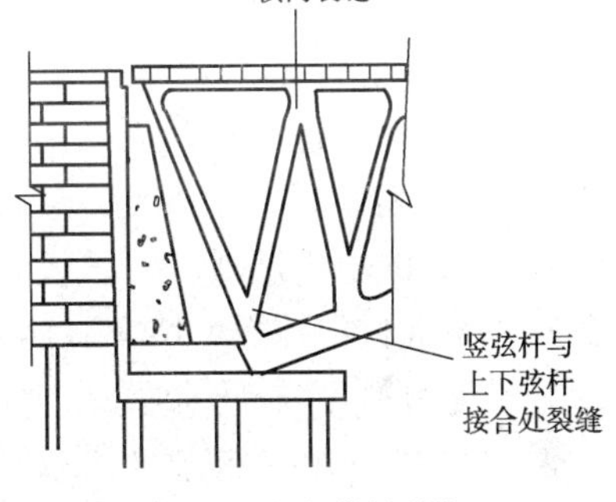

图 1-17　桁架拱桥裂缝

(2)裂缝病害成因

①两拱脚墩台不均匀沉降引起拱圈开裂,一般出现在拱顶区段,横桥向贯穿全拱圈,裂缝宽度上下变化不大,且两侧有错动。墩、台基础上、下游不均匀沉降引起拱圈开裂。

②墩台沿桥梁纵向发生向后滑动或转动引起拱圈开裂。

③肋拱、刚架拱、桁架拱、双曲拱的肋间横向连接,如横系梁、斜撑强度不够引起开裂。

④拱上排架、梁、柱开裂,短柱的两端开裂,侧墙斜、竖方向开裂,侧墙与拱圈连接处开裂。开裂的主要原因分别为构造不合理、强度不够、施工质量不好,以及由于拱圈变形、墩台变位对拱上结构造成不利影响所致。

⑤双曲拱桥的拱波顶纵向开裂。多为肋间横向连接偏弱,采用平板式填平层使拱横截面刚度分配不均,墩台横向不均匀沉降等原因引起。

⑥桁架拱、刚架拱、系杆拱的节点强度不够,引起节点及杆件端部开裂。

2. 拱桥的其他病害

①拱圈材料抗压强度不够,引起劈裂或压碎。

②中、下承式拱的吊杆锚头滑脱或钢丝锈蚀、折断。

③拱铰失效或部分失效,引起拱的受力恶化而开裂。

④钢管混凝土拱的钢管因厚度不足,或节间过大造成钢管出现压缩状折皱。

⑤桥面板(平板、微弯板、肋腋板等)开裂。引起开裂的原因主要有局部承受车辆荷载强度不够,参与主拱受力后强度不够,肋片发生较大位移,板与肋连接破坏,或在施工中已开裂而

未予以彻底处理等。

3. 拱桥桥跨的检查内容

①主拱圈的拱板或拱肋是否开裂。钢筋混凝土拱有无露筋、钢筋有无锈蚀。圬工拱桥砌块有无压碎、局部掉块,砌缝有无脱离或脱落、渗水,表面有无苔藓、草木滋生,拱铰工作是否正常。空腹拱的小拱有无较大的变形、开裂、错位,立墙或立柱有无倾斜、开裂。

②拱上立柱(或立墙)上下端、盖梁和横系梁的混凝土有无开裂、剥落、露筋和锈蚀。中、下承式拱桥的吊杆上下锚固区的混凝土有无开裂、渗水,吊杆锚头附近有无锈蚀现象,外罩是否有裂纹,锚头夹片、楔块是否发生滑移,吊杆钢索有无断丝。采用型钢或钢管混凝土芯的劲性骨架拱桥,混凝土是否沿骨架出现纵向或横向裂缝。

③拱的侧墙与主拱圈间有无脱落,侧墙有无鼓突变形、开裂,实腹拱拱上填料有无沉陷。肋拱桥的肋间横向连接是否开裂、表面剥落、钢筋外露、锈蚀等。

④双曲拱桥拱肋间横向连接拉杆是否松动或断裂;拱波与拱肋结合处是否开裂、脱开;拱波之间砂浆有无松散脱落;拱波顶是否开裂、渗水等。

⑤薄壳拱桥壳体纵、横向及斜向,是否出现裂缝及系杆是否开裂。

⑥系杆拱的系杆是否开裂,无混凝土包裹的系杆是否有锈蚀。

⑦钢管混凝土拱桥裸露部分的钢管及构件检查,参见钢桥检查有关内容,同时还应检查管内混凝土是否填充密实。

4. 拱桥桥跨的日常养护与维修

(1)经常清除表面污垢及圬工砌体因渗水而在表面附着的游离物。

(2)经常疏通泄水管孔,保持桥面及实腹拱拱腔排水畅通。如发现拱桥桥面漏水应及时修补,空腹拱的主拱圈(肋)若发现渗水,应对拱背进行清理,清除可能积水的残渣、堆积物等,并用砂浆等材料抹平或堵塞裂缝。实腹拱若发现主拱圈渗水,应检查拱腔排水系统,必要时可挖开拱上填料,修补防水层,修理排水管道。

(3)主拱和拱式腹拱的拱铰及变形缝,应保持正常工作状态。清除弧面铰及变形缝内嵌入的杂物,保持能自由转动、变形。填缝材料如油毛毡、浸渍沥青的木板等,如有损坏应及时更换。

(4)构件表面缺陷及局部损坏的修补,主要有以下几类:

①圬工拱桥如有灰缝脱落应及时修补,如砖、石、混凝土砌体发生风化剥落,可喷刷一层(1~3cm)M10以上的水泥砂浆,喷浆应分2~3层喷注,每隔1~2日喷一层,施工温度不宜低于5℃,否则要采取保护措施。粉刷或喷浆前应将表面松动剥落部分除尽,并将表面润湿和洗刷干净,必要时在距表面1cm处加上一层钢丝网,则更为坚固,并可防止收缩裂缝。

②圬工砌体的边角压碎、砌块断裂,干砌石拱桥砌缝张口等,可用水泥砂浆修补。若个别块体压碎或脱落,应用新的块体填塞更换,更换时应保证嵌挤或填塞紧密。砌缝砂浆若发生脱离,应凿除后重新用干硬性砂浆或微膨胀砂浆填筑,表面重新勾缝。

③钢筋混凝土拱构件的表面缺损与裂缝修补同钢筋混凝土梁桥,不再赘述。

④钢管混凝土拱钢构件表面的防锈涂层,应保持完好,并定期重涂。

⑤实腹拱的侧墙若发生较大变形、开裂,应查明原因并作相应处理。若是填料不实,或拱腔积水,应挖开拱上填料,修补防排水系统,拆除鼓凸部分侧墙后重新砌筑,重新回填拱上填料及重做路面,也可酌情换用轻质填料或加大侧墙尺寸。若发现侧墙与拱圈之间脱开,或侧墙上有斜向(若是砌体通常沿砌缝成锯齿状)开裂,应检查墩台与主拱的变形。开裂轻微且不再发

展的，可作一般修补裂缝处理；若开裂严重或裂缝在发展中，应考虑加固、改造方案。

(5)系杆拱桥的系杆混凝土裂缝，应用环氧砂浆等材料进行处理。系杆采用无混凝土包裹的预应力钢束时，应定期对钢束的防锈保护层进行养护、更换防护油脂等。系杆的支承点如有下沉应及时调整。

(6)冬季月平均气温低于 -20℃的地区，对淹没于结冰水位的拱圈，应在枯水期从结冰水位以上 50cm 开始至拱脚涂抹一层防冻环氧砂浆，砂浆表面再涂刷沥青进行保护。

三、悬索桥和斜拉桥桥跨的养护与维修

1. 检查内容

(1)检查索塔高程、塔柱倾斜度、桥面高程及梁体纵向位移，注意是否有异常变位。

(2)检测索体振动频率、索力有无异常变化。索体振动频率观测，应在多种典型气候下进行。观测周期不超过 6 年。

(3)主梁或加劲梁的检查，按预应力混凝土及钢结构的相应要求进行。

(4)悬索桥的锚碇及锚杆有无异常的拔动，锚头、散索鞍有无锈蚀破损，锚室(锚洞)有无开裂、变形、积水，温、湿度是否符合要求。

(5)主缆、吊杆及斜拉索的表面封闭、防护是否完好，有无破损、老化。

(6)悬索桥的索鞍是否有异常的错位、卡死，辊轴歪斜；构件是否有锈蚀、破损；主缆索跨过索鞍部分是否有挤扁现象。

(7)悬索桥吊杆上端与主缆索的索夹是否有松动、移位和破损，下端与梁连接的螺栓有无松动。

(8)逐束检测索体是否开裂、鼓胀及变形，必要时可剥开护套检查索内干湿情况和钢索的锈蚀情况，检查后应做好护套剥开处的防护处理。

(9)逐个检查锚具及周围混凝土的情况，锚具是否渗水、锈蚀，是否有锈水流出的痕迹，周围混凝土是否开裂。必要时可打开锚具后盖抽查锚杯内是否积水、潮湿，防锈油是否结块、乳化失效，锚杯是否锈蚀。

(10)逐个检查索端出索处钢护筒、钢管与索套管连接处的外观情况；检查钢护筒是否松动脱落、锈蚀、渗水，抽查连接处钢护筒内防水垫圈是否老化失效，筒内是否潮湿积水。

(11)索塔的爬梯、检查门、工作电梯是否可靠安全，塔内的照明系统是否完好。

2. 斜拉桥的日常养护与维修

斜拉桥梁体和索塔部分的养护，视其结构类型可按钢筋混凝土桥、预应力混凝土桥及钢桥的相关规定进行。

(1)拉索的养护

①拉索两端的锚具及护筒，应经常保持清洁和干燥。塔端锚头若漏水、渗水，应及时用防水材料封堵；梁端锚头若漏水、积水，应及时将水排出并封堵水源。

②定期更换拉索两端锚具锚杯内的防护油。

③定期更换钢护筒与套管连接处的防水垫圈及阻尼垫圈，做好搭接处的防水处理。

④定期对索端钢护筒做好涂漆防锈处理。

⑤若拉索护套出现开裂、漏水、渗水应及时处理。可剥开已损坏的护套，将已潮湿的钢索吹干，对已生锈的钢索做好除锈处理，再涂刷防护漆及防护油，并用玻璃丝布或其他防护材料包扎严密。

⑥斜拉索的减振装置要保持正常工作状态，发现异常或失效要及时维修。

(2)桥上附属设施的养护

①索塔的爬梯应每年保养一次,包括除锈、油漆、修理损坏的部件。进出口检查门应经常保持完好。有工作或观光电梯的,应按有关规定进行保养。

②空心索塔的塔内,应经常保持通风干燥。塔内通风照明系统每年至少检查保养一次,损坏的灯具应及时更换。

(3)斜拉索的调整和更换

①对因钢索、锚具损坏而超出安全限值的拉索,应及时进行更换。

②对索力偏离设计限值的拉索,应进行索力调整。张拉的顺序、级次和量值应按设计规定进行,并测定索力和延伸值,同时进行控制。

③拉索的更换按改建工程进行,应对各方案技术经济的合理性进行分析比选,确定安全、简便的施工方案。竣工后必须对全桥斜拉索的索力和主梁高程进行测定,检验换索效果,并作为验收的依据。

3. 悬索桥(吊桥)的日常养护与维修

索桥梁体和索塔部分的养护,视其结构类型可按钢筋混凝土桥及钢桥的相关规定进行。

(1)主缆各索股的受力应保持均匀,经检查若个别索股受力出现明显偏差、松弛或过紧,应通过索端拉杆螺栓进行调整。

(2)防止主缆索股的锚头、锚杆、裸露索股、分索器、散索鞍等锈蚀,涂装防锈油漆的部分应定期涂刷,涂抹黄油的部分应定期更换黄油,发现剥落、锈蚀应及时处理。

(3)主缆索的防护层,如有开裂、剥落,应尽快修复;必要时可切开防护层检查主缆是否锈蚀并做好相应处理,处理完毕后应及时修复。采用涂敷黄油防锈并用简易包裹做防护层的,应定期更换黄油及防护层,并保持其完好状态。

(4)网格式悬索桥,肢杆拉索应保持正常的工作状态,若发现松弛,可调整端头拉杆螺母使其复位。

(5)索鞍应经常清扫,防止尘土杂物堆积、积水(雪)及锈蚀。索鞍的辊轴或滑板应保持正常工作状态。

(6)锚室及封闭的索鞍罩内应保持干燥,有除湿设备的应保持设备正常工作,出现故障要及时检修。

(7)索夹、索鞍、吊杆等的紧固螺栓,应保持其原设计受力状态,视其工作情况,每半年至两年定期紧固,若发现松动应及时紧固。

(8)若吊杆有明显摆动、倾斜或检查发现其受力变化,应查明原因,若索夹松动,应使其复位并紧固锚栓;若拉杆螺栓松动,应予拧紧;若吊索锚头出现松动,应予更换;吊杆复位后应进行索力检测。

(9)吊杆的保护套,止水密封圈、防雨罩等应保持完好,若发现老化、开裂和破损就要及时修补、更换。

(10)吊杆的减振装置要保持正常工作状态,发现异常或失效要及时检修。

(11)未做衬砌的岩石锚室或锚洞,若有表面风化或表面裂纹,应用环氧树脂砂浆或钢丝网水泥砂浆进行处理。

四、钢桥的养护与维修

1. 检查内容

(1)构件(特别是受压构件)是否扭曲变形、局部损伤。

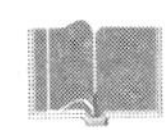

(2)铆钉和螺栓有无松动、脱落或断裂,节点是否滑动、错裂。

(3)焊缝边缘(热影响区)有无裂纹或脱开。

(4)油漆层有无裂纹、起皮、脱落,构件有无锈蚀。

(5)钢箱梁封闭环境中的湿度是否符合要求,除湿设施是否工作正常。

2. 日常养护与维修

(1)清除钢结构的表面污垢,保持杆件清洁,特别应注意节点、转角、钢板搭接处等易积聚污垢的部位。清除的污垢不要扫入泄水孔或排水槽中,以免堵塞。

(2)更换所有松动和损坏的铆钉,更换过的铆钉在检验之后,均应涂上与桥梁结构显著不同的颜色,并记入桥梁记录簿,注明其数量和位置。在更换铆钉前,应仔细察看钉孔位置是否正确。如钉孔不圆或偏位大于2mm时,必须扩钻加大孔径。在铆接杆件时,如钉孔不合适,严禁采用强力钻进的铆接方法。更换铆钉后,应对其所有相邻而未更换的铆钉加以敲击,检查是否受到损伤。

(3)普通螺栓或高强螺栓连接的构件,若发现松动应及时加以拧紧,对于高强螺栓必须施加设计的预拉应力。为了便于螺栓的更换,应防止丝口锈蚀,如接合杆件表面有角度时,则应在螺母之下垫以楔形垫圈。

(4)焊接连接的构件,焊缝处若发现裂纹、未熔合、夹渣、未填满、弧坑等缺陷时,应进行返修焊,焊后的焊缝应随即铲磨匀顺。

(5)钢杆件受到冲击造成局部弯曲时,可用撬棍、弓形螺旋顶或油压千斤顶进行冷矫,禁止用锻钢烧材的方法来矫正。钢杆件如有不同方向的弯曲,应对导致弯曲的原因作调查分析以确定矫正方法,矫正时按不同的弯曲方向分别进行。如杆件同时有扭转和弯曲,应先矫正弯曲,再矫正扭转。若由于杆件强度、刚度不足或稳定性差等原因引起弯曲的,矫正后应进行加固处理。如需拆卸杆件修理时,可安装临时杆件替代被拆卸杆件,以保证行车安全。

(6)钢梁木桥面板的保养,可抽换破损桥面板,加铺轨道板或加设辅助横梁(木梁或钢梁),经计算允许增加恒载时可把木桥面改为钢筋混凝土桥面。

(7)装配式战备钢桥的养护:

①在桥两端竖立鲜明的限速、限载标志,严禁超速、超载。

②对各部件接合点的销子、螺栓,横梁夹具、抗风拉杆等进行检查,如有松动和缺损,应及时拧紧和修补更换;销子周围应涂油脂,防止雨水进入销孔缝隙;外露的螺栓丝扣应涂油,防止锈蚀。

③桥面板出现破裂、弯曲及不平整时,应及时抽换。若经常有履带车通过,则应加铺轨道板。

(8)装配式钢桥使用后拆卸进仓之前,应进行油漆,并对拆下的部件进行全面检查和修理,如杆件有局部变形,应进行矫正;如有细裂痕和暗裂纹,应修理加固或更换;销子和栓钉应仔细检查是否有裂缝、脱皮、弯曲、压损等,发现缺陷应及时消除或更换。最后涂抹黄油,用蜡纸包好装箱入仓。

(9)装配式钢桥的储存,应符合下列要求:

①构件应分类按规格堆放,下面需用木料或石块垫高,以防受潮;堆置高度不宜过高,以防下层构件被压弯变形;桁架片应单层竖向堆放,堆放时应将架设时无用的部件放在外部。

②所存放的钢构件应保持清洁,定期涂抹油脂,防止锈蚀。一般每年检查一次,每三年全面检查一次。如发现变形和脱漆,应及时矫正和补漆。

③所有销子、螺栓等零部件,作应每年开箱清点、加涂黄油防锈。

④专用架设工具应注意配套保存,防止丢失,并加强维修保养。

(10)对整座钢桥,应视油漆失效情况,定期进行涂装防锈;部分油漆失效应及时除锈补漆。钢桥杆件的油漆,应符合下列要求:

①在涂漆之前,对铁锈、旧漆、污垢、尘土和油水等,均应仔细清除,对所有易锈蚀的部位,如凹处、缝隙、纵横梁及主桁架的弦杆等,尤应仔细清理。

②除锈应做到点锈不留、除锈彻底、打磨匀亮、揩擦干净。可采用在浓度10%的无机酸中加入0.2%~0.4%的面粉、树胶或煤焦油等缓蚀剂来清洗锈蚀,也可采用喷砂除锈法或其他更有效的除锈方法。

③油漆层数一般为底、面漆各两层。对于易遭受损坏或工作条件困难的部位应多涂一层面漆。在第一层底漆干燥后,应对裂缝、不平整处和局部凹痕的部位用油性腻子腻塞,并对腻封质量进行检查,发现缺陷应予消除。

④钢桥油漆工作,应在天气干燥和温暖季节(不低于+5℃)进行。油漆时的气温应与被漆钢构件表面温度相近。在风沙天气、雾天、雨天不应进行油漆,对表面潮湿的钢构件也不应进行油漆。

⑤钢桥的防腐可采用镀锌、铝等阳极防腐的金属涂层。金属涂层的制作工艺有喷涂、热镀、电镀、电泳、渗镀、包覆等方法。关键部位及维修困难的部位,可采取在喷、镀金属层上再涂防腐涂料的复合面层或涂玻璃鳞片涂料等防护措施。

五、刚架桥桥跨的养护与维修

刚架桥桥跨由于支点的不均匀沉陷影响,致使刚架各节点产生附加弯矩,可能会导致一些裂缝的出现,因此,裂缝是刚架桥的主要病害。裂缝的维修方法在前面已作详细说明,此处不再赘述。

六、通道、跨线桥与高架桥的养护与维修

通道、跨线桥与高架桥的养护与维修不同于一般公路桥梁的地方主要体现在:

(1)要随时检查通道内有无积水,机械排水的泵站是否完好,排水系统是否畅通。

(2)跨线桥、高架桥还应检查防抛网、隔声墙是否完好。

(3)通道、跨线桥与高架桥下的道面是否完好,有无非法占用情况等。

第三节　桥梁上部结构的加固与改造

一、钢筋混凝土梁桥加固方法

(1)增加钢筋、外包混凝土加大截面加固法。该加固法一般适用于肋梁。加大受拉区的混凝土面积,使其完全包裹新增加的钢筋,由于新增的受拉区钢筋抵抗了梁体的一部分受拉应力,主梁的承载能力便得到了提高。外包混凝土法加固施工中,应注意将旧混凝土的新老混凝土结合部打成麻面或沟槽,有条件时在受力筋焊接前采取卸荷或支顶措施。在钢筋焊接施工过程中,应减少原受力钢筋的热变形,使原结构不作大的改变。

(2)粘贴钢板加固法。粘贴钢板法主要是采用黏结剂(粘贴钢板也可用锚栓),将钢板粘贴锚固在混凝土结构的受拉边缘或薄弱部位使其与结构形成整体,以钢板材代替补强筋,承受一定拉应力,减少裂缝发展,达到提高梁的承载力的目的。工艺流程归纳为:混凝土基底处

理→涂底层涂料→构件表面残缺面的修补→粘贴钢板→养护。该办法加固结构的关键工艺是黏结材料的配比及涂刷，钢板与原结构必须可靠连接，并做好防锈处理。

(3)粘贴碳纤维、特种玻璃纤维加固法。主要用于提高构件抗弯承载力，使用此法加固几乎不增加原结构自重。此法用于结构加固的碳纤维材料具有优良的力学性能，其抗拉强度一般为建筑用钢材的十几倍；但是，碳纤维材料织成碳纤维布后，其中的各碳纤维丝很难完全共同工作，在承受较低的荷载时，一部分承受应力较高的碳纤维丝首先达到其抗拉强度并退出工作状态，以此类推，各碳纤维丝逐渐断裂，直至整体破坏。而使用黏结剂后，各碳纤维丝能很好地共同工作，大大提高碳纤维布的抗拉强度，故碳纤维加固首先必须使碳纤维布中的碳纤维丝能共同工作，因此黏结剂对碳纤维布的加固起着关键作用，它既要确保各碳纤维丝共同工作，同时又要确保碳纤维布与结构共同工作，从而达到加固的目的。

(4)预应力加固法。该法对于提高构件强度、控制裂缝和变形的作用较好。预应力混凝土梁桥，当预应力部分失效而进行加固时，若原结构有预留孔，可在预留孔内穿钢束进行张拉；采用无黏结钢束的可对原钢束重新张拉或增设齿板，增加体外束进行张拉。另外，若腹板抗剪切强度不够时，可采用施加竖向预应力的方法进行加固。

(5)改变梁体截面形式加固法。一般是将开口的 T 形截面或Π形截面转换成箱形截面。

(6)增加横隔板加固法。此法用于无中横隔板或少中横隔板的加固，可增加桥梁整体刚度、调整荷载横向分配。

(7)在桥下净空和墩台基础受力许可的条件下，采用在梁(板)底下加八字支撑的加固法。

(8)桥梁结构由简支变连续加固法。

(9)当支座设置不当造成梁体受力恶化时，可采用调整支座高程的加固方法。

(10)更换主梁加固法。

二、拱桥加固方法

(1)主拱圈强度不足时，可加大拱圈截面。从拱腹面加固时，常用的方法有粘贴钢板、浇筑钢筋混凝土加大拱肋截面、布设钢筋网用喷射混凝土或水泥砂浆加大拱圈截面和在拱肋间加底板，变双曲拱截面为箱形截面等。条件许可时，也可在腹面做衬拱及相应的下部结构。从拱背面加固时，可在拱脚区段的空腹段背面加大拱圈截面；或拆除拱上建筑，在全拱圈背面加大截面。一般使用混凝土或钢筋混凝土材料。

(2)拱肋、拱上立柱、纵横梁、桁架拱、刚架拱的杆件损坏，可用粘钢或复合纤维片材加固。粘钢时可粘贴钢板，也可在四角处粘贴角钢。

(3)桁架拱、刚架拱的节点，可用粘钢板或复合纤维片材的方法进行加固。

(4)拱圈的环向连接，可用嵌入剪力键的方法加固。剪力键一般采用钢板或铸件，按一定间隔布置，其间的裂缝用环氧砂浆等处理。

(5)用加大截面的方法，加强拱肋之间的横向连接。采用横拉杆的双曲拱，可把拉杆改为系梁。

(6)更换锈蚀、断丝或滑丝的吊杆；若原构造许可，可以用收紧锚头的方法张拉松弛的系杆或吊杆来调整内力。

(7)在钢管混凝土拱肋拱脚区段或其他构件的外面包裹钢筋混凝土。

(8)改变结构体系以改善结构受力，如在桥下通航许可的前提下加设拉杆。

(9)更换拱上建筑，减轻自重；更换实腹拱的拱上填料为轻质填料。

(10)用更换桥面板，增加桥面铺装的钢筋网，加厚桥面铺装，换用钢纤维混凝土等方法维修加固桥面。

三、钢桥加固

1. 钢桥的杆件加固法

(1)钢板梁由于穿孔或破裂削弱断面时,可补贴钢板或用钢夹板夹紧并铆接来加固,这时钢板的边缘应铧平,使之结合紧密。如钢板受到了较短和较深的创伤,宜用电焊填补。

(2)采用增设水平加劲肋、竖向加劲肋的方法加固钢板梁。

(3)钢桁梁加固一般用补加新钢板、角钢或槽钢来加大杆件截面,加固可用栓接、铆接或焊接。

(4)加设加劲杆件,或增强各杆件间的联系。

(5)在结合处用贴板拼接,加设短角钢加强桁架杆件与节点板的连接。

(6)如桥梁下挠显著增加,销子与销孔有损坏或下弦强度不足,应停止交通进行检查修理或更换。

(7)钢结构杆件在修理加固之后,应涂漆防锈。

2. 恢复和提高整桥承载力的加固方法及适用范围

(1)增设补充钢梁,可装在原有各梁之间,也可以紧靠在原有各梁的旁边。

(2)用加劲梁装在原主梁的下缘或下弦杆上。加劲梁加固方法,适宜于不通航的桥孔或桥下净空足够的小型桥梁。

(3)用体外预应力加固,预应力施加在下挠后的下弦杆截面上。预应力加固法对桥下净空的影响较小,施工方便,但预应力钢索的防锈工作较困难。

(4)用拱式桁架结构装在原主梁的上面,拱脚和原主梁固接或铰接,适宜于下部结构能承受所增加恒载的通航桥孔的加固。

(5)用悬索结构加在原主梁上面,可使被加孔的恒载转移到悬索上,以改善结构的变形。这种方法可在运营状态下进行,适宜于下部结构能承受所增加恒载的通航桥孔的加固。

(6)在不影响排洪和通航的情况下,可在桥孔中间添建桥墩,缩短跨径,减小桁梁杆件的内力。为了承受新增支点处的剪应力,在新桥墩墩顶处的上部结构中,必须加置竖杆及必要的斜杆。

(7)对于多孔简支桁架,分别将其转变为连续桁架,可采用体外预应力加固方法,使被连接的主桁上弦杆在墩顶处得以补强。

四、悬索桥的加固

(1)减少悬索桥竖向变位的加固方法:

①设置中央构件,把加劲梁与主缆索在跨中连接起来。

②把直吊杆(索)改为斜吊杆(索)或交叉斜吊杆(索)。

③增加斜拉索改变结构受力体系,斜拉索可设在主跨四分之一跨径区段,并妥善解决斜拉索与加劲梁及索塔的锚固,同时注意解决索塔受力平衡问题。

(2)减少悬索桥横向摆动的加固方法:

①在桥的两岸上、下游对称增设侧风缆,风缆锚固于悬索桥的加劲梁上,锚固位置可选在1/4 跨至跨中之间。

②在桥的上、下游各架设一根跨河钢缆,其高度可略低于桥面,用钢丝绳将加劲梁与过河钢缆作多点连接,适当张紧形成抛物面网络。

③加强加劲梁的水平风撑,加大横向刚度。

(3)主缆垂度调整。对采用少量索股的悬索桥,结构条件许可时,才可对主缆的垂度进行调整。先将要调整的主缆一侧的恒载卸载,放松索夹,用卷扬机或其他张拉设备逐股张紧主缆索索股,再用调整索股端头的螺杆固定。

(4)索鞍座复位。当索鞍座偏移超出设计允许值时,可用千斤顶将辊轴归位。

(5)锚碇及锚室结构开裂、变形,应及时查明原因,进行加固处理。锚碇板开裂,可增补钢筋混凝土锚碇板,支撑开裂或破损可增加型钢支撑,若锚室发生变形、位移,可用增加压重等方法处理山体。

第二章　公路桥梁下部结构养护与维修

桥梁的承载能力和能否正常使用，不仅取决于上部结构原设计荷载标准与完好程度，作为其重要的组成部分的下部结构，墩台和基础将直接承受上部结构的荷载作用(包括永久作用和可变作用)，并将荷载传递给地基受力，所以，桥梁的下部结构的质量好坏也直接影响其承载能力和正常使用，而且有的旧桥承载能力的降低和主要病害的产生都是由于下部结构的病害所引起。因此，在旧桥养护、维修、加固改造工作中，绝不能忽视桥梁的下部结构，否则，就不能达到恢复和提高桥梁整体承载能力及正常使用的目的。

第一节　桥梁墩台的日常养护与维修

一、桥梁墩台的常见病害

绝大多数墩台是由钢筋混凝土、混凝土或砖石砌体建成。墩台容易受到上部结构荷载增加和基础出现缺陷的直接影响。尤其是当基础产生不均匀沉降、滑移、倾斜等现象时，将会使墩台受到影响而产生很大的损坏。在突然外荷载，如汽车、船只及漂浮物的撞击等外力作用下，会导致墩台局部损坏，产生脱落与剥离。墩台受干燥、潮湿、寒暑、冻结冰融等气候条件的影响，有时还受水、海水、工业废水、废气、酸、碱、火热等作用，因而产生裂缝、剥离、锈蚀等病害。此外，材料随时间的增长还会老化。

墩台缺陷主要有：裂缝(见表2-1)、剥离、空洞、钢筋外露、锈蚀、老化，结构的变形移位等。

桥梁墩台的常见裂缝　　表2-1

序号	裂缝名称及发生部位	简　图	特征及原因
1	墩台网状裂缝		①此种裂缝多发生在常水位以上墩(台)身的向阳部分，裂缝宽0.1～1mm，深1～1.5mm、长度不等； ②主要原因是由于混凝土内部水化热和外部气温的温差，或日气温变化影响和日照影响而产生的温度拉应力； ③由于混凝土干燥收缩而引起
2	从基础向上发展至墩台上部的裂缝		①裂缝下宽上窄； ②原因是基础松软或沉陷不均匀而引起

续上表

序号	裂缝名称及发生部位	简　图	特征及原因
3	墩台身出现的竖向裂缝		由于基础的不均匀沉降,致使墩台产生竖直方向的龟裂或断裂
4	墩台身水平裂缝		①裂缝呈水平层状; ②多为混凝土浇筑接缝不良所引起; ③墩台由于受水平力,如土体土压力的作用产生如左图所示的水平裂缝
5	墩身的剪切破坏		当墩柱较短,截面又小,抗剪能力低于抗弯能力时,破坏时会产生斜向裂缝,致使发生截面剪切破坏
6	混凝土碎裂和钢筋弯凸		当所受水平力较大时,裂缝增大,混凝土产生碎裂而使混凝土脱落或剥离,这种破裂形态往往出现在墩身断面中抗弯能力薄弱的断面,通常多在受力钢筋截面部位和柱壁的根部。而断面急剧变化的柱顶部位,有时因应力集中效应也会产生损坏
7	翼墙和前墙断裂的裂缝		往往是由于墙间填土不良、冻胀或基底承载力不足,引起下沉或外倾而开裂
8	由支承垫石从下向上发展的裂缝		主要是由于墩台帽在支承垫石下未布置钢筋所致;或由于受到过大的冲击力
9	桥墩墩帽顺桥轴线横贯墩帽的水平裂缝	墩帽放射型裂缝	①不论空心墩或实心墩均有发生; ②主要由于局部应力所致,因梁和可变作用的作用力集中地通过支座(或立柱)传至桥墩,使其周围墩顶与其他部位产生拉应力; ③因支座损坏而引起

续上表

序号	裂缝名称及发生部位	简　图	特征及原因
10	双柱式桥墩下承台的竖向裂缝	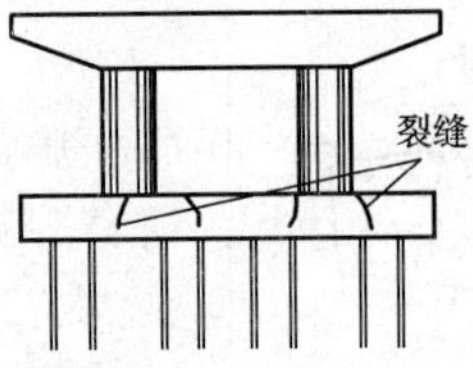	由于桩基下沉不均或局部应力所致
11	支承相邻不等高的墩盖梁，雉墙上的垂直裂缝	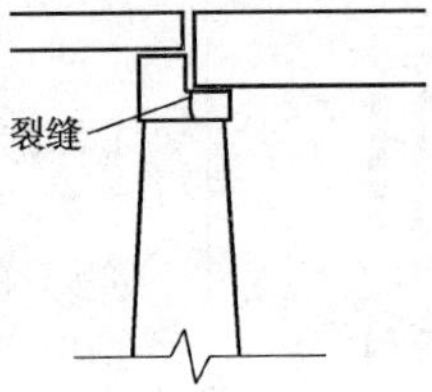	①裂缝多位于雉墙棱角部分及中线附近； ②严重时部分混凝土剥落露筋； ③由于局部应力所致
12	墩台盖梁从上至下的垂直裂缝	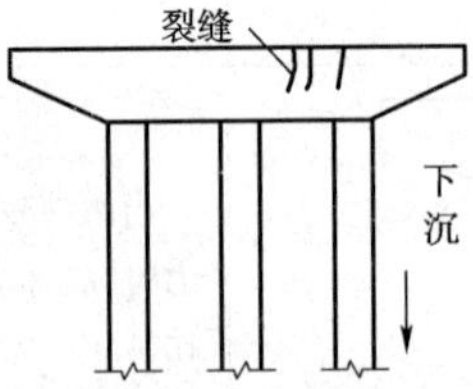	桩基下沉不均而引起盖梁上的不均匀受力
13	镶面石突出的裂缝	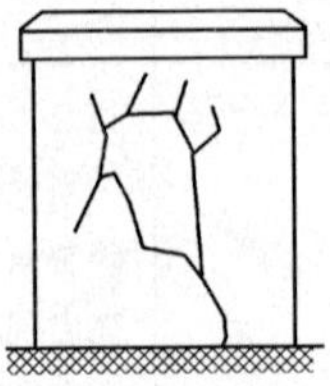	①多为不规则的裂缝； ②由于镶面石与墩台连接不良
14	悬臂桥墩角隅处的裂缝	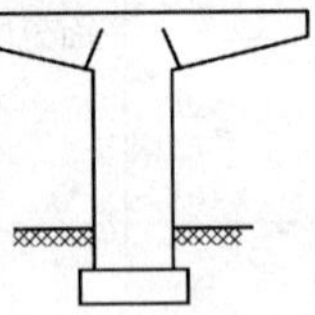	由于局部应力引起
15	墩柱顶部产生的竖向裂缝	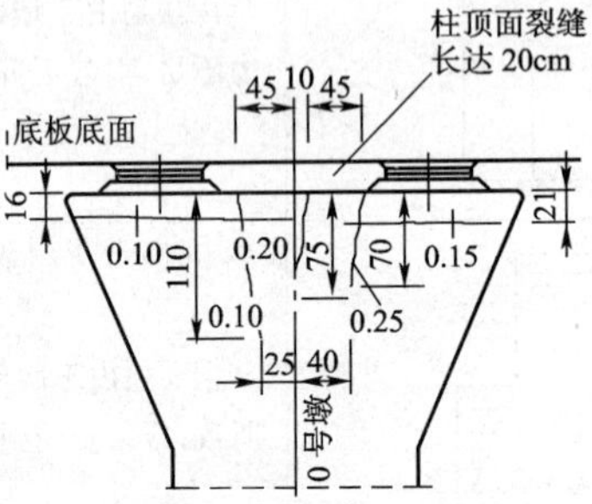 (尺寸单位：cm)	墩柱顶开裂的原因，无非是顶部的弯拉应力产生的，开裂后，拉力可以由该部位所布设的钢筋来承受；桥墩下部墩身的开裂，可能是由于大体积的桥墩底座混凝土的干燥收缩约束引起的

二、桥梁下部结构的日常养护

1. 桥梁下部结构的日常养护工作内容

对墩台基础养护应贯彻“预防为主、防治结合”的方针，定期检修，维护桥梁，以保证使用安全。其日常养护的主要工作内容如下：

(1)必须采取措施,保持桥梁墩台基础附近河床的稳定。桥梁上下游200m的范围内(当桥长的1.5倍超过200m时,范围应扩大至1.5倍桥长),应做到如下几点;

①河床应适时地进行疏浚,每次洪水过后,应及时清理河床上的漂浮物,使水流顺利宣泄。

②树立警示牌,禁止任意挖砂、取土、采石、倾倒废弃物,不得进行爆破作业及其他危及公路桥梁安全的活动;当发现有上述现象时必须及时制止,并采取相应措施。

③不得任意修建对桥梁有害的水工建筑物,当因抢险、防汛需要修筑堤坝、压缩或拓宽河床的,应事先报经主管部门同意,并采取有效的防护措施。

(2)必须保持墩台结构表面的整洁,及时清除墩台表面的青苔、杂草、灌木和污秽物。

(3)对因长期受大气影响和雨水侵蚀而发生灰缝脱落的圬工砌体,应清除缝内杂物,重新用水泥砂浆勾缝。

(4)桥梁墩台、桩柱排架混凝土结构物表面发生侵蚀剥落、蜂窝麻面、裂缝、露筋等病害时,应及时采用水泥砂浆修补;对受行车振动影响大、不易用水泥砂浆补牢的,应考虑采用环氧树脂或其他聚合物混凝土等性能较好的材料进行修补。

(5)圬工砌体镶面部分严重风化和损坏时,应用石料或混凝土预制块补砌更换。补砌更换时,新老部分要求结合牢固,色泽质地要与原砌体基本一致。

(6)基础局部掏空,护底、护坡等构筑物局部损坏,应及时分析情况抓紧修复。当损坏严重时,应按损坏情况采取加固措施。

(7)对原有的防撞、导航、警示标志等附属设施,要经常维护,使其保持良好的状态。当发现墩、立柱被船只碰撞发生损坏时,对被碰撞的墩台必须立即进行检测,包括墩台构件的损坏情况、立柱的垂直度等,并立即采取措施,确保其安全。

(8)对严寒地区的桥梁墩台基础的养护,应特别重视采取防冻措施,以保证河床状态稳定和加固设施可靠。

(9)对于大桥及特大桥应在桥梁墩台设置沉降观测点,并每年进行观测记录,拱桥应设置桥台水平位移观测点。

2. 桥梁下部结构日常养护的具体工作

1)桥梁下部结构的外观检查

(1)桥墩病害的外观检查:桥墩外观检查中的一些常见病害,如图2-1~图2-12所示。

	示意图 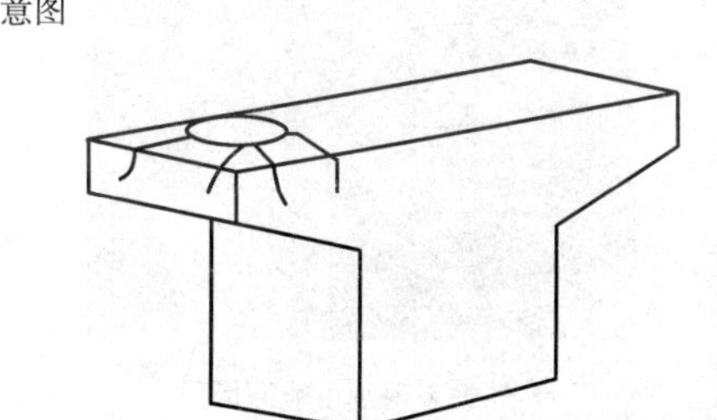
外观表现及可能原因 支座下柱式桥墩的柱头发生竖向开裂,裂缝在平面上呈放射状。多为局部荷载过大而柱头内防裂钢筋配置不足导致的劈裂;亦可能因地震或整体温度改变引起的水平力过大而导致撕裂	检查及维修要点 应记录开裂的部位,初测裂缝的宽度,描述裂缝的形态及新旧程度。 在地震过后、温度骤变或发生其他异常情况后,该部位属于重点检查对象,一旦发现此类病害,应立即汇报,并进行详细调查,评估桥梁承载能力并采取加固措施

图2-1　混凝土桥墩盖梁放射状开裂

<table>
<tr>
<td>
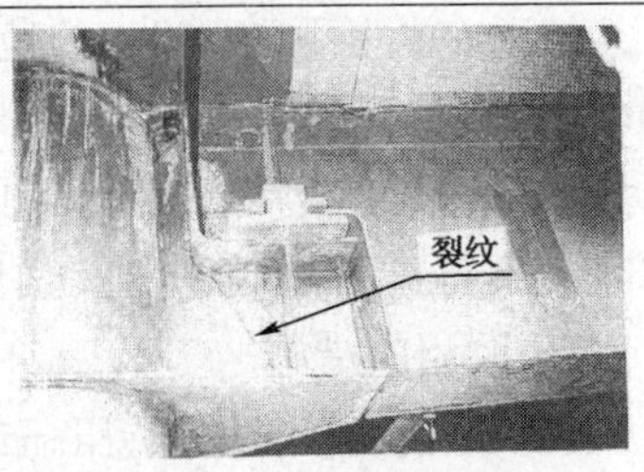

</td>
<td>
示意图
裂纹
主梁
墩
</td>
</tr>
<tr>
<td>
外观表现及可能原因
牛腿梁腹板疲劳裂纹或焊缝裂纹附近的裂纹，因焊接热影响区金属变脆，尤其是三向的焊缝较为集中的部位，输入热量多，焊接残余应力复杂，易引起疲劳开裂
</td>
<td>
检查及维修要点
发现裂纹处，还应检查桥梁相似部位的构件，制订应急维修方案
</td>
</tr>
</table>

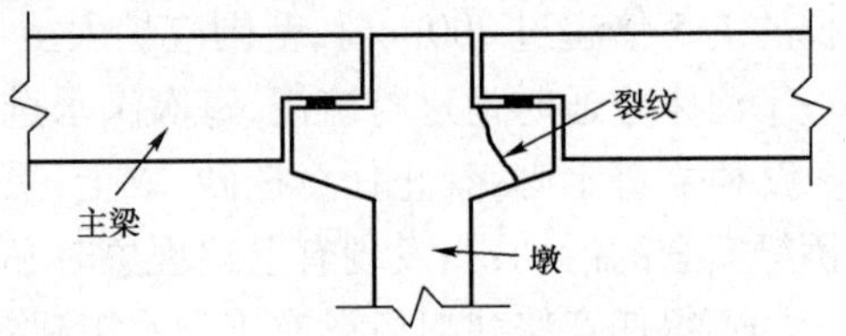

图 2-2　牛腿梁疲劳开裂

<table>
<tr>
<td>

</td>
<td>
示意图
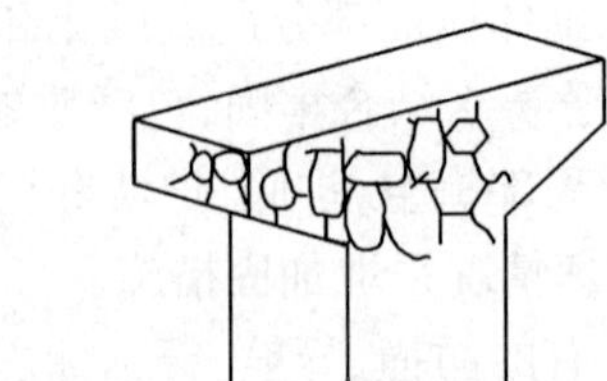
</td>
</tr>
<tr>
<td>
外观表现及可能原因
如图所示，混凝土桥墩上缘、侧面发生开裂。可以考虑的原因为：荷载的增大、地基下沉或倾斜、施工时模板支架的下沉等
</td>
<td>
检查及维修要点
盖梁悬臂部分较长容易发生此类病害。悬臂式桥墩盖梁的中间偏上部分和门式桥墩的盖梁中央部下缘，也可能发生这种裂缝。由于裂缝的程度可能对构造造成影响，因而需要进行详细调查，尤其是在预应力混凝土结构的情况下，应及早进行处理
</td>
</tr>
</table>

图 2-3　混凝土桥墩盖梁开裂

<table>
<tr>
<td>

</td>
<td>
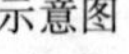

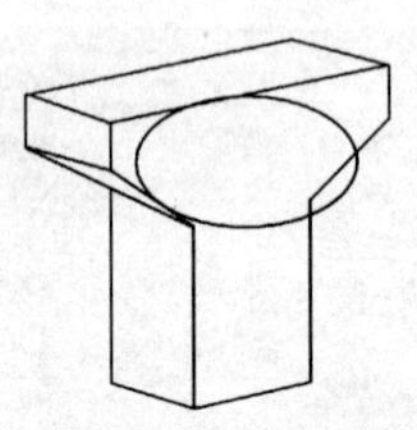
</td>
</tr>
<tr>
<td>
外观表现及可能原因
桥墩盖梁有大面积的白色析出物（游离石灰）发生，游离石灰布满梁及裂缝附近。主要原因可以考虑为上部结构的接缝处漏水
</td>
<td>
检查及维修要点
多数原因为上部结构的接缝漏水，有必要对漏水原因进行检查。一般来讲，水的移动容易造成裂缝及其附近发生游离石灰。因此，当有发生游离石灰的情况，要确认附近是否有裂缝，在可能造成其他病害的情况下，有必要采取应急措施
</td>
</tr>
</table>

图 2-4　混凝土桥墩游离石灰

 外观表现及可能原因 从上部结构渗入的水分，滞留在盖梁的上部，然后从桥墩盖梁侧面流出，主要原因可以考虑为上部结构的接缝等处漏水	示意图 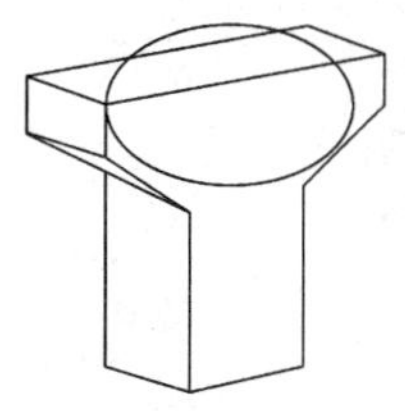 检查及维修要点 桥墩漏水、滞水的原因，主要为主梁、伸缩装置、排水设施的损伤所致。梁上部的滞水，日常检查通常检查不出，因此，在桥墩盖梁墩柱确认有漏水情况下，有必要对上部结构的漏水及盖梁上部的滞水情况、支撑的腐蚀状况进行调查

图 2-5　混凝土桥墩漏水、滞水

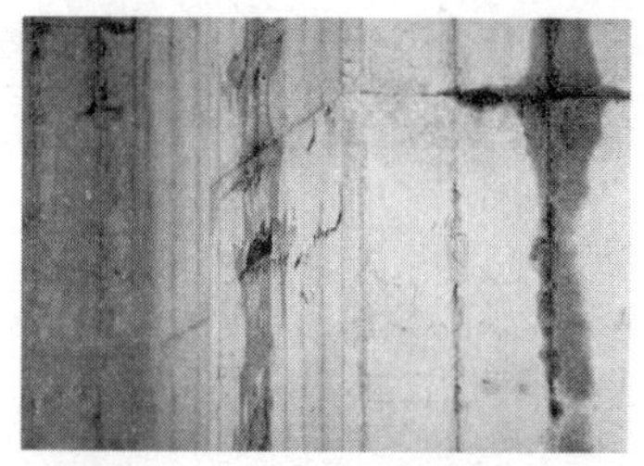 外观表现及可能原因 如图所示，混凝土桥墩表面看到混凝土保护层剥离，可以考虑为混凝土的中和反应和钢筋腐蚀膨胀所致	示意图 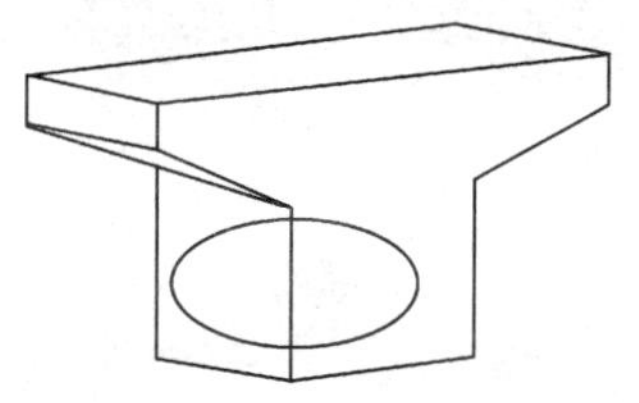 检查及维修要点 混凝土表面剥离时，最初阶段只是表面有微细裂缝，肉眼很难辨认，有必要时可通过敲击检查等方法对其范围、规模进行调查。当这种剥离有可能造成其他伤害时，要采取应急措施

图 2-6　混凝土桥墩锈胀

 外观表现及可能原因 在图中可以看到小的木板和钢筋露出。小木板可以考虑为施工过程中模板拆模时遗留的；露筋可以考虑为混凝土保护层不足，引起锈胀	示意图 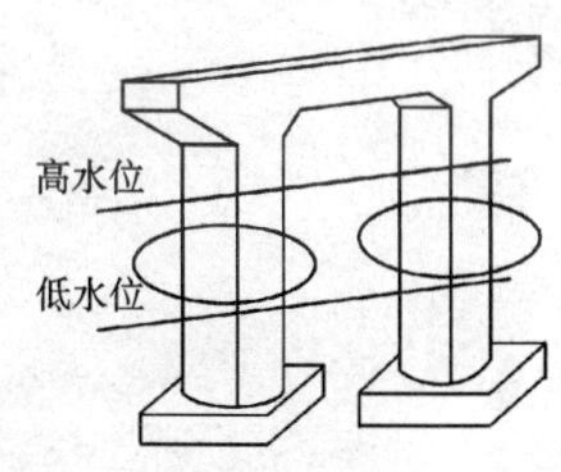 检查及维修要点 钢筋暴露部分，有必要确认其周围还有无发生裂缝和剥离现象；露出木屑处，因环境条件等原因，易受到腐蚀侵袭，有必要在其附近用敲打等方法进行检查确认

图 2-7　混凝土桥墩的空洞、露筋

	示意图 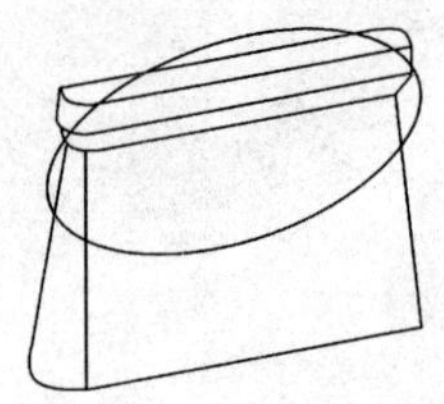
外观表现及可能原因 沿着钢筋外面的混凝土剥离处可以看到钢筋，这种剥离和钢筋暴露可以考虑为中和反应、上部结构的漏水产生钢筋腐蚀膨胀压力所致	检查及维修要点 可以判断为混凝土保护层不够，因此，可通过敲打的方法进行确认

图 2-8　桥墩混凝土剥离、露筋

	示意图 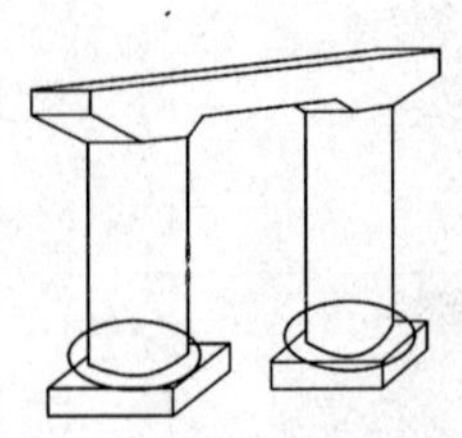
外观表现及可能原因 如图所示，桥墩混凝土缺损，可以判断为混凝土保护层厚度不够，冲蚀或遭受外力撞击	检查及维修要点 完工后未发现施工缺陷的表层部，因水流冲蚀等造成明显的表面剥离，构件的承载能力会有所降低，有必要进行详细调查。可通过敲打的方法确认剥离的范围

图 2-9　桥墩混凝土缺损、露筋

	示意图略
外观表现及可能原因 桥墩浸润在水中的部分可以看到暴露和变色的混凝土集料，这是因为在酸性河川内，化学腐蚀导致水泥逐渐溶出所致	检查及维修要点 随着侵蚀的发展，混凝土材料的缺失和水泥的流出反复进行，造成承载能力降低。应立即进行详细调查，制定维修措施

图 2-10　桥墩混凝土变色、劣化

	示意图
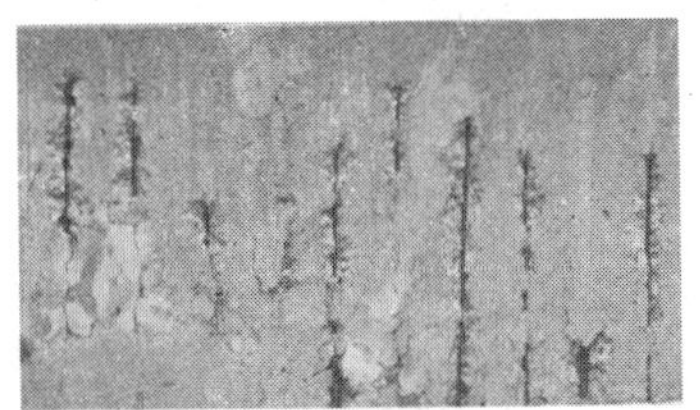	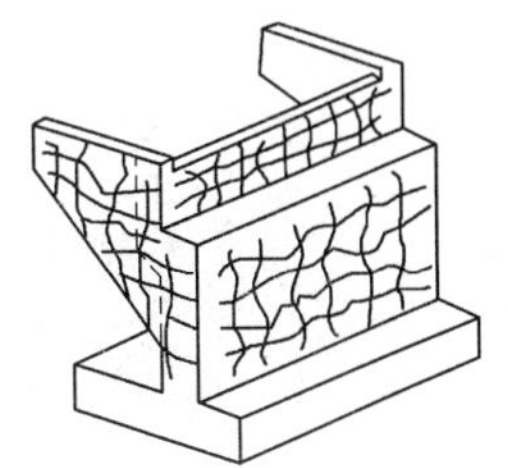
外观表现及可能原因	检查及维修要点
沿着钢筋发生裂缝，伴随有锈蚀和剥离。盐害、中和反应、水泥质量不良、覆盖不足等原因使钢筋发生腐蚀	随着钢筋腐蚀程度的加深，可能发生混凝土裂缝、剥离、剥落、钢筋断面缺失等，致使构件承载力低下，有必要对劣化原因进行详细调查。如有可能造成进一步伤害的情况，则应对剥离部分采取敲落修补等应急措施

图 2-11　桥墩钢筋锈蚀

	示意图
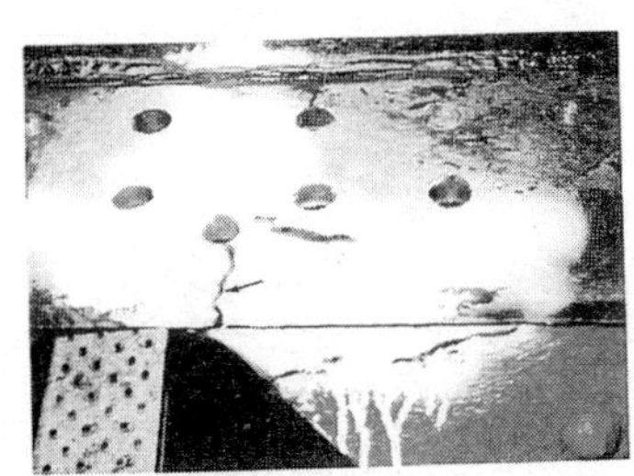	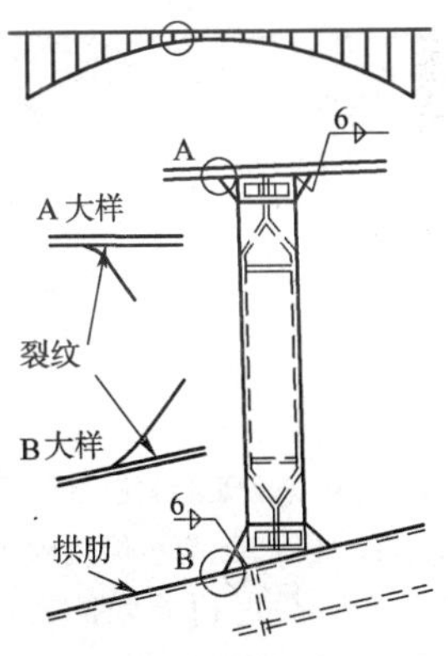
外观表现及可能原因	检查及维修要点
由于焊接残余应力大，热影响区的作用使钢材变脆，再加上应力变化幅值大，致上承式拱桥的腹孔墩端部产生疲劳裂纹	一些短的立柱端部，应力变化幅值大，容易产生疲劳裂纹，应仔细检查是否有疲劳裂纹

图 2-12　上承式拱桥腹孔墩端部疲劳断裂

（2）桥台病害的外观检查：桥台病害的外观检查中，常见的病害如图 2-13 ~ 图 2-36 所示。

	示意图
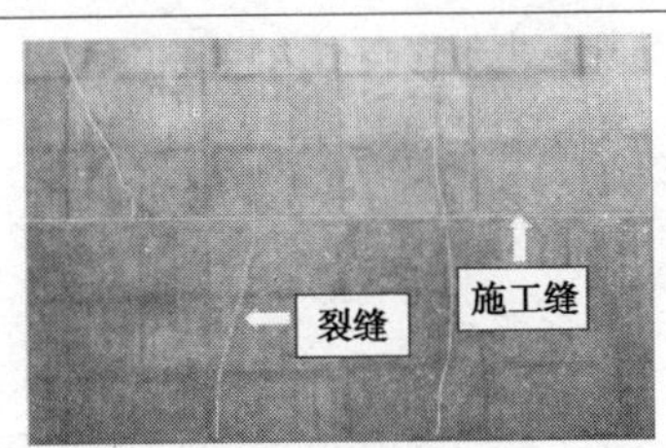	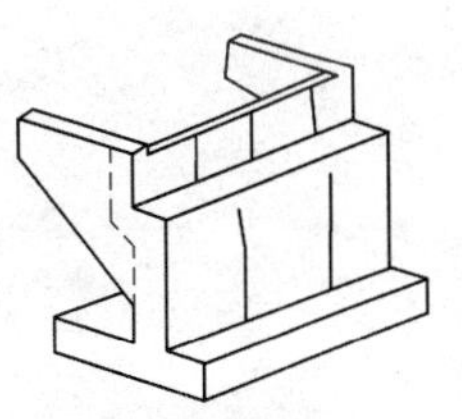
外观表现及可能原因	检查及维修要点
垂直方向发生等间隔的裂缝，可以考虑为温差及干燥产生的收缩所致	桥台裂缝很少是构造上的原因。在裂缝贯穿构件的情况下，可能是背面的漏水所致。另外，腐蚀性介质的侵入也使钢筋腐蚀的危害加大，最好对钢筋腐蚀状况进行详细调查

图 2-13　桥台横向收缩

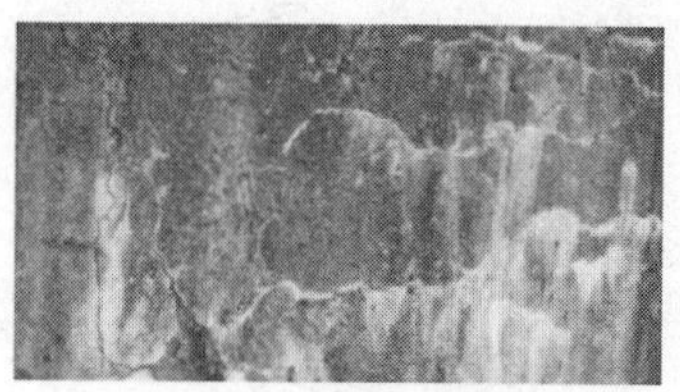	示意图 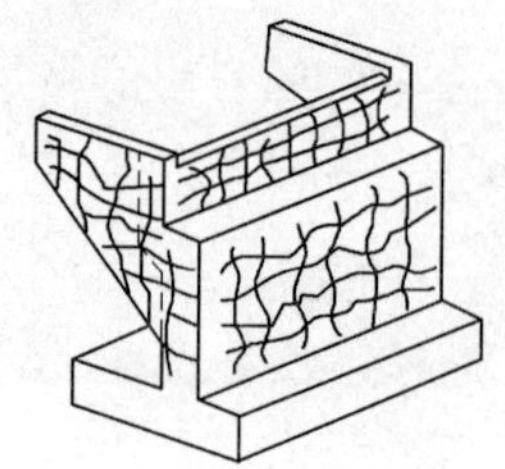
外观表现及可能原因 钢筋量较少的构件发生龟甲状裂缝，棒状构件沿主筋方向发生裂缝，伴有白色的石灰质析出，可以考虑为集料的碱性反应所引起的混凝土膨胀	检查要点 当有水分补充时，会致膨胀加剧；因膨胀产生的压力，可引起钢筋发生断裂。因此有必要对水分的供给状况及使用材料的种类进行调查

图2-14　桥台集料的碱性反应

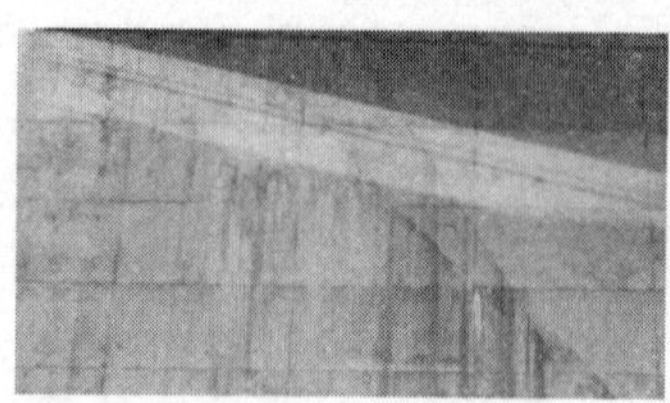	示意图 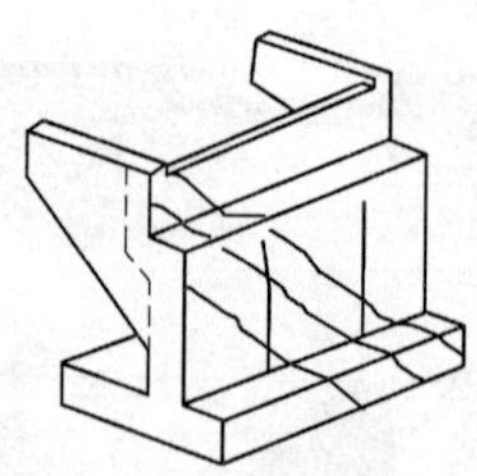
外观表现及可能原因 桥台的前墙产生斜向裂缝，有可能造成横向高差，其原因可以考虑为地基冲刷、不均匀下沉等变位	检查要点 当发生斜向裂缝时，很可能是由于地基发生了变位，有必要对地基承载能力进行详细调查

图2-15　桥台斜向裂缝

	示意图 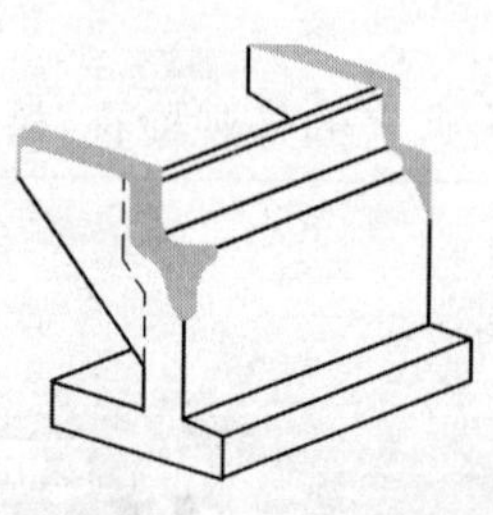
外观表现及可能原因 寒冷地带，桥台受雨水、地面排水等影响的地方，产生细的网状裂纹。特别在朝南的侧面很明显，混凝土可能发生轻微剥离，原因可以考虑为混凝土中水分的冻结融化过程所致	检查及维修要点 供水和温度的反复变化导致桥台劣化层加深，可能造成混凝土的剥离。另外，混凝土的剥离可致钢筋腐蚀、露出，有必要进行详细调查。在可能造成进一步伤害的情况下，要对剥离部分采取敲落修补等应急措施

图2-16　桥台冻害

<table>
<tr><td>

外观表现及可能原因

桥台台帽上堆积有大量的杂物,使一些养护不力的桥梁经常发生病害。本图照片拍摄方向为从河中心向桥台。桥台台帽上,在两片主梁之间呈褐色者即为堆积的杂物,常见于T梁桥。主梁就位后施工湿接缝桥面系时,从缝隙中掉落的混凝土、石子、砂等,堆积在台帽或盖梁上,影响了主梁的纵向变形和支座的纵向变位</td><td>

示意图

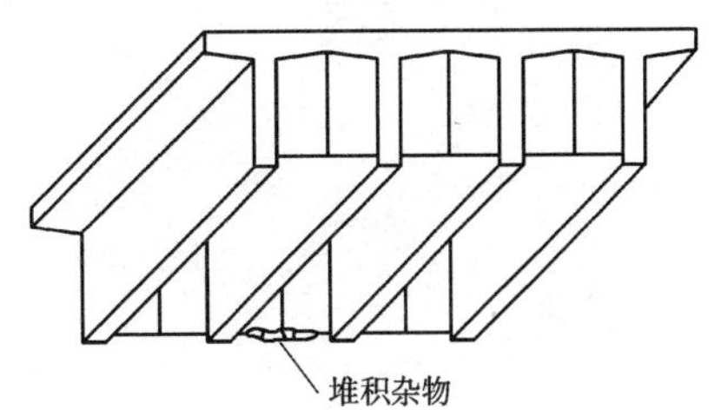

检查要点

检查人员应设法深入到桥梁的台帽、盖梁等死角进行检查。当桥台、桥墩较高,难以观察时,也可到远处通过望远镜观察。有此病害时,记录病害的位置、程度。有条件时,可拍摄照片以进行说明,在养护中应注意进行清理</td></tr>
</table>

图2-17 桥台台帽堆积杂物

<table>
<tr><td>

外观表现及可能原因

如图所示,桥墩上蔓生杂草,甚至灌木,植被的根系生长除容易增大混凝土的裂缝外,还使汛期积累泥沙、水分不易疏干,引发钢筋混凝土开裂和腐蚀。原因是缺乏经常性的检查及清理</td><td>

示意图

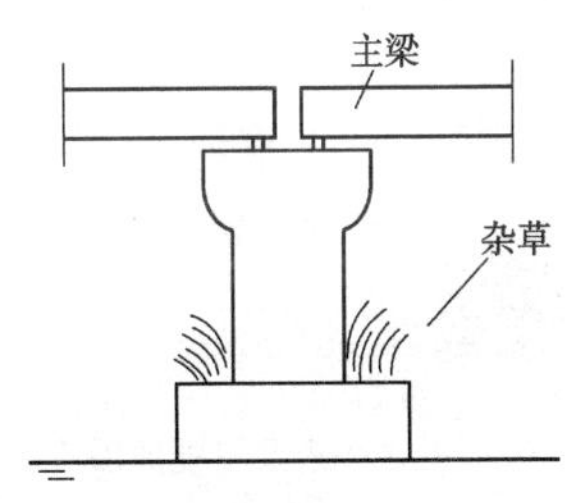

检查要点

检查可通过目视进行,记录蔓生杂草的具体位置、程度,可拍摄照片以进行说明</td></tr>
</table>

图2-18 桥墩蔓生杂草

<table>
<tr><td>

外观表现及可能原因

桥面凸起或呈曲折状,可能是下部结构、基础等发生了变形</td><td>

示意图

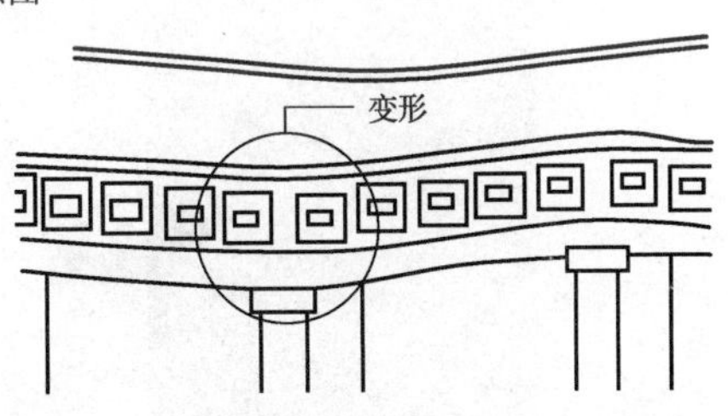

检查要点

检查时先确认桥面有无异常,有异常时,须确认支座是否下沉,或脱离轴线;其次确认下部结构是否发生倾斜、下沉,发生地震等异常情况后尤其要仔细检查</td></tr>
</table>

图2-19 桥墩基础不均匀下沉

<table>
<tr><td></td><td>示意图
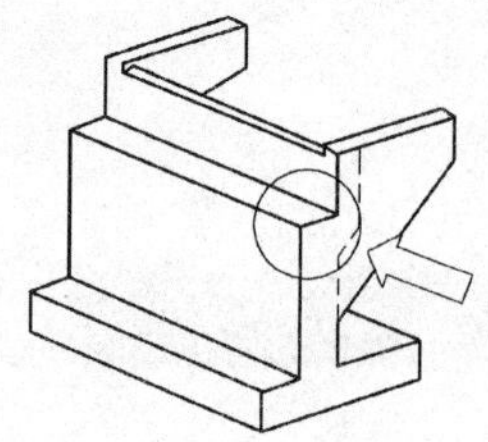</td></tr>
<tr><td>外观表现及可能原因
桥台台帽混凝土缺损,原因多为意外的冲击或者冻融造成;另外台帽配筋率过低,也是造成冲击作用下大块混凝土脱落的原因</td><td>检查及维修要点
检查时应记录缺损的位置、缺损的表面积大小、破坏面的新旧程度,注意是否有钢筋露出。可通过凿毛、冲洗结合面后用新混凝土或者环氧砂浆补齐</td></tr>
</table>

图 2-20　桥台台帽混凝土缺损

<table>
<tr><td>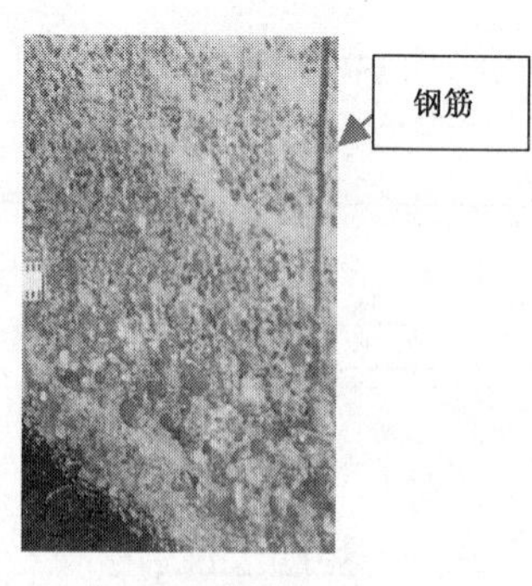
</td><td>示意图
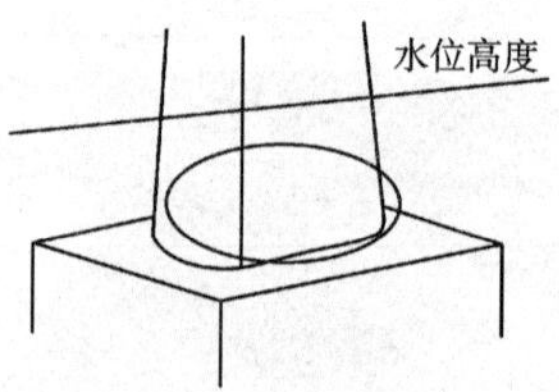
</td></tr>
<tr><td>外观表现及可能原因
如图所示,桥墩浸润在流水水面之下的部分,由于受到流水以及水中携带泥沙的常年冲刷,引起表层混凝土的脱落,造成露筋。在一些有温泉水等酸性水质的河流中,这种冲刷病害有可能加剧</td><td>检查及维修要点
检查时应记录桥墩冲刷的位置、损害程度,注意是否有钢筋露出。可凿毛并冲洗结合面后用环氧砂浆补齐</td></tr>
</table>

图 2-21　水流冲刷

<table>
<tr><td></td><td>示意图
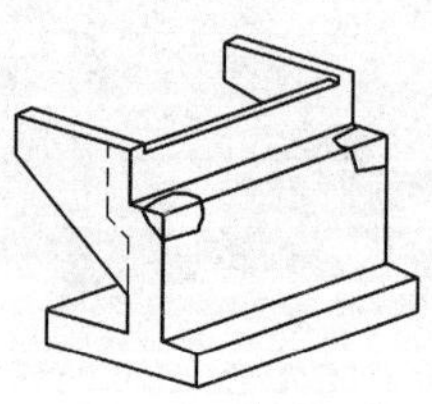</td></tr>
<tr><td>外观表现及可能原因
桥台台帽在支座以下的部位发生斜向的裂缝。支座的损伤、变位功能受限以及台帽配筋不足等都是可能的原因</td><td>检查及维修要点
检查时应记录桥墩开裂的位置和裂缝的大致宽度,注意是否有钢筋露出或拉断。维修中应首先排除支座的病害后,顶起主梁予以修补</td></tr>
</table>

图 2-22　桥台台帽开裂

<table>
<tr><td>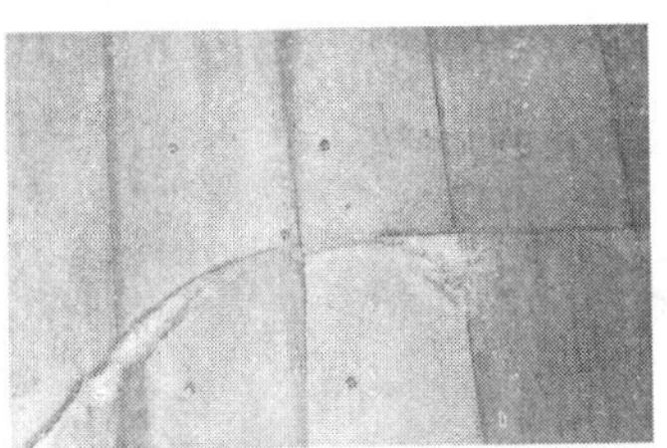</td><td>示意图
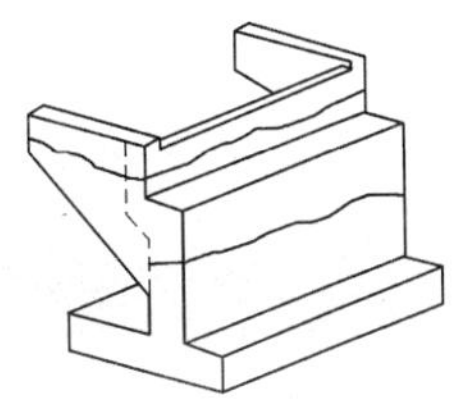</td></tr>
<tr><td>外观表现及可能原因
轻型桥台的前墙、背墙、耳墙上有明显的新老混凝土接缝，有时伴有漏水、石灰质析出等现象。原因是施工中新老混凝土的界面未能妥当处理，如老混凝土表面过于干燥、积有砂子、灰尘等</td><td>检查及维修要点
检查时注意观察接缝开放的严重程度，留意是否有钢筋锈蚀的迹象</td></tr>
</table>

图 2-23　新老混凝土接缝

<table>
<tr><td>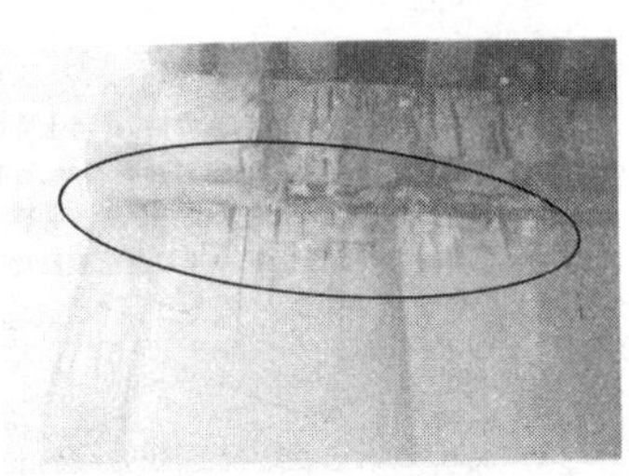</td><td>示意图
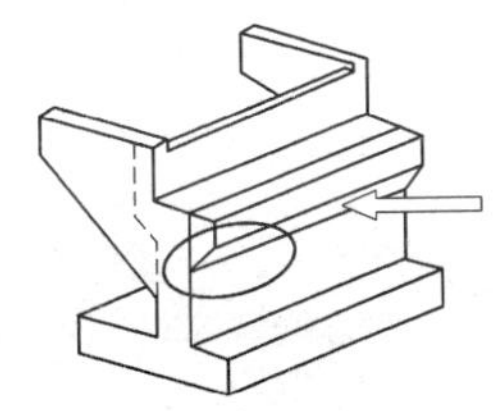</td></tr>
<tr><td>外观表现及可能原因
如图所示，轻型桥台突出部位析出石灰。原因可能是施工过程中振捣不够密实，新老混凝土的接缝处理失当等</td><td>检查及维修要点
应对析出石灰的范围、水分的渗透路径等进行调查。可通过轻敲击混凝土，检查是否有剥离或者空洞声。严重者应立即进行修补</td></tr>
</table>

图 2-24　台帽混凝土析出石灰

<table>
<tr><td></td><td>示意图
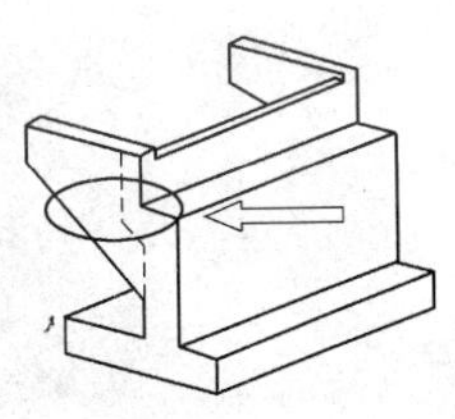</td></tr>
<tr><td>外观表现及可能原因
如图所示，轻型桥台的耳墙有漏水的痕迹。原因可能是伸缩缝漏水，桥台耳墙在土压力作用下开裂等</td><td>检查及维修要点
查明水分的来源，如检查伸缩缝是否漏水，另应观察耳墙裂缝的形态，以判明开裂的原因，注意观察是否有侧向突出现象</td></tr>
</table>

图 2-25　轻型台耳墙漏水

<table>
<tr><td></td><td>示意图
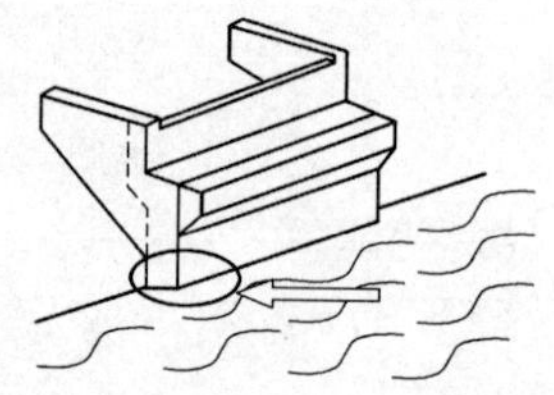</td></tr>
<tr><td>外观表现及可能原因
如图所示，轻型桥台的前墙有流水侵蚀的痕迹</td><td>检查及维修要点
除调查侵蚀的范围和深度外，应深入调查基础是否遭受冲刷。在一些有酸性水环境的场合尤应注意调查受力主筋锈蚀的情况</td></tr>
</table>

图 2-26　水流侵蚀

<table>
<tr><td></td><td>示意图
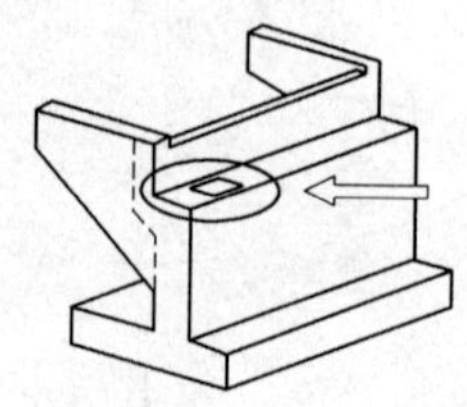</td></tr>
<tr><td>外观表现及可能原因
如图所示，桥台台帽积水，原因可能是伸缩缝漏水，台帽排水不善等</td><td>检查及维修要点
上部伸缩缝漏水的可能性较大，应首先予以排除，养护中可首先清理混凝土表面，采用砂浆抹面改变台帽的坡度后再涂刷防水剂</td></tr>
</table>

图 2-27　桥台台帽积水

<table>
<tr><td></td><td>示意图
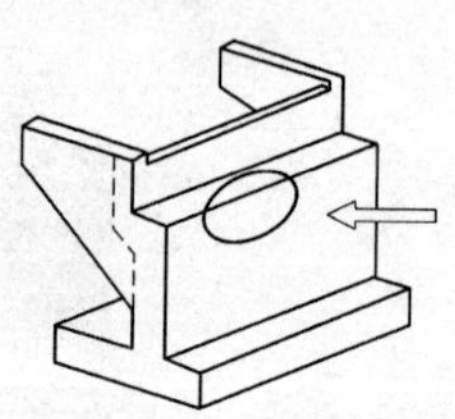</td></tr>
<tr><td>外观表现及可能原因
如图所示，桥台前墙出现钢筋锈胀和混凝土剥离的病害</td><td>检查及维修要点
应检查锈胀和剥离的范围和程度，可通过敲击，判别发生剥离的范围，根据情况制订修补措施</td></tr>
</table>

图 2-28　钢筋锈胀和混凝土剥离

<table>
<tr><td>
外观表现及可能原因
如图所示，桥台前墙钢筋锈蚀，保护层脱落。原因可能是混凝土的中性化或遭受上部漏下的含有除冰盐的水分的侵蚀等</td><td>示意图
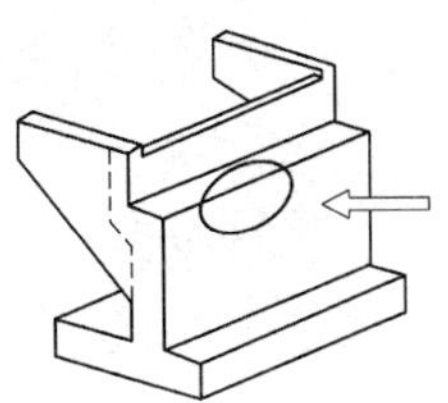
检查及维修要点
对水分的来源进行检查，如检查伸缩缝是否漏水等，严重者可对混凝土采样后进行试验分析，检查其中性化的程度</td></tr>
</table>

图 2-29　前墙钢筋腐蚀

<table>
<tr><td>
外观表现及可能原因
如图所示，桥台前墙出现混凝土的空洞，原因多为混凝土浇筑时振捣不够密实</td><td>示意图
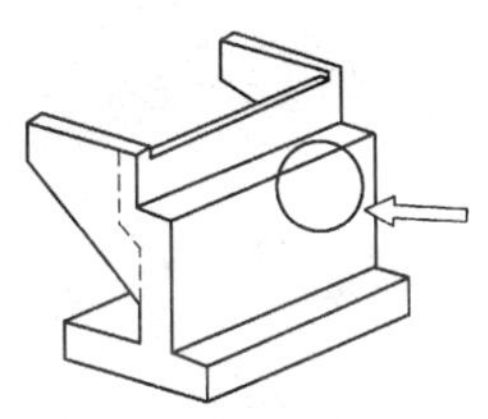
检查及维修要点
检查中可通过敲击检查空洞的存在，并与临近的其他桥梁类比，判别钢筋腐蚀的可能性与程度。在以后制订的养护方案中予以维修</td></tr>
</table>

图 2-30　混凝土空洞

<table>
<tr><td>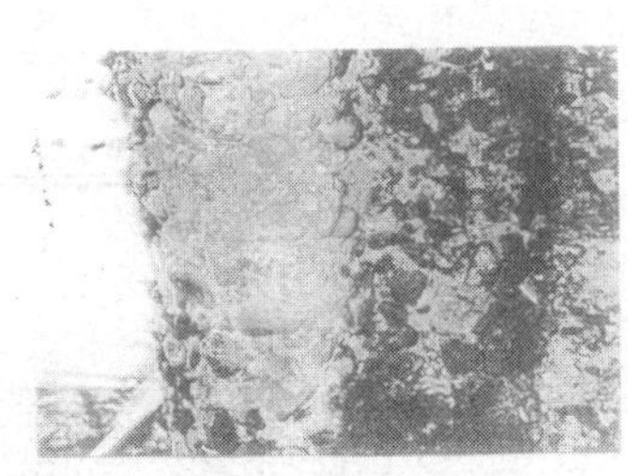
外观表现及可能原因
如图所示，墩台混凝土由于腐蚀性水分的侵蚀，以及水泥石变质、微生物分泌物的腐蚀等原因造成严重的劣化。表面的颜色变化，可能是由微生物附着或者水中的化学物质的影响而造成的</td><td>示意图
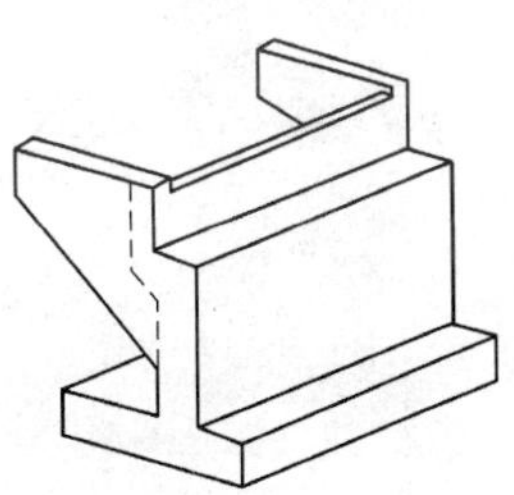
检查及维修要点
一般伴有钢筋的腐蚀，应进一步检查钢筋腐蚀的程度，尽早制订维修措施</td></tr>
</table>

图 2-31　墩台混凝土劣化

外观表现及可能原因

如图所示，桥墩基础的不均匀沉降，对桥梁的外形造成明显的影响，在一些存在沙土液化可能性的场合，地震的影响也常造成基础的不均匀沉降

示意图

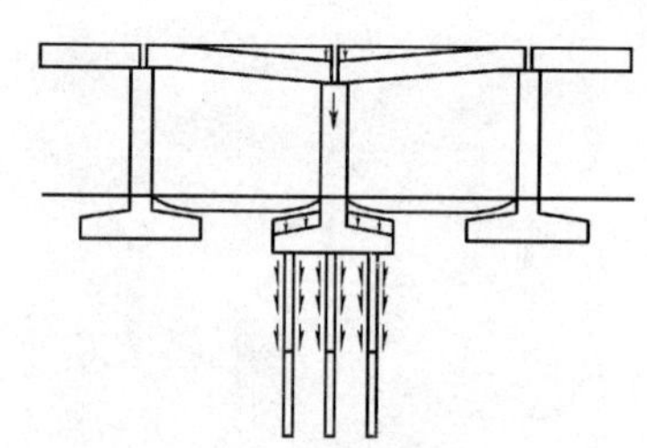

检查及维修要点

应注意检查支座是否有脱落或者破坏，以及基础是否存在冲刷，调查最近是否有振动的影响等

图2-32　桥墩基础不均匀沉降

外观表现及可能原因

如图所示，桥台基础在偏心土压力等的作用下发生水平变位后，上部结构的联结部缝隙变宽

示意图

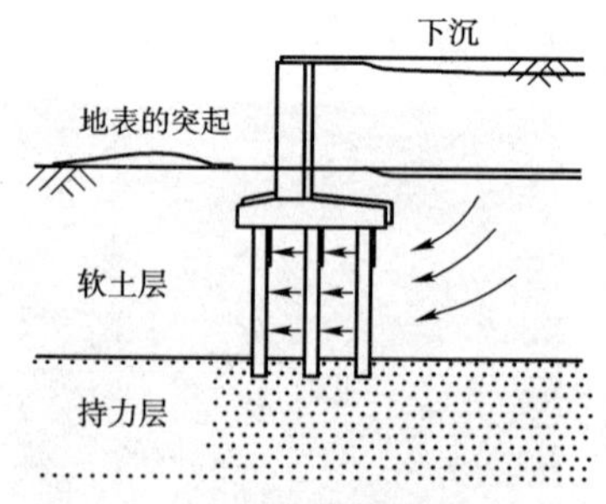

检查及维修要点

调查周边建筑物等的基础是否有沉降，调查台后填土的外形，看是否有隆起等现象，判别地基土的变形。由于变形影响了交通，应尽早制订维修措施，另外注意观察水平变形是否会引起主梁之间或主梁与桥台背墙之间产生过大的水平推力

图2-33　桥台水平变位

外观表现及可能原因

如图所示，桥台背墙与主梁之间的间隙上大下小，表现出明显的倾斜，多为基础的变位所引起

示意图

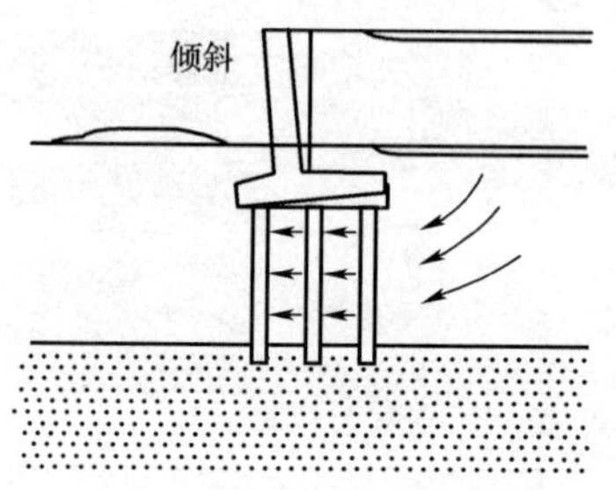

检查及维修要点

调查周边建筑物等的基础是否有沉降，调查台后填土的外形，看是否有隆起等现象，判别地基土的变形。由于变形影响了交通，应尽早制订维修措施，另外应进一步通过仪器测定出倾斜的角度，为制订维修方案提供依据

图2-34　桥台倾斜

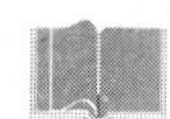

	示意图 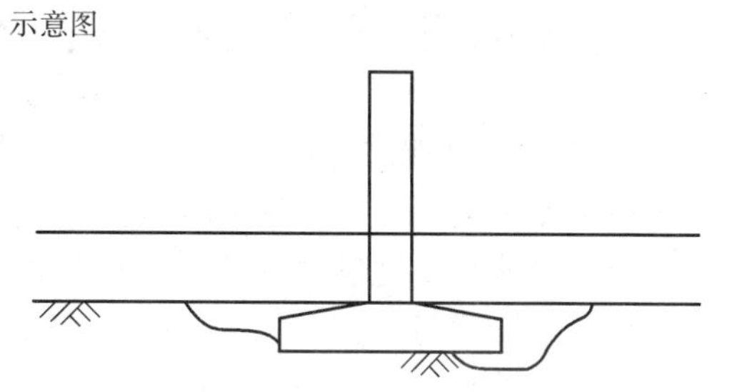
外观表现及可能原因 如图所示，桥墩基础由于冲刷，局部与地基之间产生过大的空隙	检查及维修要点 检查前应确定基础的类型是扩大基础还是桩基础，检查基础的四周是否产生了空洞。在一些冲刷严重的场合，甚至有桥梁倒塌的危险，应尽早制订维修方案；轻者亦应调查基础顶覆土的深度，验算桥梁在地震等水平力作用下倾覆的可能性

图 2-35　基础冲刷

	示意图 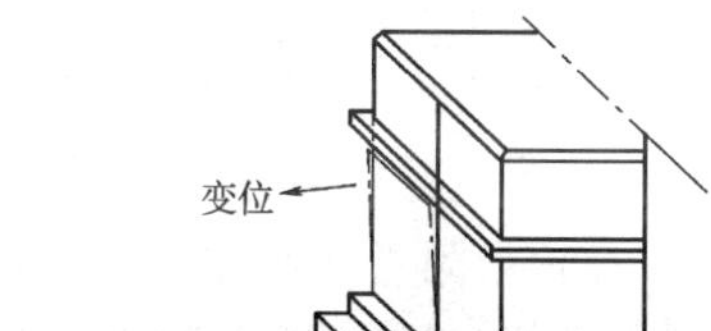
外观表现及可能原因 台后挡墙产生过大变位，原因是土压力过大，挡墙基础受到冲刷而使承载能力降低等	检查及维修要点 检查桥台时，应对挡墙是否发生变位进行检查，以及对挡墙基础的冲刷情况进行检查。钢筋混凝土挡墙可通过预应力锚杆予以加固

图 2-36　桥台挡墙位移

2）墩台裂纹检查方法

桥梁建成一年内每半年，其后每年应对墩台混凝土进行一次裂缝观测，对发现的裂缝应测量其宽度和长度，记录其位置。对裂缝宽度大于 0.2mm 者，应测量裂缝的深度。

（1）在裂纹的起点和终点，用红油漆和红铅笔与裂纹相垂直画线，并注明检查日期和裂纹编号。

（2）选择裂纹平直的位置作为放置读数显微镜测量裂纹宽度的固定地点，量出裂纹宽度。

（3）量出裂纹的部位、走向、宽度、长度、分布情况及特征，用坐标法绘制裂纹展示图，记录检查日期及气温。

（4）检查裂纹深度：当裂纹较浅时，可在裂纹中注射酚酞溶液，然后开凿至不显示红色为止，测量其深度，即为裂纹深度。酚酞溶液用 0.1g 酚酞，60mL 酒精，40mL 水配置。当裂纹较深时，采用超声波测量其深度。

（5）墩台两侧有明显对称裂纹时，应检查裂纹内外是否贯通。其方法是将裂纹清洗干净封闭，在适当的对应部位的两侧安装压浆嘴，从一侧压浆嘴通入压缩空气，在另一侧压浆嘴上抹以肥皂水,如微微起泡或鼓起,则说明裂纹内外贯通。

(6)选择适当部位作灰块或玻璃测标,测标做法如下:灰块——将该部位圬工表面凿毛、洗净,然后用1:2水泥砂浆或石膏在裂纹上抹厚10~15mm的方块或圆形灰块;玻璃测标——用石膏将细条状玻璃固定在裂纹两侧,裂纹处玻璃断面应较小。

(7)观测宽大裂纹在活载作用下有无张合现象。在裂缝处安装杠杆式引伸仪测量。

(8)同时检测裂纹附近混凝土有无疏松、剥落、空洞、蜂窝等不良现象。

(9)视裂纹发展情况作定期检查:对照记录和标记,观测裂缝长度、宽度和深度的发展情况;观测测标是否开裂或折断;如有新生裂缝,按前述方法办理。

3)混凝土内部孔隙检查

(1)小锤轻敲:一只手按住圬工表面,另一只手用小锤在圬工面上轻敲,如有空闷或手感振动较大且浮而不实或振动传来声音中断不连续,则表示内部有破损或中空。

(2)用非金属超声探测仪器检查。

(3)用岩心钻机取样鉴定。

(4)圬工内部孔隙大小,可用钻孔注水检查来确定。

4)墩台变位检查

(1)墩台下沉观测

①在每个墩台帽上下游两侧至少各设一个固定测点(埋设铜铆钉头),特大桥或特别重要的桥梁在墩台中心增设一个固定测点,并加以标号、绘图。

②在桥头两岸附近设置可靠的水准基点,并尽可能与国家测绘部门的水准点相联系。为方便使用,也可在桥台附近再设临时水准点,并定期校核。

③用精密水准仪和配套设备定期测量墩台各测点高程,并将每次测量结果与以往资料进行比较。测量应选择在无风及阳光较弱时进行。

(2)墩台倾斜与位移检查

①在桥梁两端路基中心设置桥梁中线桩(可与水准点共用),用经纬仪测量检查。如发现某一墩台上的中心线桩偏离桥梁中心线,说明该墩台平面位置已发生变化。

②测量墩台倾斜可用经纬仪和横放的水准尺进行测量,也可用预先在墩台顶面埋设相互垂直的长水准器,其水泡移动的刻度即为墩台倾斜的程度。基础情况不明的墩台,在有列车通过的情况下,如水准器水泡位置变化较大,则表明墩顶位移较大,这往往是基础有病害,应对基础进行挖探检查。

③测量两相邻孔(简支梁)或两联(连续梁)支座中心线间的距离或梁与背墙间距离的变化,拱桥测量伸缩缝宽度的变化,可判断墩台有无倾斜和位移。当设有固定支座的桥台位置发生变化时,相邻墩台上梁的活动支座的轴承座就会离开其正常位置;当设有固定支座和活动支座的桥墩位置有移动时,其固定支座和桥墩一起移动,而该墩和邻墩上的活动支座就会离开其正常位置。使用该法时,必须区别开支座本身病害产生的不正常位移和活动支座因温度变化、梁跨伸缩引起的正常位移。当支座上、下锚栓发生剪断和弯折时,一般说明墩台已发生位移或倾斜。

④观测桥上中线的方向、水平、高低等的变化情况,也可判别墩台有无变化。如墩台下沉,中线就会发生沉落;墩台倾斜,会引起中线在平面上的弯曲。

⑤对已发现墩台有倾斜和位移的桥梁,应定期丈量桥梁长度及各墩台间的距离,同时测量墩台的高程。

5）桥梁墩台损坏的养护维修

（1）由钢筋混凝土建造的墩台，如圆柱式墩台、空心墩、双壁式墩和肋形台等，应特别注意保持其混凝土表面的完整性，防止钢筋锈蚀、混凝土表面发生侵蚀剥落、蜂窝麻面等病害，应及时将病害和周围凿毛洗净，用高强度等级水泥砂浆或环氧树脂砂浆抹平。

（2）关于墩台裂缝的处理。

①裂缝宽度限值。墩台帽：不大于0.30mm。墩台身：经常受侵蚀性环境水影响时，有筋墩台身的裂缝宽度不大于0.2mm，无筋（或石砌）墩台身的裂缝宽度不大于0.3mm；常年有水但无侵蚀性时，有筋墩台身的裂缝宽度不大于0.25mm，无筋（或石砌）墩台身的裂缝宽度不大于0.35mm；干沟或季节性有水河流墩台身的裂缝宽度不大于0.4mm；有冰冻作用部分墩身的裂缝宽度不大于0.2mm。

②裂缝的处理。网状裂缝，为非受力裂缝，对墩台本身应力无多大影响，一般无需修补。在墩台顶部或容易积水处，为防止因冻胀而使裂缝逐渐扩大，可用环氧树脂砂浆修补。不影响墩台安全的裂缝，若裂缝宽度小，已趋稳定，未上下贯通或左右对称，过车时无明显张合现象，经分析不影响墩台安全时，可用环氧树脂砂浆修补或压注浆液进行整治。对继续发展且较宽，上下贯通，左右前后对称，过车时有张合现象的受力裂缝，应找出裂缝发生的原因，采取有效的加固措施。对有急剧发展，张合严重，缝口错牙，影响承载能力，危及行车安全的裂缝，应立即采取临时措施保证行车安全，再查明原因进行加固改善。

（3）当桥台出现变形，应查明原因，采取下列针对性措施：

①由于桥台台背填土遇水膨胀而变形时，应挖去膨胀土，检修排水设施，修好损坏部位。

②由于冻胀原因，应挖去冻土，填以矿渣砂砾等，并封闭表面不使渗水，修好损坏部位。

③属于砌筑不良的，应凿去或拆除变形部分，重新砌筑或浇筑。

④由于砌筑填缝不实，台有空洞的，可在空洞部位附近，开凿通眼，以压浆机压注水泥砂浆或环氧树脂修补。

⑤当设计考虑不周或施工不良，梁式桥台背土压力过大时，会使桥台向桥孔方向产生位移。此时应仔细了解观察病害情况，并分析其原因。通常的办法是：挖去台背填土，更换内摩擦角大的填料，以减小土压力。当病害严重时，还需根据实际情况增加其他措施，例如：加厚桥台前墙、耳墙及添设锚板等。

（4）桥台处锥坡的浆砌片石长期受大气影响、雨水侵蚀，甚至人为破坏而发生灰缝脱落或局部片石损坏时，应及时重新勾缝更换。更换时应注意结合牢固，色泽和质地与原砌体基本一致。

（5）桥墩台帽梁顶部的纵横向排水坡应该完好，利于排水；更不得在其上堆放杂物，不得有积水。

（6）桥梁建成三年内每半年，其后每年应检查墩台有无位移、倾斜、下沉，测量它们在纵向、横向及竖直方向的位移，并做好记录。因此，应设永久性测量标志。

①简支梁桥墩台基础沉降不得超过“基础容许沉降”的有关规定外，墩台顶面水平位移值不得超过$0.5\sqrt{L}$（cm）。其中，L为相邻墩台间最小跨径，以m计；若跨径小于25m，仍以25m计算。当沉降和位移值超过上述规定限值并继续发展时，应采取相应措施予以加固。桩、柱柔性墩台的沉降，以及桩基承台上的墩台顶面水平位移值，可视具体情况确定，以保证正常使用为原则。

②连续梁桥、连续刚构桥、拱桥等其他类型的桥梁，当墩台发生沉降和位移时，会引起结构内力的重分配，即会引起结构内力的较大变化，有可能引起病害乃至发生危险。因此，要认真对待。一旦有此种情况发生，应及时组织原设计部门和专家进行分析计算，采取应对措施。

(7)桥梁墩台损坏的维修方法及其有关的施工工艺：

①圬工墩台及钢筋混凝土墩台损坏的维修方法，见表2-2。

圬工墩台及钢筋混凝土墩台损坏的维修方法 表2-2

结构形式	维修方法
圬工墩台	(1)墩台身圬工砌体如表面风化剥落，或其他原因受损，当损坏深度在3cm以内的，可用水泥砂浆抹面修补，砂浆强度等级一般不应低于M10。当损坏面积较大，深度超过3cm时，不得用砂浆修补，而须浇筑混凝土修复。为使新旧混凝土结合牢固，松浮部分应先予清除，用水冲洗干净，并采用挂网喷浆或浇筑混凝土的方法维修。 (2)墩台身圬工砌体如出现裂缝，应拆除部分石料，重新砌筑。 (3)当墩台损坏严重，如大面积裂缝、破损、风化、剥落等或为粗石圬工及砌石圬工的旧墩台，一般可用钢筋混凝土"箍套"的方法进行维修，见右图所示 护套 钢筋混凝土护套示意图
钢筋混凝土墩台	(1)当墩台由于混凝土温度收缩、局部应力集中、施工质量不良及基础不均匀沉降等原因而产生裂缝时，应按裂缝大小及损坏原因采取下列措施进行维修： ①当裂缝宽小于规定限值时，可凿槽并采用喷浆封闭裂缝的修补方法。 ②当裂缝宽大于规定限值时，可采用压力灌浆法灌注水泥浆、环氧胶液或甲凝等灌浆材料的修补方法。 ③由于活动支座失灵而造成墩台拉裂，应修复或更换支座，并根据上述方法处理裂缝。 ④墩台身发生纵向贯通裂缝，可用钢筋混凝土围带粘贴钢板箍或加大墩台截面的方法进行加固。如因基础不均匀下沉而引起自下而上的裂缝，则应先加固基础，后再确定采用灌缝或加箍的方法进行维修。 ⑤U形桥台的侧墙外倾时，可在横向钻孔加设钢拉杆，钢拉杆固定在侧墙外壁的型钢或钢筋混凝土枕梁上。 (2)对于钢筋混凝土墩台表层出现的缺陷，且墩台身处于常水位以下时，可分别根据不同情况采用不同方法进行修补

②水泥灌浆修补桥梁墩台裂缝施工工艺，见表2-3。

水泥灌浆修补桥梁墩台裂缝施工工艺 表2-3

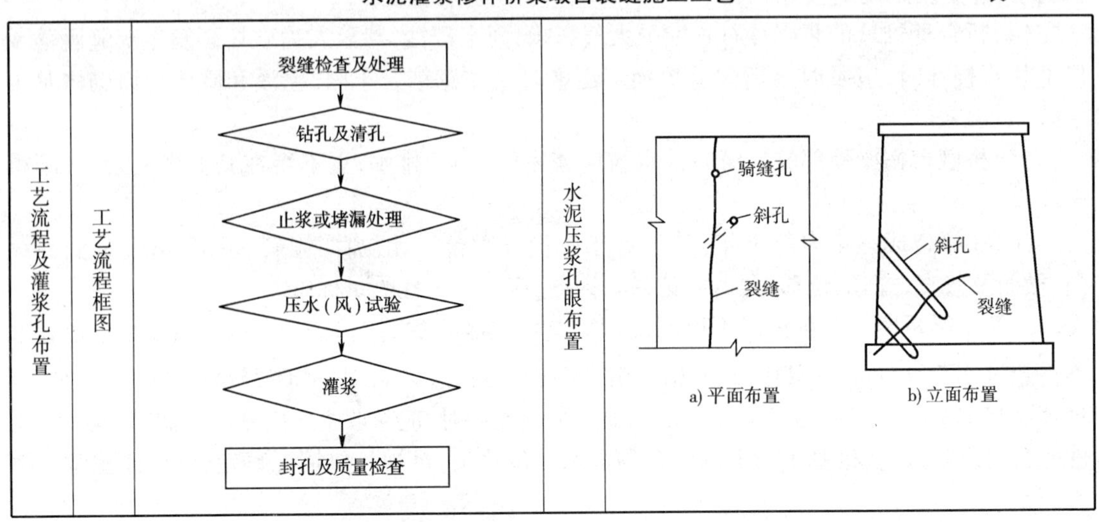

续上表

施工工艺及要求	(1)裂缝检查及处理。实施灌浆前应对修补部位裂缝再仔细检查一遍,以确定修补数量、范围、钻孔孔眼位置及浆液数量。 (2)钻孔及清孔。水泥灌液是通过砌体或混凝土中用各种不同的方法钻成的孔眼灌入的。钻孔时,除骑缝浅孔外,不得顺裂缝钻孔,钻孔轴线与裂缝面的交角应大于30°,孔深应穿过裂缝面0.5m以上(指墩台部分)。孔眼开好后,须进行清孔,即用水由上向下冲洗各孔,冲洗干净后,使用压缩空气吹干。 (3)止浆或堵漏处理。灌浆前应把这些裂缝和孔隙堵塞,即进行止浆或堵漏处理。止浆或堵漏可用水泥砂浆或环氧砂浆涂沫,也可用玻璃胶布或环氧胶泥粘贴。 (4)压水或压风(气)试验。通过压水或压风试验检验孔眼畅通及止浆效果。 (5)灌浆。 ①灌浆用水泥强度等级一般不低于42.5MPa,也可用专门灌浆用的进口水泥; ②灌浆压力对钢筋混凝土一般采用405～608kPa,对砖石砌体一般采用100～304kPa; ③在工程量较大时,宜采用灌浆机、灌(压)浆泵,也可用风泵加压;目前使用的多为活塞推送式压灌灰浆泵,并有直接作用式、片状隔膜式、圆柱形隔膜式三种类型

6)防止船只及漂浮物碰撞墩台

在通航河流中,一定要设置导航标志,引导船只航行,防止船只等大漂浮物撞击墩台。主墩有防撞设施的,一定要经常保持防撞设施的完整性。若有损坏应及时维修。且须保持防撞设施的防锈涂层及反光标志始终完好。一旦发生撞击桥墩台,必须立即处理。在情况不明但事态又较严重时,在征得交通主管部门同意后可先限载限速通行或暂时封桥。

(1)碰撞桥墩台后的检查。

①调查碰撞时的详细情况,发生碰撞时船只或排筏船行速度、碰撞方向,船只损坏情况,船只或排筏总重,船上工作人员曾采取的措施,当时风力、水流方向、流速、水位,碰撞时桥上有无车通行,巡守人员感觉墩台被撞时的振动等。

②利用挂篮等设备,检查人员站在其中,上下左右,用肉眼观察受撞部位,检查墩台身混凝土损坏情况、受伤面积及范围,所在部位形状及深度,碰伤处高程。根据检查资料绘制墩台身碰伤展开示意图。

③对被撞区域进行超声波无损探伤,判断混凝土内部是否产生损伤。并用超声回弹法检测混凝土的强度。

④用脉动方法测定被撞墩台动力特性有无变化,所测基频的阶次应尽可能高,并判断被撞墩台的损伤程度。但此项检查技术较复杂,应由专门机构承担。

⑤检查受碰墩台上支座情况:支座位置,支座有无不正常的位移偏斜,锚固螺栓情况,支座其他部位有无异状等。

⑥检查桥面等,特别要注意桥面上有无明显变化,以帮助判明墩台有无倾斜。

⑦应对墩台水下部分,特别是墩台变截面处进行激光检查或潜水检查。

(2)碰撞力的估算(请查阅相关资料)。

第二节　桥梁基础的日常养护与维修

一、桥梁基础的常见病害

桥梁基础结构可分为浅基础和深基础,前者主要是指天然地基、改良地基,后者主要指桩基础、沉箱基础、混合基础。由于每类基础所处的条件不尽相同,因此,根据基础结构形式及修筑基础地形(包括地基地质条件)的差异,所产生的缺陷也不完全相同。可是从总的方面来分析,有一定的规律性。桥梁基础结构一般容易发生的主要缺陷如下。

1. 桥梁基础的沉降和不均匀沉降

由于地基的压密下沉而引起基础沉降,这对于任何一座桥梁在一定范围内的沉降都将是难以避免的,也是正常现象,而超过一定的范围则将对桥梁产生有害的影响。在软土地基上修建的桥梁基础,由于经常受到土基压实下沉和地下水位升降等的影响,往往还会产生不均匀的沉降。因此,在桥梁施工过程中或通车后相当长的一段时间内,应定期和及时地做好基础沉降变位的观测分析工作,以便了解基础的沉降情况及发展趋势,分析均匀沉降和不均匀沉降将对桥梁结构的影响,并对有害的基础沉降采取有效的防治措施。

2. 桥梁基础的滑移和倾斜

(1)桥梁基础由于经常受到洪水的冲刷而发生滑移。冲刷深度由河流的河床纵坡与河床堆积物成分等因素所决定。一般很难预先估计冲刷有多深,事先必须经过充分的调查,以探求其真正的冲刷深度。

(2)由于桥梁所在河床疏浚,减少了桥台台前临河面地基土层的侧向压力,从而使基础产生侧向滑移。

(3)桥台基础建造在软土地基上,当台背填土超过一定高度且基础构造处理不当时,作用于台背的水平力增大,将导致地基失稳,产生塑性流动,使桥台产生前移。当基础上下受力不均时,台身也随之产生不均匀的滑移,导致基础出现倾斜,如图2-37所示。

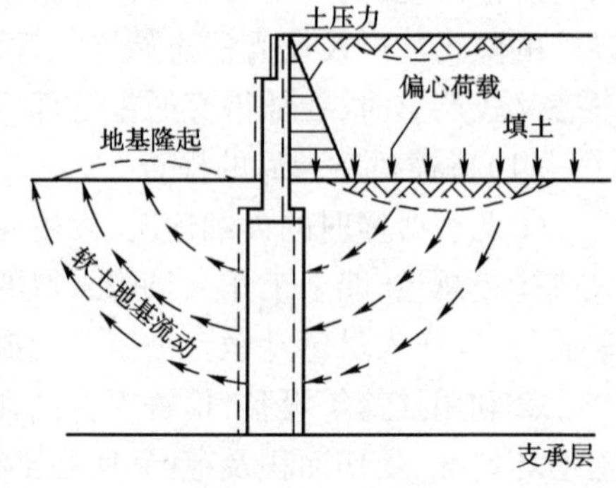

图2-37　桥台前移图

产生滑移或倾斜的桥台基础,多为建造在软土地基上的重力式桥台、倒T形桥台。沉井基础也有产生前移的,这是由于沉井基础施工时扰动了地基且承受台背土压力的宽度大,可又不能像桩基础那样,有使流动土压力从桩间挤过去的效果,所以作用于沉井基础的流动压力比桩基础的大。

(4)基础产生的滑移或倾斜,在严重时会导致桥梁结构的破坏,其破坏形式如下:

①支座和墩台支承面破坏,以及梁从支承面上滑落下来。

②伸缩缝装置被破坏或使缝隙宽度减小,伸缩机能受损。

③当滑移量过大时,梁端与胸墙紧贴,严重时导致胸墙破坏或梁端局部压屈。

3. 桥梁基础结构物的异常应力和开裂

由于桥梁受力不均,往往会产生局部异常应力,并导致桥梁出现横向或竖向裂缝。在特殊外部荷载的作用下,还会使基础结构物因出现异常应力而产生局部损坏。处于海湾、海边和受海潮影响的河流中的基础,有时因建造质量不好而有缺陷,或因基础混凝土质地不密实,长期遭受海浪的冲刷和侵蚀,使基础呈层状或出现空洞、剥离、疏松,并导致钢筋锈蚀,这是非常危险的。桥梁基础的主要类型及其常见的病害简列于表2-4中。

二、基础的养护维修要点

对桥梁基础的养护应贯彻“预防为主、防治结合”的方针,定期检查、维护,以保证使用安全。其养护的主要内容如下:

桥梁基础的主要类型及常见病害　　表 2-4

基础类型			常见的病害
浅基础	天然地基上的浅基础		(1)埋置深度浅,易受冲刷而淘空。 (2)埋置深度不足,受冻害影响。 (3)地基不稳定,易产生滑移或倾斜
浅基础	岩石基础		(1)风化部分未处理好,经水流冲刷而淘空或悬空。 (2)受地震时的剪切作用,易产生裂缝
浅基础	人工地基基础		因处于软弱地基上,在竖向荷载作用下压实沉陷,使基础下沉
桩基础	打入桩	木　桩	地下水位下降时,桩身易腐蚀
桩基础	打入桩	钢筋混凝土桩	(1)打桩时桩身受损坏。 (2)受水流冲刷、侵蚀,产生空洞、剥落等。 (3)受船只或其他漂浮物的撞击而损坏
桩基础	钻(挖)孔桩		(1)施工时淤泥未完全清除就灌注混凝土,使形成后的桩基产生下沉。 (2)施工不当,或受水冲刷、侵蚀而产生空洞、剥落、钢筋外露等。 (3)灌注混凝土过程中发生塌孔而未作处理,桩身部分脱空。 (4)受外力冲击而产生损坏
桩基础	管桩基础		承载力不足而使基础产生下沉
桩基础	沉井基础		(1)基础下沉时,基础也常发生一些下沉。 (2)基础下沉不均或桥台台背高填土受地基土侧向流动的影响时,基础产生滑移、倾斜。 (3)中间层为弱黏土层时,由于附近施工挖基坑和填土等而变位,常使基础变位

(1)主要检查桩基及其他类型基础的暴露部分有无缺损、开裂、砂浆面层剥落及露筋锈蚀等病害。

(2)应对桥梁墩台基础冲刷、河床断面的变化、主河道的变迁以及流速、流量等情况进行观测,并与当地水文站建立联系。

(3)对非嵌岩基础,养护中要特别注意冲刷问题。常年有水的河流,特别是常年可通航的河流,应密切注意水流对基础地基的冲刷。在桥梁建成后三年,每年汛期前后各测一次;以后视冲刷情况,适当延长测量周期,准确掌握基础处河床的冲刷情况。如遇特殊水文年(特大洪水年、最枯水文年及受人工控制对河床变化产生重大影响等),则应适当增加测量次数。

(4)对河床冲淤变化的观测应按有关规定执行。观测范围为主桥全长,在桥梁中线及上、下游 50m 各布设一个断面。

(5)应对水位进行观测,在主墩上游岸侧设一组水尺。在枯水期,每日 8 时观测两次;出现缓慢峰谷时,应在 20 时增测一次。洪水期则应每日 8 时、14 时、20 时各观测一次。当水位急剧涨落时,还需适当增加测量次数。

(6)对覆盖层易冲刷的墩台基础,每年汛前一个月以及汛后,应对基础处冲刷深度进行一次测量,并做好记录。当基础处的局部冲刷线超过设计的允许值时,应立即向原设计单位和交通主管部门报告并采取有效措施。

①水深在 3m 以下时,可筑围堰将水抽干,以砌石或混凝土填补冲空部分,其顶端与基础顶面齐平或稍高于基础顶面。

②水深在3m以上时,可在四周打板桩或其他方法做围堰(如套箱围堰),灌注水下混凝土;也可以编织袋装干硬性混凝土,每袋装置量为袋容积的2/3,由潜水作业将其分层填塞冲空部分,并注意比基础每边边缘宽0.4m以上。

③为节省费用,也可用抛填大块石或用铁笼装级配良好的片石或卵石的方法来维护。

(7)对桥梁附近河床的稳定应采取措施,以保障桥梁安全和不易被洪水冲毁。桥梁上下游各1.5倍桥长,但不小于50m和不大于500m范围内的河床应符合下列要求:

①河床应适时地进行疏浚。每次洪水过后,应及时清理河床上的漂浮物和沉积物,使水流顺利宣泄。

②不得任意修建对桥梁有害的水工建筑物或其他建筑物,必须修建时,应采取必要的桥梁防护措施。

(8)应观测了解有无水污染。桥梁养护人员平时应注意了解周围有无污染水源,必要时对一定范围内水质进行物理与化学测试,防止不良水质侵蚀桥梁墩台及基础。例如:桥梁深水桩基中的钢筋混凝土桩、预应力钢筋混凝土桩、钢桩以及钻孔灌注桩,都有一个环境水对混凝土、钢筋及钢材的腐蚀、侵蚀与磨损问题。在流动水中,混凝土将会受到波浪、流沙、流冰及其他漂流物的磨损和撞击;在冰冻地区,还会受到冻胀、冻融损害;在海水或其他不良水质条件中,混凝土桩和钢桩都会受到不同程度的侵蚀与腐蚀作用。下面就水质条件对混凝土钢筋、钢材的侵蚀与腐蚀问题和防护措施作一说明。

①水质条件对混凝土的侵蚀作用有如下几个方面:

a.碳酸性侵蚀。碳酸性侵蚀的机理有两个:一是由于水中含有过多的游离CO_2,当超过与H_2CO_3平衡所需的量时,就能溶解混凝土中的部分$CaCO_3$,从而形成溶解性侵蚀作用;二是由于在$CaCO_3$溶解中,能从混凝土内溶滤出$Ca(OH)_2$,从而产生了溶滤性侵蚀作用。除水质条件外,碳酸性侵蚀还与桩的尺寸、混凝土的质量,尤其是透水性、水泥品质等有关。

b.一般酸性侵蚀。当pH值小于5.0(最不利的条件下)和6.8(最好的条件下)时,水即具有酸性侵蚀。表2-5是原联邦德国与英国对一般酸性侵蚀的分级标准。

水的一般酸性侵蚀的分级标准　　表2-5

级　别	pH值		
	DIN4030	英国 Perkine	英国 B.R.E
轻微	高于6.5	7.0~6.5	9.0~5.0
中等显著	6.5~5.5,5.5~4.5	6.5~5.5,5.5~4.5	6.0~3.5
强烈	低于4.5	低于4.5	低于3.5

c.硫酸盐侵蚀。当水中的SO_4^{2-}含量很大时,即会对桩产生硫酸盐侵蚀。其破坏机理为:当水渗入混凝土后,水中的硫酸盐与水泥中的铝酸三钙就会成为水化硫铝酸钙,由于它的结晶体所占体积比原来大,致使混凝土膨胀而破坏。水是否对混凝土具有硫酸盐侵蚀,除SO_4^{2-}含量外,尚取决于制桩的水泥品种与桩所处的条件。侵蚀的等级划分,可参见表2-6及图2-38。

d.镁盐侵蚀。当水中镁离子的含量达到某一数量后,就会产生镁盐侵蚀。镁离子的含量标准将随水泥品种、桩的尺寸等条件而变。一般只要镁离子含量达到750mg/L或更大时,即认为水具有镁盐侵蚀作用。

e.水流磨损。由于水流所夹带的砂砾对桩身的不断冲击和摩擦,致使混凝土表面产生磨损破坏现象。例如,我国潼关黄河便桥的钢筋混凝土桩,建成仅数年之后即发现管桩保护层已被泥沙磨掉和钢筋露出。所幸该桥为临时性便桥,不需修补加固。所以,在黄河上游采用钢筋

混凝土管桩高承台桩基础是不合适的。

德国评价环境水对混凝土侵蚀程度的标准　　表2-6

介质性质	侵蚀程度		
	微　弱	显　著	强　烈
氢指数pH	6.5～5.5	5.5～4.5	<4.5
侵蚀性CO_2(按大理石粉试验)	15～30	30～60	>60
阿莫尼亚(氢)含量(mg/g)	15～30	30～60	>60
镁盐Mg^{2+}含量(mg/g)	100～300	300～1500	>1500
硫酸根含量(SO_4^{2-})(mg/g)	200～600	600～3000	>3000

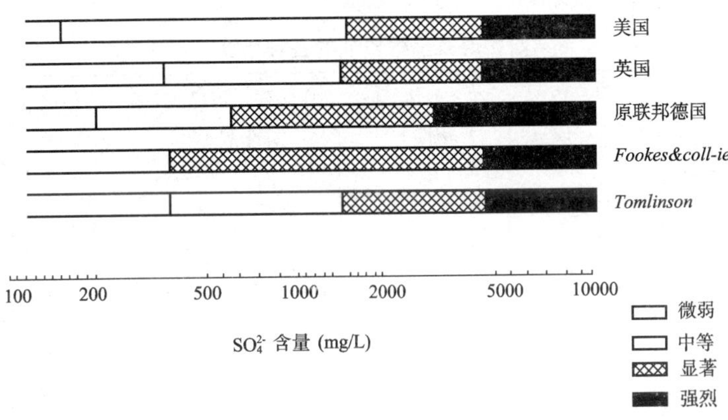

图2-38　划分硫酸盐侵蚀性的标准

②水质条件对桩内钢筋的腐蚀。桩内钢筋腐蚀的原因,除桩身混凝土本身的缺陷造成的钢筋裸露所遭致的直接腐蚀之外,其他原因还有:侵蚀性水先破坏了桩的混凝土保护层,然后又腐蚀裸露的钢筋;侵蚀性水改变了混凝土的液相成分,从而降低了混凝土对钢筋的保护性能,致使钢筋在混凝土的内部产生腐蚀。然而,水对钢筋之所以会产生腐蚀的根本原因则是氯化物的存在问题。因为氯离子是一种腐蚀钢筋的活化剂,它不仅会破坏保护钢筋表面的钝化膜,还会产生铁的溶解即加速钢筋的电化学锈蚀过程(阳极锈蚀作用)。在水与氧并存的情况下,这一电化学过程将会大大加快。因此,水中氯离子的含量也是判定钢筋锈蚀程度的标准之一。表2-7是按氯离子含量划分水对钢筋腐蚀的等级表。

按介质中氯离子含量划分腐蚀等级　　表2-7

级别	氯化物含量		级别	氯化物含量	
	温　带	热　带		温　带	热　带
轻微	0～2000ppm	—	显著	多于10000ppm	2000～20000ppm
中等	2000～10000ppm	0～2000ppm	强烈	—	多于20000ppm

③水质条件对钢桩的腐蚀。钢桩在水中的锈蚀作用与混凝土桩裸露的钢筋一样也是一个电化学过程,常用一般酸性侵蚀即pH值的大小来界定它的锈蚀程度。根据观测,当pH值等于7时,锈蚀缓慢;当pH值达到10时,锈蚀速度显著减慢而接近于零。因此,规定pH大于11.5时,可不考虑锈蚀问题;pH值小于5且有氧气存在时,为锈蚀非常严重条件。美国海岸工程研究中心[CERC(1969)]规定,当钢桩暴露在海水中或接触有酸性侵蚀的排泄水,即需用涂料层或包上混凝土进行防护。

④防护措施。

a.钢筋混凝土桩和预应力钢筋混凝土桩：对于钢筋混凝土桩和预应力钢筋混凝土桩，其防止混凝土遭受硫酸盐侵蚀的一般措施，可按表2-8和表2-9中所列的办法进行选择。表2-10是各种桩的水泥用量与水灰比的选用参考。

防止硫酸盐对混凝土侵蚀的一般措施

表2-8

侵蚀等级	需采取的措施	
轻微	按正常的质量优良要求标准	增加水泥用量，减小水灰比
中等	用普通硅酸盐水泥或抗硫酸水泥	
显著	必须使用抗硫酸水泥	
强烈	必须使用抗硫酸水泥，并需加适当的防护套或涂层	

防护混凝土桩侵蚀的各种措施

表2-9

要求与措施	在一般情况或条件下	在中等侵蚀情况或条件下	在显著情况或条件下	在强烈情况或条件下
密实不透水混凝土	可	可	可	可
普通硅酸盐水泥	可	可	不可	不可
抗硫酸水泥	不可	可	可	可
特殊水泥或火山灰水泥	可	可	可	可
特殊集料	不可	例如：在酸性情况中采用石灰岩作为集料		
增设牺牲厚度	不可	根据自身情况		不可
规定最小保护层厚度	可	可	可	可
采用永久防护套一组	不可	不可	不可	可
——刚性PVC	不可	不可	不可	可
——柔性PVC	不可	不可	不可	可
采用防护涂层——环氧树脂或沥青	不可	不可	不可	可

规定水泥用量与水灰比的一般标准

表2-10

桩的种类	一般规定	中等腐蚀条件下	显著或强烈腐蚀条件下
预制桩	450~475kg/m³ 0.4~0.5	450~475kg/m³ 0.4	450~475kg/m³
打套管成孔就地灌注桩*	280~370 kg/m³ 0.25~0.6	330~450 kg/m³ 0.3~0.55	370~500 kg/m³ 0.3~0.45
钻挖成孔护筒内就地灌注桩	300~450 kg/m³ 0.5~0.55	350~450 kg/m³ 0.475~0.5	380~500 kg/m³ 0.45~0.5
泥浆护壁钻孔水下灌注混凝土	350~450 kg/m³ 0.5~0.6	350~450 kg/m³ 0.475~0.5	400~500 kg/m³ 0.43~0.45

b.钢桩：钢桩防止锈蚀的常用办法如下。

一是，增加牺牲厚度法：日本港湾协会《港湾构筑物设计基准》(1965)规定，从最高水位到海底之间的钢桩，海水中钢材的年腐蚀量为0.1mm/年；清水中钢材的年腐蚀量为$0.1\times2/3=0.07$mm/年。英国土木工程协会海水作用委员会的研究结论是：海水中钢材的年腐蚀量为0.076mm/年；清水中钢材的年腐蚀量为0.05mm/年。在知道钢材在水中的腐蚀速率后，设计

时便可加大使用钢材的厚度，即以增加厚度的方法来防腐，增加使用年限。

二是，加设混凝土保护层法：由于土中缺乏氧气，打入土中钢桩加设混凝土保护层，往往会得到较好效果。

三是，阴极防腐及采用特殊钢材法：此种方法，桥梁深水桩基中采用不多。

三、墩台基础检查方法

当墩台有倾斜、位移、下沉或在活载作用下墩顶位移过大，或墩顶震动测试发现有疑问时，应进行挖探检查。

(1)直接挖探。在河床无水或围堰防水的情况下，直接挖至基础检查。

(2)抽水检查。流水不大的浅水墩台，可用土围堰、草袋围堰或单双板桩围堰等，抽水开挖检查。

(3)刨冰检查。用冰镐刨除墩台周围冰层，刨除一层冻结一层，直至露出基底进行检查。刨冰须距墩台边缘1～2cm，以防损伤墩台。在冰层厚达25～40cm时，即可开始刨冰，每次留下冰层厚10cm左右。当冰下流速大于0.5m/s时，应采取减缓流速、加速冻结的措施。在开挖遇到冻土时，除直接开挖外，常采用100型钻机，根据墩台病害情况，有目的地进行钻探。

(4)潜水摸探。水深时，由潜水工下水摸探。潜水摸探应在低水位进行。

(5)水下激光检查。把探头放入水中，在岸(或墩台)上通过荧光屏可看见水中墩身、基础或高桩承台水中桩身有无裂纹、冲空、损坏、断裂等情况，并可录像。这种方法在清水中试验成功，在含泥较多的江水中，目前需将探头紧贴圬工表面才能检查出结果，或采用换浆装清水箱的办法，也可以在较混的水中测得较理想的结果。

第三节　桥梁下部结构的加固与改造

一、桥梁基础的防护

1. 桥梁基础的防护方法

桥梁基础结构一般容易发生的主要病害有：基础的沉降和不均匀沉降；基础的滑移和倾斜；基础结构物的异常应力和开裂等。其防护方法，如表2-11所示。

桥梁基础的防护方法　表2-11

序号	方法	简　图	说　明
1	石笼或板桩防护	石笼 板桩　砂砾　浆砌片石	水流冲刷危及基础时，须采取以下防护措施： (1)用竹子、铅丝或钢筋制成石笼护基，并将石笼间以钢筋或铅丝相互连接下沉； (2)在土质或细砂砾河床，可筑板桩围堰，堰内填砂砾、石。注意板桩顶面高程不应高于河床

续上表

序号	方法	简图	说明
2	水泥混凝土板或混凝土预制块防护	混凝土预制块；水泥混凝土	当河床不稳定，基础埋置深度浅，冲刷范围较大时，宜采取平面防护，其范围视具体情况而定。在水流中不可部分施工时，宜采用铺置混凝土块的办法防护。采用铺筑水泥混凝土防护时，需在河床整个宽度内进行，不能部分进行施工
3	块(片)石防护	双层块(片)石；单层块(片)石	同上情况，亦可采取双层或单层块(片)石作平面防护，但当河床面有淤泥杂物时，须加以清除，填以砂砾夯实后再进行砌石防护，方能稳固
4	梢捆防护	梢捆；片(卵)石；50cm	用长约1.5m鲜柳枝、荆条编成梢捆，内装片石或卵石，成捆置放于基础四周防护，具有较好的防冲效果。当冲刷力较大，可在梢捆上加压石块稳定
5	大桥抛石防护	低水位；抛石	抛石防护用于深水墩台，将石块抛在桥梁墩台四周被冲刷的坑内，填满至高于河床面，以防再次冲刷
6	中、小桥抛石防护		中、小桥梁墩台的抛石防护，应注意横桥跨的门槛埋置深度须比墩台四周挖深1.2~1.5m，以防水流正面冲刷

续上表

序号	方法	简　图	说　明
7	板桩墩头防护		对于土质和砂砾石的变迁性河段，可采用板桩进行墩头防护。板桩顶面一般不应高出河床面，最好埋置在冲刷线以下。因板桩高出床面，会产生阻水，在板桩前造成局部冲刷，影响护桩安全。板桩尖头做成单向斜口式，打桩时可使板桩接缝紧密，板桩入土嵌固深度一般为0.5～1.0m
8	马蹄形大型铅丝笼填石护墩	 注：尺寸单位为 cm	马蹄形大型铅丝笼，可用 ϕ8mm 钢筋作骨架，用8号铅丝编成网眼作外框。大铅丝笼宽3.0m、高6.0m。大铅丝笼在岸上编成后，用船运到桥墩处下沉就位，内填毛石，最后再加铅丝网盖
9	混凝土板防护		混凝土板属于局部冲刷平面防护，应置于一般冲刷线以下，并应盖住所在位置的冲刷坑范围。混凝土板整体性强，抗冲耐磨，施工较方便，是一种防护桥墩局部冲刷的有效措施。对于新建桥梁，下埋深基有困难时，可用混凝土板防护局部冲刷来提高基础埋置深度。一般在基础施工时，可利用开挖基坑，在基坑内浇筑混凝土板。混凝土板埋置较深，要求盖住所在位置冲刷坑的范围较小，可以增加桥墩安全

2. 基础防冲刷的方法(见表 2-12、表 2-13)

桥梁墩台防冲刷参考方法

表 2-12

序号	方法	简　　图	说　　明
1	支承梁用桩分担荷载的方法	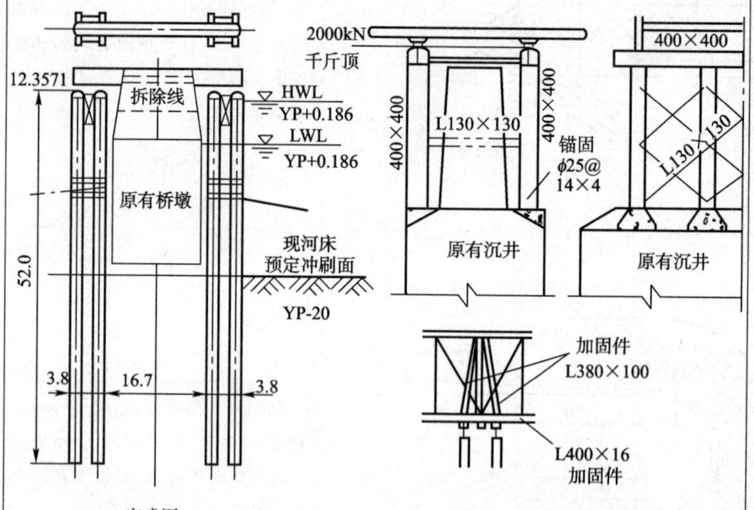 a) 完成图 b) 临时支撑图 注:尺寸单位为 m,钢材为 mm	左图所示为使用钢管桩的预防措施实例。此时拆除既有桥墩顶部,用桩支撑全部上部结构的压力。由于预计到以后的冲刷面,桩的悬臂长度大,所以桩的根数与桩径由垂直方向的支撑力及水平方向的稳定性来决定
2	新建基础用桩分担荷载的方法	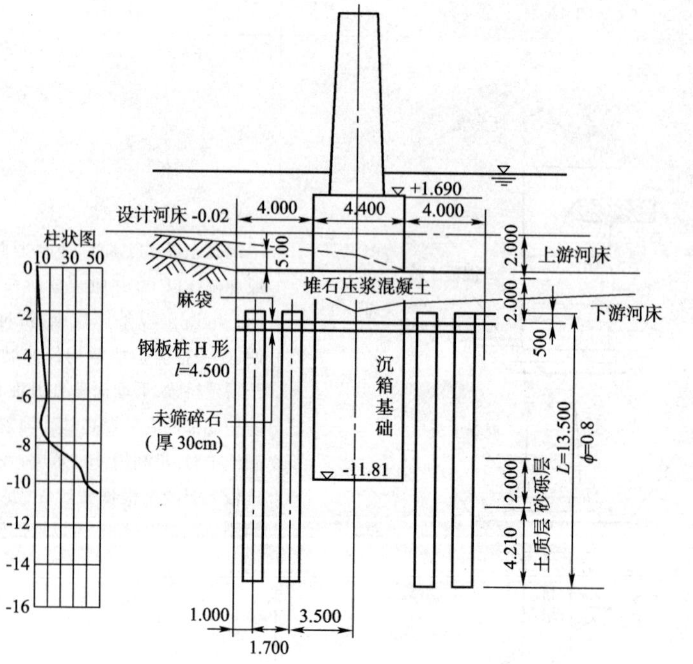 注:尺寸单位为 m	左图所示为使用钢管桩的预防措施实例。基础施工方法为:设置临时围堰,在干燥状态下敷设混凝土,或进行预填石料压浆混凝土在水下施工的方法

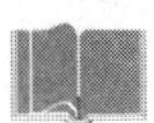

续上表

序号	方法	简　图	说　明
3	用板桩与混凝土填充加固基础的方法	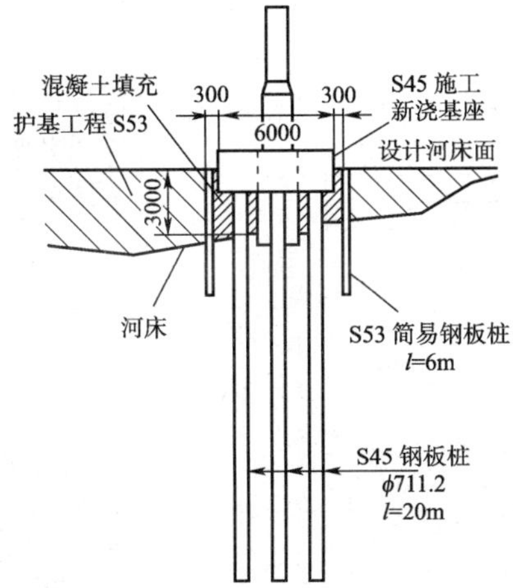 注:尺寸单位为 cm	左图所示为简易钢板桩的施工,在内部充填混凝土的实例。混凝土的浇筑可利用板桩作为临时围堰,在干燥的状态下进行。如不能兼做临时围堰,可进行水下混凝土作业
4	用护基工程加固基础的方法	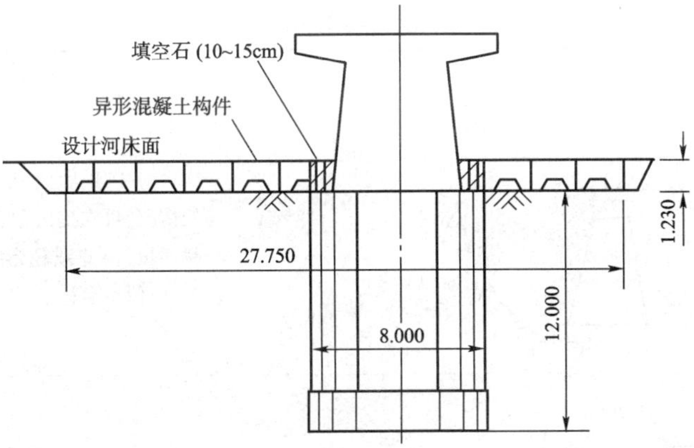 注:尺寸单位为 m	对桥墩周围的局部冲刷,常使用投入抛石及异形混凝土构件防护。这些构件中有空心三角块、六脚构件、三联构件、三柱构件、空心四方形等种类,需要选择与各种河流特性相吻合的构件,构件尺寸及砌筑方法如左图所示
5	形成复合基础的方法用灌浆材料加固地基	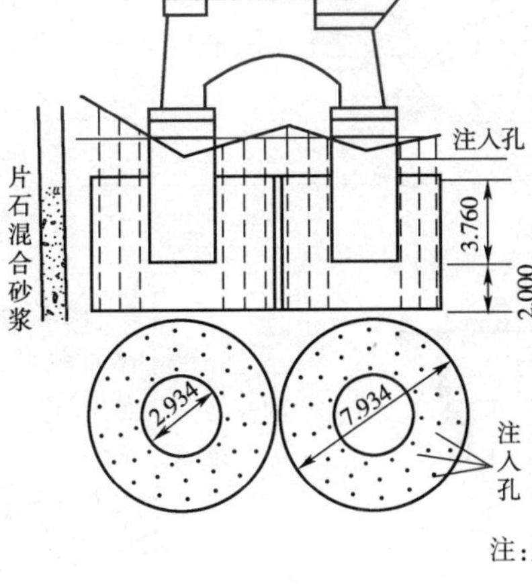 注:尺寸单位为 m	可用改良地基加固基础的方法。如左图所示,采用水泥注浆材料或玻璃类注浆材料灌注加固,形成复合地基

基础抗冲刷增设消能措施的方法 表 2-13

方法	简图	说明
三级消力槛防护	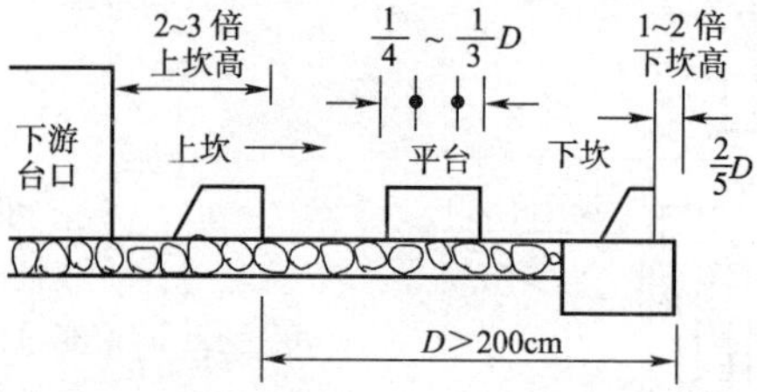 2~3 倍上坎高；$\frac{1}{4}\sim\frac{1}{3}D$；1~2 倍下坎高；下游台口；上坎；平台；下坎；$\frac{2}{5}D$；$D>200$cm	当下游冲刷严重，为缓冲水流冲刷的影响，可用浆砌块、片石或预制混凝土块筑成三级消力槛（或称三级跳槛）
海曼式防护	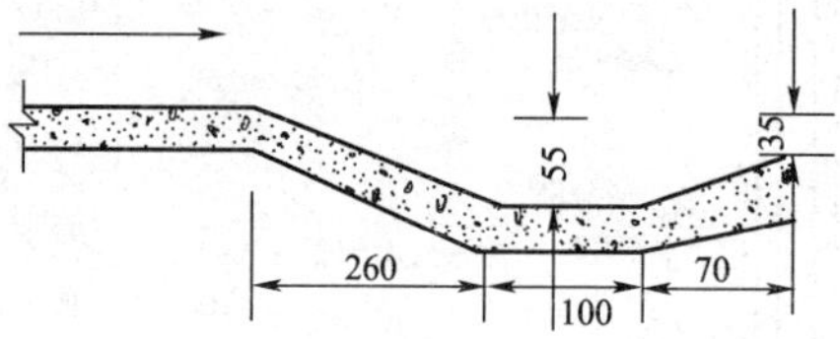 55；35；260；100；70；注：尺寸单位为 cm	同上目的，亦可采用海曼式缓冲水流。海曼式防护可用砌石或铺筑混凝土

二、桥台的维修加固方法（见表 2-14）

桥台的维修加固方法 表 2-14

方法	简图	说明
减轻荷载法	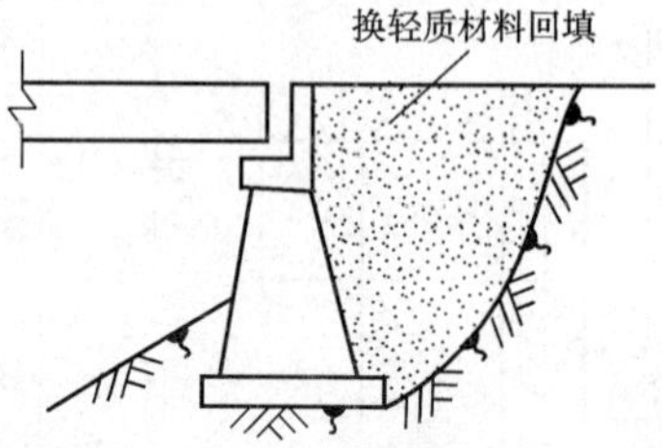 换轻质材料回填	当台背土压力大，桥台有向桥孔方向位移的情况，可在挖出台背填土后，改换轻质材料回填，由此减轻台背土压力对桥台的负荷，以使桥台稳定
挡墙、支撑杆或挡块加固	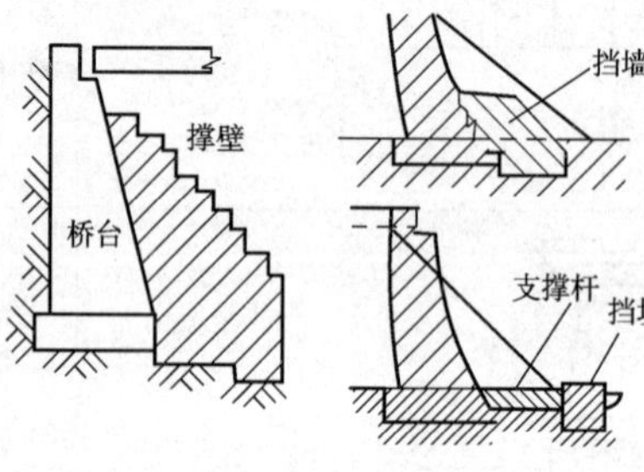 撑壁；桥台；挡墙；支撑杆；挡块	对于因桥台尺寸不足，难以承受台背土压力而向桥孔方向倾斜或滑移的埋置式桥台，可采用挡墙、支撑杆或挡块等形式进行加固。临时抢修亦可用土袋
加桩加固	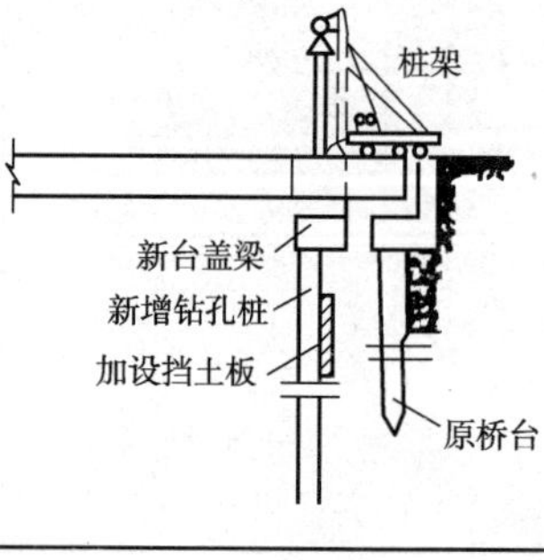 桩架；新台盖梁；新增钻孔桩；加设挡土板；原桥台	当原桥竖向承载力不足，一般可在台前增加一排桩，并浇筑盖梁，以分担上部结构传来的压力。打桩或钻孔桩时可利用原桥面作脚手，在桥面开洞、插桩。盖梁可单独受力，并可连接旧盖梁、旧桩共同受力

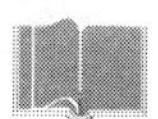

续上表

方法	简　图	说　明
桥后建拱消除土压力法	1 2 3 4	在桥台后建砖、石、混凝土空腹拱的方法来消除或减少桥台后土体压力 图中:1-拱圈;2-拱脚;3-与老桥台的连接锚固钢筋;4-与老桥台拱脚相连
增设锚杆和桩基加固法	新增锚杆 $L\approx2.500$m -1.84 新增桩基 老桥台 新建的加劲钢筋混凝土块	(1)为承受作用在群桩上的水平力,增设锚杆。 (2)增设新的桩基,并通过在老桥台上增设新的混凝土块(钢筋混凝土),与原有桥台连成整体,共同受力
加厚或增设桥台翼墙加固	桥台	(1)当拱桥台产生位移或转动时,要慎重选择加固方法,为抵抗水平推力过大可用本法。 (2)在桥台两侧加厚翼墙,翼墙与原墙要牢固结合为一整体,增加桥横断面尺寸和自重
织物模袋填充加固	墩台 基础 刷空 (I) (II) 织物模袋	墩台基础被冲刷成空洞,部分基础悬空,危及墩台安全急需抢救时,可用土工织物模袋注入水泥混凝土填充基础冲刷较深的一面(Ⅰ),再挖冲刷较浅一面后随即填充(Ⅱ)的部分,注入混凝土必须插捣密实
增厚台身加固	桥台 新建的辅助挡墙	当梁式桥台背土压力大,形成桥台向桥孔方向位移时,可挖去台背填土,加厚台身(桥台胸墙),并注意新旧混凝土结合牢固

续上表

方法	简图	说明
更换台后填土并加便梁的加固	新增便梁；A；A；i=0.1；135cm；桥跨结构；干砌体；桥台；100cm；基础高程；60°	为减轻路基对桥台的水平压力，需用具有大的内摩擦角的大颗粒土壤或干砌片石、砖等更换桥台后面填土，同时在台后新增便梁
支撑过梁加固	支撑过梁	对于单跨的小跨径桥梁，可在两桥台基础之间建造支撑过梁，以防桥台向跨中位移。如采用钢筋混凝土支撑梁或浆砌片石撑板加固，支撑不高于河床
加新盖梁加固台前加钻（挖）孔桩		在老桥台前新增钻（挖）孔桩或打入桩，并重新浇筑新盖梁。此法简便易行，效果明显。同时由于重新浇筑盖梁，可彻底解决原桥台的先天不足。施工时又能同时维持交通，是既经济又合理的加固法

三、桥墩、桥台的维修与加固法（见表2-15）

桥墩、桥台的维修与加固法　　表2-15

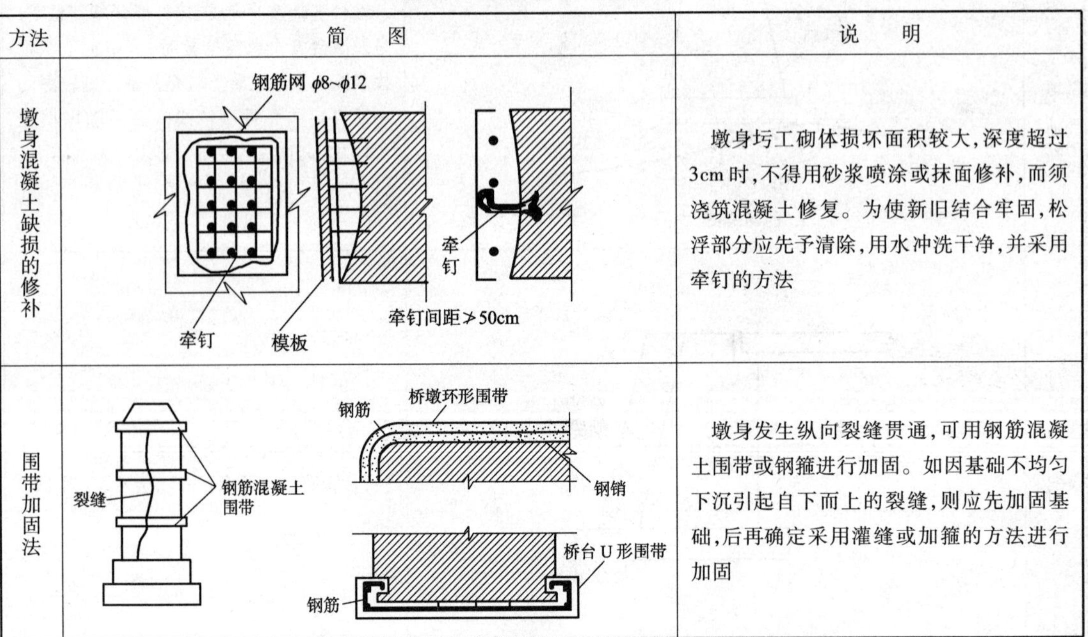

方法	简图	说明
墩身混凝土缺损的修补		墩身圬工砌体损坏面积较大，深度超过3cm时，不得用砂浆喷涂或抹面修补，而须浇筑混凝土修复。为使新旧结合牢固，松浮部分应先予清除，用水冲洗干净，并采用牵钉的方法
围带加固法		墩身发生纵向裂缝贯通，可用钢筋混凝土围带或钢箍进行加固。如因基础不均匀下沉引起自下而上的裂缝，则应先加固基础，后再确定采用灌缝或加箍的方法进行加固

续上表

<table>
<tr><th colspan="2">方法</th><th>简　　图</th><th>说　　明</th></tr>
<tr><td colspan="2">用钢筋混凝土箍套加固桥墩</td><td> 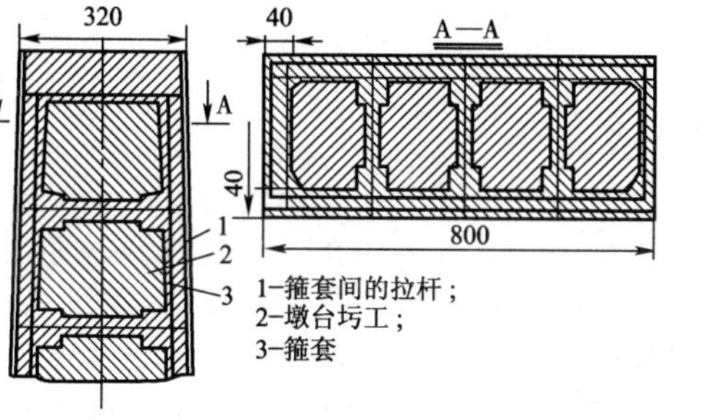320　40　A—A　A　A　40　800
1-箍套间的拉杆；
2-墩台圬工；
3-箍套
注：尺寸单位为 cm</td><td>当墩台损坏严重，如大面积裂缝、破损、风化、剥落等情况，或由粗石圬工及砌石圬工的旧墩台，一般可用钢筋混凝土箍套加固，其尺寸应能满足通过箍套传递所有荷载或大部分荷载的需要。同时，再改造墩台顶部，灌筑支承于箍套上新的、强大的钢筋混凝土板代替旧的支承垫石，以使箍套参加工作</td></tr>
<tr><td colspan="2">墩顶外包混凝土加固</td><td> 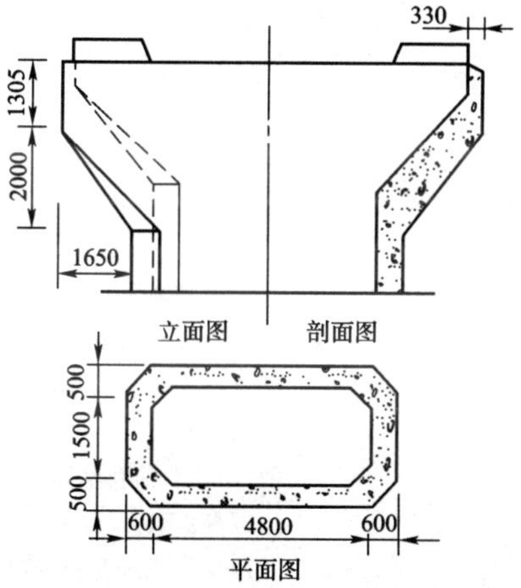330　1305　2000　1650
立面图　剖面图
500　1500　500　600　4800　600
平面图
注：尺寸单位为 mm</td><td>在桥墩周围浇筑新的混凝土，直到桥墩底部，由于桥墩大都在水下，因此可在专门围堰中完成。为了提高外包混凝土的耐久性，要做到如下几点：
（1）采用高质量的混凝土；
（2）混凝土保护层厚度不小于 5cm；
（3）外包混凝土没有裂缝</td></tr>
<tr><td rowspan="2">桥墩损坏水下修补加固法</td><td>抽水后修补法</td><td> 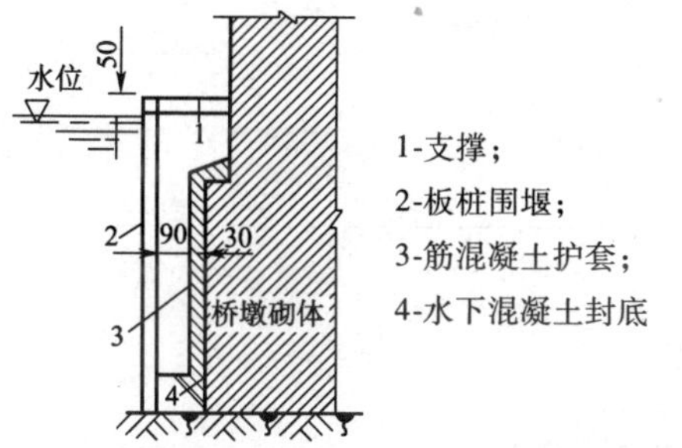水位　50　1　2　90　30　3　4　桥墩砌体
1-支撑；
2-板桩围堰；
3-筋混凝土护套；
4-水下混凝土封底</td><td rowspan="2">对砖石或钢筋混凝土墩台表层出现缺陷，且墩台身处于常水位以下时，可分别根据不同情况采用如下的方法进行修补：
（1）水深在 3m 以下时，可筑草袋围堰，然后将水抽干。当水难以抽干时，则可浇水下混凝土封底后再抽，抽水后以砌石或混凝土填补冲空部位。此种情况的修补，亦可不抽水而将钢筋混凝土薄壁套箱围堰下沉到损坏处附近的河底，在套箱与桥墩间浇筑水下混凝土以包裹损坏或冲空部位。
（2）水深在 3m 以上时，以麻袋盛装干硬性混凝土，然后通过潜水作业将袋装混凝土分层填塞冲空部位，并应注意要比原基础宽出 0.2～0.4cm</td></tr>
<tr><td>不抽水后修补法</td><td> 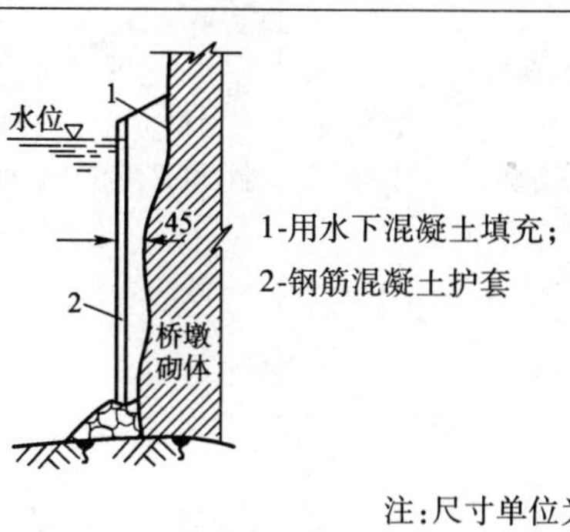水位　1　45　2　桥墩砌体
1-用水下混凝土填充；
2-钢筋混凝土护套
注：尺寸单位为 cm</td></tr>
</table>

续上表

方法	简　图	说　明
桥台增大基础加固法	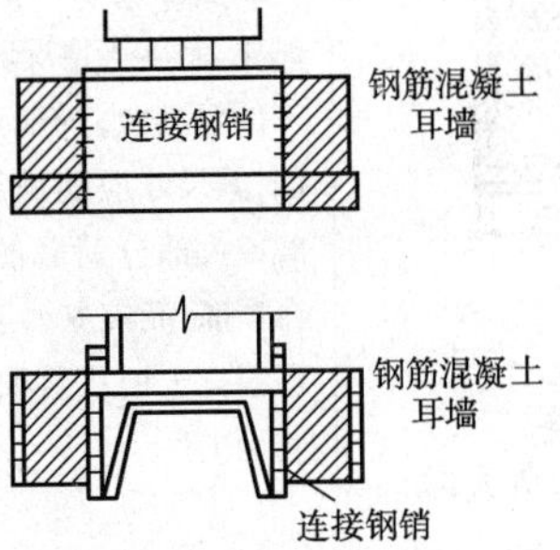 连接钢销 钢筋混凝土耳墙 钢筋混凝土耳墙 连接钢销	在桥台两侧加设钢筋混凝土实体耳墙，并将耳墙与原桥台用钢销连接起来，从而达到增大桥台基础面积，提高桥台承载力的目的。加固后耳墙与原桥台连接在一起，因此，既增加了竖向承压面积，又由于耳墙的自重而增加了抗水平推力的摩阻力
桥台前加建新的扩大基础加固法	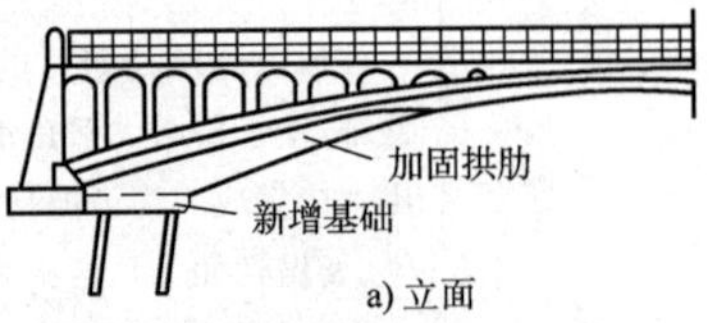 加固拱肋 新增基础 a) 立面 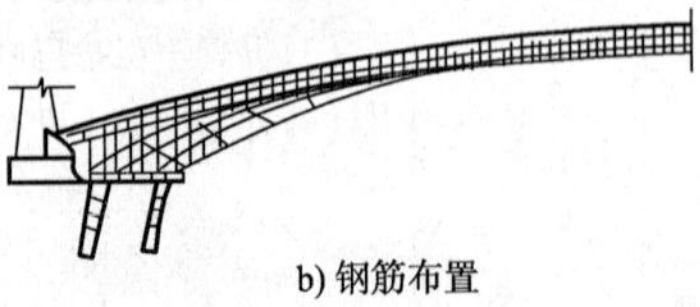 b) 钢筋布置 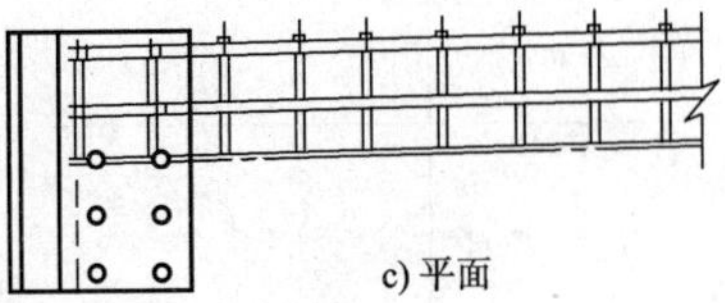 c) 平面	当拱脚前有一定的填土时，可在台前加建新的扩大基础，并将改建为变截面的拱肋支承到新基础上。 新老基础之间用钢销进行连接，有条件时，可在台前新基础下设法增加几根短桩，以提高承载力。 此法的原理是：加建的新基础既能增加竖向承载力和水平方向承载能力，又能加强拱肋断面，使之成为变截面拱肋
静压桩加固	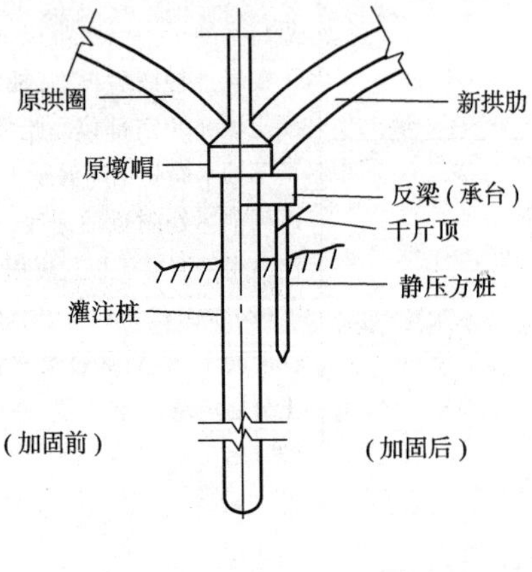 原拱圈 新拱肋 原墩帽 反梁（承台） 千斤顶 静压方桩 灌注桩 （加固前） （加固后）	对拱桥桥墩的加桩，由于受桥下净空限制，可采用静压加桩方法进行加固

续上表

方法	简　　图	说　　明
墩侧护墙加固法	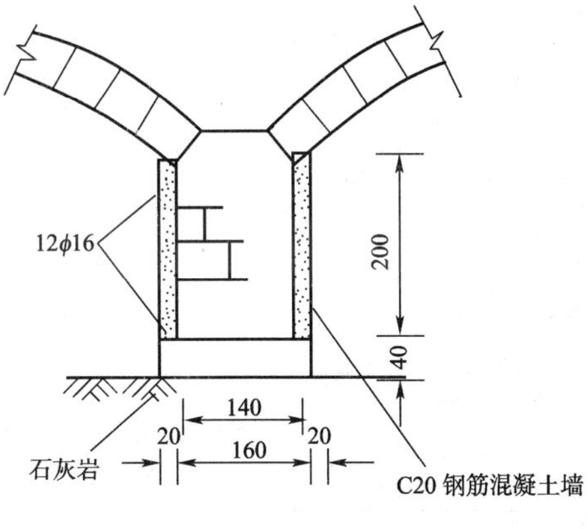 12ϕ16　200　40　140　20　160　20　石灰岩　C20钢筋混凝土墙 注:尺寸单位为cm	在墩身外围加浇一层厚20cm的C20钢筋混凝土墙,使原有桥墩得到保护并加固
桥墩设置临时支撑或加大墩台截面加固法	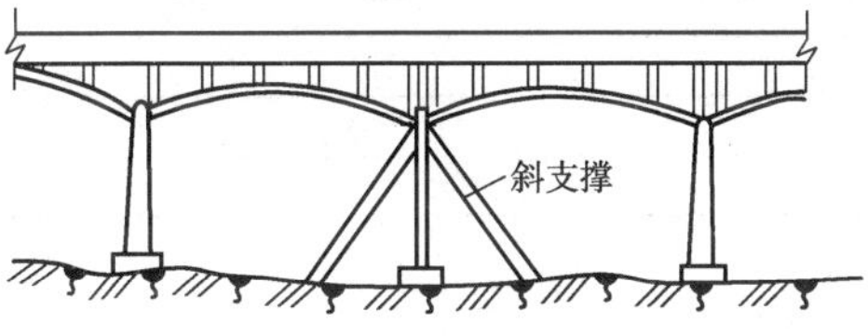 斜支撑 a) 加斜支撑 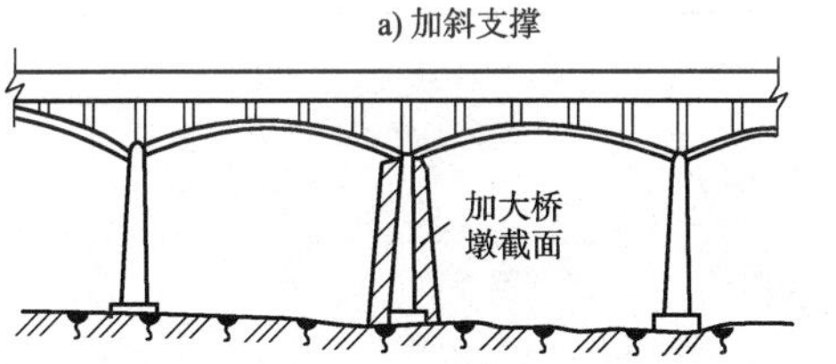 加大桥墩截面 b) 加大桥墩截面	对于多跨拱桥,为预防因其中某一跨遭到破坏使整体失去平衡而引起其他拱跨的连锁破坏,可根据具体情况,对每隔若干拱跨中的一个支墩采取加固措施。其方法是在支墩两侧加斜向支撑;或加大该墩截面,使得在一跨遭到破坏时,只影响若干拱跨而不致全部毁坏

四、人工地基加固法

当基础下面的天然土基松软,不能承受很大荷载,或上层土壤虽好,但深层土质不良引起基础沉陷时,可采用人工地基加固方法,以改善提高基础的承载能力。人工地基加固方法很多,一般常用的有砂桩法和注浆法等。

(1)砂桩法:当软弱地基层较厚时,可用砂桩法改善地基的承载能力。加固施工时,将钢管或木桩打入基础周围的软弱土层中,然后将桩拔出,灌入经过干燥的粗砂,进行捣实,做成砂桩,达到提高土的密实度的目的。在含水饱和的砂土或黏砂土中,由于容易坍孔,灌砂困难,亦可采用砂袋套管法与振冲法加固地基。

(2)注浆法:注浆法是在墩台基础之下,在墩台中心直向或斜向钻孔或打入管桩,通过孔眼及管孔,用一定压力把各种浆液注入土层中,通过浆液凝固,把原来松散的土固结为有一定强度和防渗性能的整体,或把岩石裂缝堵塞起来,从而加固地基、提高地基承载力的一种加固法。注浆法根据注浆压力的不同,又可分为静压注浆(填充注浆、裂缝注浆、渗透注浆、挤压注浆)和高压喷射注浆(旋转喷射注浆、定向喷射注浆)两大类。注浆法加固桥梁墩台基础,所采用的方法和注浆材料一般都因地质情况的不同而异。静压注浆和高压喷射注浆所适用的地质情况及所采用的注浆材料,见注浆法适用土质范围表(表2-16)。

注浆法适用土质范围表 表2-16

分类		浆材名称	卵石碎石	粗粒组						细粒组	
				砾			砂			粉粒	黏粒
				粗	中	细	粗	中	细		
静压注浆		纯水泥浆									
		黏土水泥浆									
		水玻璃水泥浆									
		水玻璃水泥浆-氯化钙									
		水玻璃类									
		铬木素类									
		丙烯酰胺									
		脲醛树脂类									
		聚氨酯类									
高压喷射	旋喷	纯水泥浆									
	定喷	纯水泥浆									
粒径(mm)			300 100 60 20 10 5.0 2.0 0.5 0.25 0.1 0.05 0.005 0.001								

第三章　公路桥梁附属结构养护与维修

第一节　锥坡、翼墙的日常养护与维修

桥涵附属结构——锥坡、翼墙等应经常保持完好。在锥坡开裂、沉陷，受洪水冲空时，应及时采取措施进行维修加固；在翼墙出现下沉、断裂或其他损坏时，也应及时进行维修加固。

锥坡、翼墙的养护与维修，主要有以下几个方面的内容：

1. 基础局部冲刷悬空的处治

涵洞基础局部悬空，必须立即修补。修补时，可用水泥砂浆砌筑片石或用片石混凝土填实，一般应比原基础加宽 10 ~ 20cm。

2. 砖、石、混凝土端墙和翼墙外倾、鼓肚或倾斜的处治

(1)由于填土夯实不足而沉落挤压，或填土中水分过大土压力增大而造成的外倾或鼓肚，应挖开填土，修理外倾或鼓肚部分，更换填土，认真回填夯实。

(2)因为基础不均匀沉陷而发生倾斜时，应先处理基础，一般可采用更换土壤或扩大基础的方法加固，然后再维修倾斜部分。

3. 砌体勾缝松动、脱落的处治

砌体松动、脱落，易引起多种病害，必须及时处治。在处治时，应做到以下几点：

(1)凿掉破损勾缝；

(2)凿毛结合处的旧勾缝；

(3)修补部分必须刷洗干净；

(4)按原结构修补，并注意材料质量和施工质量，保证坚固。

4. 砌体表面风化剥落的处治

砌体表面风化剥落、影响其结构强度的，必须及时处治，保持完好。处治时，达到如下要求：

(1)清除酥松部分，刷洗干净；

(2)用原结构材料修补剥落部分；

(3)凿毛、清洗(湿润)封闭表面；

(4)采用高标号水泥砂浆封面。一般喷浆厚度为 1 ~ 2cm，抹面厚度为 2cm，均应分 2 ~ 3 次进行，每天以一次为宜。

此种病害的处治面较大，一般不会在一个面上，甚至是砌体的全部表面，所以应注意处治面的对称，使结构强度一致、美观。

5. 砌体面层块石或混凝土预制块松动脱落的处治

圬工面层砌块因水流或漂浮物冲击、人为撞损、施工不良等，造成的砌体表层个别或局部砌块松动、脱落时，必须及时修补，以保持砌体结构应有的强度。修补时，应注意以下几点：

(1)清除松动脱落部分，冲洗干净。

(2)按原结构修补完整,如松动脱落部分的内部有洞穴时,应先行处理,将空洞清除冲洗干净,压注水泥砂浆,并用石块填实,再修理面层。

(3)修补勾缝。勾缝要求规范,其目的是美观、防水,减少砌体遭受侵蚀,增强砌体的整体性。砌体勾缝除设计规定外,一般可采用凸缝或平缝。

一般要求缝宽和缝高一致。缝宽的选择以石块大小决定,石块越大缝宽越大,一般3~5cm为宜。太小的石块,勾缝后太近,可以做平缝。缝高也是如此,由石头大小决定,一般高于石面0.5~1.0cm厚。石砌体的勾缝砂浆应嵌入砌缝内约2cm(深度)。干砌片石勾缝,应嵌入砌缝2cm(深度)。

6. 锥坡沉陷破损的处治

由于填土不实或基础不均匀沉陷而产生的锥坡沉陷破损,应根据不同情况作如下处理:

(1)对基础的不均匀沉陷,应挖开处理,一般可根据基底土质,采用扩大基础的办法,将原基础外侧洗刷干净,按原结构加宽20~40cm,新旧部分必须结合坚固。处治时,也可采用更换基底土并重建基础的方法,修复锥坡,并应注意做好夯实填土、砂砾垫层、砌石和勾缝。

(2)由于填土不实引起的锥坡沉陷破损,修复时必须仔细夯实。如土质不好时,还应掺拌或更换较好的土质。

7. 砌体出现小洞穴的处治

由于施工时偷工减料,往往当勾缝脱落时,砌缝间出现小洞穴,一般可作如下处理:

(1)砌体尚未发生变形时,先将洞穴的酥松部分凿除,冲洗干净,用压注法把水泥砂浆或混凝土注入洞穴内填补密实,再修补勾缝。

(2)砌体已局部变形时,应将变形部分拆除,先处治洞穴,按原结构修复,再修补勾缝。

(3)砌体的某个部位已严重变形时,应拆除后,按原结构修复。并注意做好新旧结合处治和采取施工中的安全措施。

8. 裂缝的处治

将裂缝附近凿开,洗刷干净,用水泥砂浆修补密实、平整。裂缝较深时,冲洗干净后,把水泥砂浆压注缝内,并修理平整,必要时,压注环氧砂浆。

9. 水毁防治

水毁后应先用草袋或石笼防护,以免造成桥台(涵)水毁,待雨季过后再及时修复。锥坡填料必须夯实,砌体要勾缝;基础冲空时,应先填实,并根据冲刷深度加做护基。翼墙、锥坡全毁时,应分析原因,雨季过后再进行重建。

第二节　调治构造物的日常养护与维修

调治构造物包括导流堤、丁坝、顺坝和格坝等。调治构造物应经常保持完好的技术状态,引导水流均匀、顺畅地通过桥孔,防止和减小桥位附近河床的不利变迁,保证桥梁和桥头引道河岸的安全和稳定。

一、调治构造物的日常养护

(1)导流堤、丁坝、顺坝、格坝和透水坝等调治构造物,应保持良好的技术状况,引导水流均匀、顺畅地通过桥孔。调治构造物是否正常发挥调治功能,着重检查桥下有无冲刷、淤积继续发生。

(2)洪水前后应巡察,掌握并记录洪水通过形态。其包括流速、主流方向及流量;有无漩

涡、斜流、流速不均匀、沉积不规则;水流是否正常通过以及有无漂浮物。水流中如有漂浮物,则应及时清除干净。

(3)导流堤、梨形堤、丁坝或顺坝的边坡受到洪水冲刷和波浪冲击,坡脚发生局部破坏时,应及时抛填块石和铁丝石笼等进行防护。

(4)对河道改变而增设的护岸工程,应注意坡面有无变化,基础是否牢固,发现缺损应及时处理。

(5)河滩、河岸的路堤边坡外侧,可种植生长迅速、根系发达、枝繁叶茂的乔木或耐水的灌木作为防护。其布置以乔、灌间种的多行带状或梅花式为宜。

二、调治构造物的维修与加固

(1)将竹木、铁丝石笼等临时性的调治构造物,有计划地改为浆砌块、片石或混凝土的永久性结构。

(2)调治构造物由于洪水冲刷及漂浮物撞击,发生基础冲空、砌体开裂时,应及时修理。

(3)若调治构造物不足以抗御洪水冲击,则应进行加固。加固时,可采用植草皮、干砌或浆砌片石、铁丝石笼、抛石等措施,亦可采用梢捆、柴排、混凝土或钢筋混凝土板、土工织物等方法进行加固。加固时,还应综合考虑水深、流速及波浪冲击等因素。加固的高度,淹没式的应加固至坝顶;非淹没式的应高于设计洪水位以上至少50cm。

(4)河床冲刷严重,危及墩台基础时,可分别进行下列处治:

①水深较浅的,结合现行《公路桥涵养护规范》(JTG H11—2004)的有关规定,在枯水季节修整墩台基础冲空部分;中、小桥可对桥下河床做单层或双层片石铺砌,必要时可铺设挑坎防护。

②水深较深、施工困难的,可采用沉柴排、沉石笼、抛石护基等方法。

③对于流速过大或河床纵坡过大、冲刷严重的不通航小河,可在下游适当地点修筑拦砂坝。拦砂坝的高度、间距应根据河床的高程和纵坡确定,下游坝顶高程一般应与上游桥址处河床的高程相等。

(5)通过一定时间的观察,发现调治构造物的位置不当,或数量、长度等不合理,不能发挥正常作用时,应在洪水退后进行改善。

(6)因河道变迁、流向不稳定,或因桥梁上(下)游河道弯曲形成斜流、涡流危及桥梁墩台、基础、桥头引道时,应因地制宜地增设导流堤、丁坝等调治构造物,以维护桥头河床稳定和桥梁安全。新增的调治构造物的布置设计,应进行多方案比选。调治构造物的增设与加固,参见《公路工程水文勘测设计规范》(JTG C30—2002)。

第三节 桥头引道的养护与维修

一、桥头引道的常见缺陷

(1)桥面与引道路面衔接处,路面沉陷,交接段引道纵坡与桥面纵坡不一,衔接不顺适,致使桥头产生“跳车”。

(2)引道路面损坏,产生积水、渗水,出现坑塘,高低不平。

(3)引道两边的挡土墙、护栏等,产生严重变形、破坏或缺损。

(4)护坡、锥形溜坡,因受洪水冲刷而发生冲空、坍塌或产生缺口。

(5)引道上如设有涵管或水渠时,其顶部受损、路面遭受破坏,并有渗水现象等。

二、桥头引道的养护与维修

1. 桥头引道的养护检查

在桥头引道的养护工作中,须着重检查以下几个方面:

(1)有无渗水、沉陷、冲刷等;

(2)纵、横断面是否符合规定;

(3)引道与桥头衔接是否平顺,有无"跳车"现象;

(4)挡土墙、护坡、护栏、锥形溜坡与其他有关设施是否正常;

(5)引道上如设有油管或跨路渠道等,其孔径或闸门和其他各部位是否正常。

2. 桥头引道的养护与维修措施

根据上述检查的情况,应采取如下相应的养护与维修措施:

(1)采取修整措施,保证引道平整和正常排水;

(2)对桥头衔接处下沉的路面进行填补修理,使之连接平顺,不致产生"跳车";

(3)挡墙、护栏等结构物产生损坏时,应及时按原结构进行修补或更换;

(4)护坡或溜坡受洪水冲空或其他破坏时应采取措施修补,同时采取相应的维护措施;

(5)引道上的涵管或水渠等应按涵洞的要求进行养护,顶部出现损坏时应采取与路面损坏相同的方法进行维修。

第四章　公路特殊桥梁日常养护与维修

第一节　通道与人行天桥的日常养护与维修

一、通道的日常养护与维修

1. 通道的检查

通道因所处地势比周围低，除了日常检查，还应在每年雨季和冬天来临之前及汛期过后，定期进行全面的技术状况检查，如果遭遇到地震、风沙、暴雨、洪水、大雪等严重自然灾害或人为的破坏时，还须及时进行特殊检查。对于通道的经常性检查应每月进行一次，以目测为主，在现场发现病害或缺损后可随时安排处理。定期检查应根据季节变化情况，宜在每个季度进行一次全面的技术检查。特殊检查须在暴雨、洪水、暴风雪的灾害过后立即进行。通道的检查主要包括以下内容：

(1)通道内外是否清洁，有无积水、淤泥、冰雪及污物；通道内有无其他杂物(禾秆、柴草等)堆放。

(2)通道的八字翼墙是否完整；道口防护和通道圬工砌体等是否完好，有无开裂、错位、破损或表面严重风化、勾缝脱落等情况。

(3)通道的混凝土结构表面有无裂缝、空洞、蜂窝麻面、剥落露筋情况。

(4)通道内结构顶面和内壁有无渗水、漏水等异常情况；其表面有无青苔、杂草等。

(5)通道内路面是否平整，铺砌有无损坏。

(6)通道口周围排水系统是否正常有效；引水沟、排水渠是否完整且无淤堵现象，水流是否畅通。

2. 通道的维修保养

通道的结构养护，与其他桥梁相比并无特殊要求。通道的上下部结构及桥面养护，与一般公路桥梁相同，可参照有关章节的规定执行。但通道所处环境不同，周围地形地貌有较大差异，各个地下通道的结构形式有着较大区别，对通道的维修保养，应根据其实际结构的基本情况和病害产生的原因，采取不同的工程措施来进行。

此外，由于有人、车通过，维修时应组织好交通，尽可能减少中断时间，或不中断交通。当不中断交通进行维修时，必须要有严格的安全保障措施；部分路面关闭时设置的警告、禁令、指示标志要规范。

一般地下通道的维修保养，主要包括以下内容：

(1)要经常清扫通道，及时清除散落物。禁止在通道内堆放任何物品，每周应清除一次道口周围的杂草、垃圾、道内的垃圾杂物，墙壁表面的青苔、杂草等；要保持通道内外整洁，无白色垃圾，无积水、积雪。

(2)通道内路面应铺砌平整顺适。如发现有残缺破损，应及时进行维修恢复。

(3)绝大多数地下通道因地势较低，采用的又是自然排水方法，故存在排水困难的通病。

对通道内外排水的维修保养工作，就显得更加重要。采用自然排水的设施应经常养护清理，特别是进水口的沉砂井和出水口必须保持完好状态，使水流畅通。保持水道沟管完整，畅通无淤积。若遇排水管堵塞时，可用高压水或压缩空气疏通恢复。

(4)对道口周围的排水沟渠和洞内排水暗沟每季度应疏通一次，要保持沟渠内无杂草、垃圾，无积水、淤泥，无杂物堵塞。要求沟渠底面应纵坡适宜，水流畅通；沟渠等排水设施砌体必须完好，发现损坏应及时修复，其方法可参见涵洞养护相关部分。

(5)通道混凝土出现裂缝、渗水，可按照下列方法进行修理：

①对于混凝土表面出现的一般细裂缝和网状裂缝，在不漏水的情况下可采用涂抹或喷涂的方法修补，也可加罩新面层。加罩面层前，应将原混凝土表面凿毛。

②钢筋混凝土箱涵，是通道常用的一种结构。出现渗漏的原因是箱涵外壁的防水层有破损，使得水沿混凝土裂缝渗漏。渗漏较小时，可用嵌填法堵漏，先将裂缝凿成深度不小于3cm、宽度不小于1.5cm的V形槽，清理干净后，用水泥胶浆或石棉膨胀水泥填实，厚度为1.5cm；经检查无漏后，再用抗渗水泥砂浆填平余下的1.5cm。

③当渗漏严重时，上述措施已不能解决问题，此时宜采用注浆堵漏，或采用其他可靠的堵漏方法。通道的沉降缝或连续缝止水带应保持完好，定期更换，有破损时应及时更换。具体止水办法，可参照桥涵和隧道的相关方法处理。

(6)若通道圬工砌体表面风化剥落，可以M10以上的水泥砂浆修补封面，勾缝脱落的应重新勾缝。对混凝土结构表面的空洞、蜂窝麻面、剥落露筋等病害，可将其周围凿毛洗净，清除钢筋锈迹，用M25以上的水泥砂浆填实抹平封面，或用环氧树脂修补。若通道结构局部损坏严重时，可考虑局部拆除重新修建。

(7)通道应设置明显的限高标志并保持完好。通道端面应涂设立面标记，并保持颜色鲜明，一般每年涂刷一次。

二、人行天桥的日常养护与维修

1. 人行天桥的检查

人行天桥由于结构的使用目的为行人通过，病害比起其他类型的桥梁较轻，一般只是非主结构的局部破损。因此人行天桥的检查，主要是桥面是否清洁、泄水孔道是否畅通、扶梯及踏步是否完好、钢质部分是否锈蚀等内容。

2. 人行天桥的维修保养

(1)桥面要及时排水，保持泄水孔的通畅，及时清扫桥面的各类垃圾；小修小补应及时进行，如桥面面砖脱落，应马上落实修补措施。

(2)钢质或木质栏杆的油漆剥落、钢筋混凝土栏杆的裂缝及破损应及时修补。

(3)钢质扶梯一旦发现锈斑，应及时除锈重刷油漆。对于混凝土扶梯脱落的嵌条要及时补上；对于少量破损踏步，可采用超早强快硬混凝土进行快速修补。

(4)钢支座要定期除锈、除尘、上油养护。

(5)梁体及墩柱要根据所用的材料，采用不同的方法养护。如为钢结构的梁体，主要是除锈、油漆养护；如为钢筋混凝土结构，主要是各种裂缝的修补。

(6)基础要专门养护。及时排除桥墩基础处积水。对具有推力结构型的桥梁，应避免钢腿浸在水中。

(7)确定人行天桥的养护周期。确定人行天桥有关项目养护周期的因素有：过桥人流情况，桥梁材料类型，桥梁周围的自然环境等。根据上述因素可确定养护周期。表4-1为有关项

目养护周期参考表。各地可因地制宜,根据当地的具体情况制定养护周期。

人行天桥有关项目养护周期参考表

表 4-1

<table>
<tr><th>周期
材料结构</th><th>桥面及泄水孔(天)</th><th>栏杆(天)</th><th>扶梯(天)</th><th>钢支座(年)</th><th>基础(年)</th></tr>
<tr><td>钢结构</td><td>1～7</td><td>60</td><td>60</td><td rowspan="2">1</td><td>1</td></tr>
<tr><td>混凝土结构</td><td>1～7</td><td>180</td><td>30</td><td>1～2</td></tr>
</table>

(8)人行天桥的维修根据其选用材料的不同,参照钢桥及钢筋混凝土桥维修方法进行。

第二节 跨线桥与高架桥的日常养护与维修

跨线桥、高架桥的上、下部结构及桥面的检查、养护维修与一般公路桥相同,养护与维修时,可参照有关章节(详见第一、二、三章)的方法和措施执行。由于跨线桥和高架桥可能是道路立体交叉的组成部分,养护与维修除满足一般桥梁的要求以外,还须在以下内容达到有关要求:

(1)采用封闭式排水系统的跨线桥、高架桥,应保持排水系统完好。将桥面水按规定的方向和地点排出,防止桥面水向下行道任意溢流、渗漏。

(2)桥上防撞墙、护栏应保持清洁完好。对于金属护栏,每年要进行油漆,防止锈蚀损坏。

(3)跨线桥、高架桥上的防抛网、隔音墙,应保持完好、整洁,及时清除垃圾等杂物,并修理或更换损坏部件。

(4)注意加强对跨线桥、高架桥桥孔的检查和管理。桥孔下不能被任意占用或违章堆物,发现问题及时处理。

(5)跨线桥、高架桥桥上的照明设施应保持完好,照明器具和输电线路若有损坏,应及时修理或更换。若有灯泡不亮、反光膜(漆)脱落等缺损时,应及时修理和更换。

(6)跨线桥与道路交叉部分,应设限高标志并保持完好。跨线桥的墩柱及侧墙端面应涂设立面标记,并保持颜色鲜明,一般每年涂刷一次。

(7)桥头设有踏步、阶梯的,应保持其完好状态。如有积水应及时排除;如踏步砌体缺损,阶梯构件松动或短缺,应及时修理;在有积雪和积冰时,应加设防滑措施。

(8)道路与电信线、电力线、电缆、管道、渠道等相交,各种管线均不得侵入道路限界,也不得妨碍公路交通,并不得损坏公路的构造物和设施。

第三节 渡槽与漫水桥日常养护与维修

一、渡槽的日常养护与维修

渡槽一般由槽身、支承结构、基础、进口和出口建筑物等几部分组成,是一种以架空的方式和立体交叉的形式来绕避铁路、公路、渠道、管线、城镇设施等建筑物,并具有排导相结合而以排为主的工程措施。渡槽工程类型较多,按渡槽结构形式分,有梁式渡槽、拱式渡槽、框架式渡槽。按渡槽建筑材料分,有钢筋混凝土渡槽、圬工渡槽(石砌、砖砌、混凝土)、钢材渡槽。

公路上使用的渡槽,通常以输水和排导泥石流为目的。其中泥石流从公路上空渡过的构造物称泥石流渡槽。它是山区公路防治小型泥石流危害的一种形式。由于它能与天然沟道较好连接，利于泥石流排泄，减少公路起伏，因而得到越来越广泛地应用。如甘川公路以及岷县、天水、武山等地的一些渡槽，大都如此。但它的造价一般比桥涵高得多，而且在渡槽损坏或泥石流流出后可能影响车辆通行，因而只有在一定条件许可下才能修建泥石流渡槽。

跨越线路的渡槽所用材料，以砖石、钢丝网水泥、混凝土及钢筋混凝土为主。同其他工程结构相似，除了设计与施工方面遗留的缺陷外，运行期间正常的养护维修难以得到保证是造成这些渡槽严重损坏的主要原因。因此，为保证渡槽的正常使用要求和下面的行人、行车安全，加强对渡槽的日常检查和维护工作十分重要。由于地形地质条件、所用材料、功能及结构形式等的不同，渡槽养护与维修的内容和要求也不一样。

1. 渡槽的日常检查

实际工程中，绝大部分是钢筋混凝土渡槽，有整体现浇的和预制装配的。其属于跨越障碍物兼排导的一种特殊构造物，因此渡槽的日常检查除与一般桥梁的检查相似以外，还包括以下内容：

(1)检查渡槽的进出口及槽身内有无淤积及漂浮物，确保进、出口顺畅，槽内要只排不淤，出口跌落冲刷无害。经常检查跨越多沙河流的渡槽，以防止河道淤积以免洪水位抬高而危及渡槽的安全或造成泥石流溢出。

(2)支承结构(尤其是泥石流渡槽支承结构)是否产生过大的变形、裂缝；地基基础是否被水流或泥石流冲刷淘空。

(3)北方寒冷地区的渡槽，在冬季应注意检查槽身、基础是否有冻害发生。

(4)查看槽身是否因裂缝或止水破坏造成漏水。

(5)进口是否与原沟道平顺连接；槽口护砌是否完整。

(6)对于泥石流渡槽，还需检查泥石流导流及防治工程设施是否完好，如导流堤、消力槛等。必须确保槽内通畅，不能有淤积现象，如若发生淤塞、漫流，泥石流凌空飞坠所造成的破坏作用远比一般泥石流灾害要大，后果更加严重。

(7)兼有人员通过的渡槽，应注意检查渡槽上的行人安全防护设施，如人行道板是否缺损、安装是否牢靠、栏杆是否锈蚀等，确保行人及其下行车辆的安全。

(8)具有拉杆的渡槽，在洪水过后应立即检查拉杆是否被石块及漂浮物损坏；或在泥石流满槽溢出时，将拉杆打断。

(9)泥石流渡槽配套的一些导流、挡墙、拦蓄等设施是否稳定、坚实，若有隐患或破损，应及时处理维修。

2. 渡槽的维修保养

渡槽的常见病害有冻害、混凝土碳化及钢筋锈蚀、支承结构发生不均匀沉陷和断裂、混凝土剥蚀、裂缝和止水老化破坏、进口泥沙淤积和出口产生冲刷等。此外，近十余年来有些渡槽因设计原因，在槽中出现涌波现象，造成槽身溢水或泥石流流出。针对以上病害，一般渡槽的维修保养主要包括以下内容：

(1)经常清理渡槽的进出口及槽身内的淤积及漂浮物，以保证渡槽的正常排导能力。对跨越多沙河流的渡槽，应防止河道淤积以免洪水位抬高而危及渡槽的安全。

(2)原设计未考虑交通的渡槽，应禁止人、畜通行，防止意外事故发生。对于考虑行人的渡槽，要确保人行道的结构安全，损坏部分要及时更换。钢栏杆要定期除锈、防锈，损坏部位要及时维修，尽可能防止有坠物情况发生。

(3)支承结构如产生裂缝，应及时修理，对于一般非受力裂缝，多采用表面涂抹、凿槽嵌

补、环氧基液粘贴橡皮或玻璃丝布等办法进行处理；对于影响结构安全的受力裂缝，则应采取专门的结构加固措施。发现槽身因裂缝或止水破坏造成漏水，应及时检修，防止冲刷基础和造成水量浪费。

槽身裂缝漏水处理工艺如下：

①凿槽。沿裂缝凿槽宽3cm左右、深5cm以上，将缝洗刷干净后晾干或烘干。

②制作胶泥。按沥青漆2kg、麻绒0.5kg、石棉粉2kg混合后，在石头上锤打成可塑性的胶泥。

③填缝。将胶泥填入缝内，边填边用木棒锤击夯实，填料比缝口低约5cm。

④勾缝。最后用水泥石棉砂浆勾缝（水泥：石棉：砂=3：1：8）。

若槽身裂缝为温度裂缝，可采用橡皮压板等止水处理。沥青漆的质量比，对于60号或30号沥青与汽油之比为(1~1.5)：1。其制作方法是先将沥青加热至180℃除去水和杂质，然后冷却至100~120℃左右，再将汽油通过一根直径6~10mm的橡皮管徐徐注入沥青内（应防止着火），不断搅拌，直至均匀为止。这种方法投资省，施工简单，效果较好。渡槽接缝止水的方法很多，如橡皮压板式止水、套环填料式止水及粘合式（粘贴橡皮或玻璃丝布）止水等。目前采用较多的是填料式和粘贴式止水。下面介绍几种渡槽接缝止水的方法。

一是，聚氯乙烯胶泥止水。这种方法是在缝隙中先做好内模和外模，然后将事先调整好的胶泥慢慢加温塑化，再向由内外模构成的套环中灌注而成，属于套环填料式。聚氯乙烯胶泥止水的施工步骤如下：

①配料。胶泥的配制，应按实际工程情况，选择适宜的配合比；胶泥配制好后，应进行黏结强度试验。

②试验。进行黏结强度试验，在黏结面涂一层冷底子油，将试件作弯曲90°和扭转180°试验，如试件未产生破坏，则能满足使用要求。

③做内、外模。对于接缝间隙在3~8cm的情况，可先用水泥纸袋卷成圆柱状塞入缝内，在缝的外壁涂抹2~3cm厚的M10水泥砂浆，作为浇灌胶泥的外模。待3~5d后取出纸卷，将缝内清扫干净，并在缝的内壁嵌入1cm厚的木条，用胶泥抹好缝隙作为内模。

④灌缝。将配制好的胶泥慢慢加温，要求温度最高不超过140℃、最低不低于110℃，待胶泥充分塑化后，即可向环形模内浇灌。对于U形槽身的接缝，可一次浇灌完成；对尺寸较大的矩形槽身，可采取两次浇灌完成。第二次浇灌的孔口稍大，应慢慢灌注以便排出缝槽内的空气。如图4-1所示。

二是，塑料油膏止水。这种方法是在缝内灌填油膏，较为简便，为使其止水可靠，还应在缝表面粘贴玻璃丝布或橡皮。由于塑料油膏止水费用较低，效果较好，故应用广泛（见图4-2）。该方法施工程序如下：

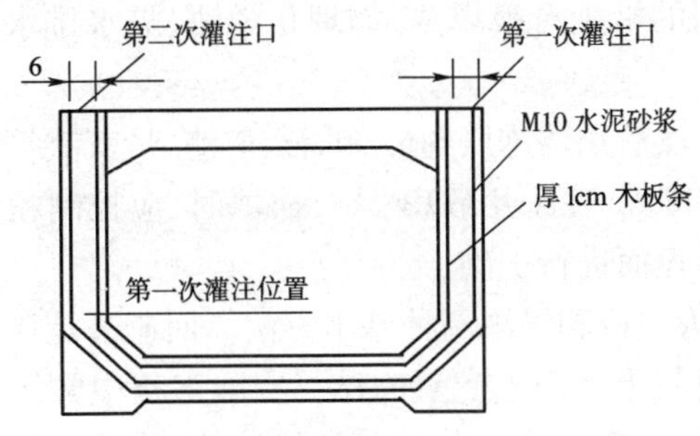

图4-1 矩形槽身填料止水灌注示意图（尺寸单位：cm）

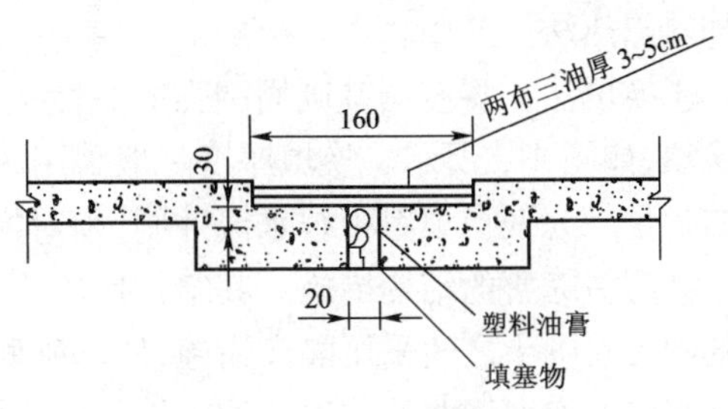

图4-2 渡槽塑料油膏止水接缝示意图（尺寸单位：cm）

①接缝处理。接缝必须处理干净、干燥。

②油膏预热熔化。最好是间接加温,温度保持在120℃左右。

③灌注方法。先用水泥纸袋塞缝并预留灌注深度约3cm,然后灌入预热熔化的油膏;边灌边用竹片将油膏同混凝土接触面反复揉擦,使其紧密粘贴;待油膏灌至缝口,应用皮刷刷齐。油膏一般由混凝土制品厂生产,选择时应注意产品说明,选用合适的油膏。

④粘贴玻璃丝布。先在粘贴的混凝土表面刷一层热油膏,将预先剪好的玻璃丝布贴上,再刷一层油膏和粘贴玻璃丝布,最后再涂一层油膏,这就构成了两布三油封面。施工时,应注意粘贴质量,使其粘贴牢靠。

三是,锯木屑-水泥止水。在接缝中堵塞木屑水泥,作为止水材料,该法施工简单,造价低廉,特别适用于小型工程。为了提高止漏效果,一般工程中多配合其他方法使用,如图4-3所示。

四是,环氧混合液粘贴玻璃丝布、橡皮止水。利用环氧及聚酸氨树脂混合液粘贴玻璃丝布、橡胶板止水(见图4-4),可以解决沥青麻绒止水的漏水问题。

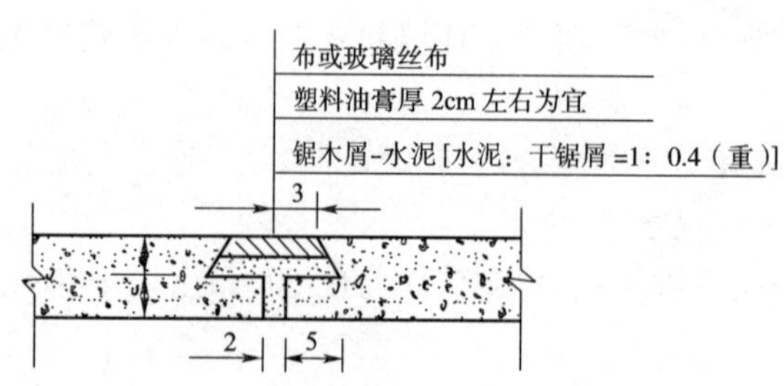

图4-3 锯木屑-水泥止水示意图(尺寸单位:cm)

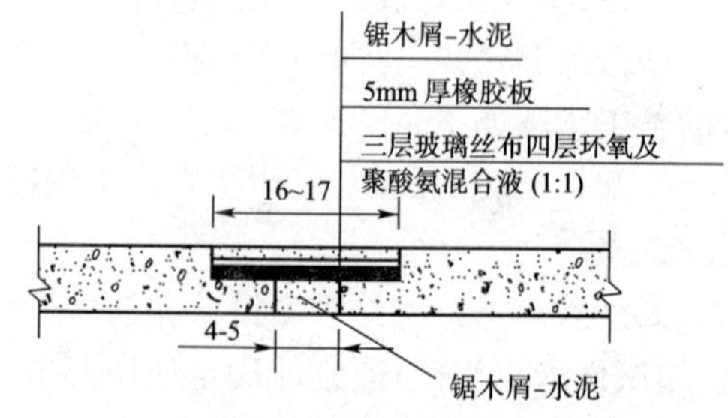

图4-4 粘贴橡胶板止水示意图(尺寸单位:cm)

(4)地基基础如若被水流冲刷淘空,应及时加以护理,具体方式可参考一般桥梁基础防护方法处理。对于冲刷或淘空较严重的地基基础,必要时应考虑地基的加固处理。

(5)泥石流渡槽若发生槽口附近就地散流停淤,应使出口和出流段与沟道衔接顺直,避开沟道弯曲、收缩或纵向平缓,甚至凸出部位,保证泥石流能以自由方式出流。如渡槽出口无地形显著落差,或下游沟道纵坡比较小时,可以采取以下方法:

①将渡槽出口作适当收缩,加大出口流速。

②适当调整槽底纵坡,加大出口流速。

(6)北方寒冷地区的渡槽,在冬季应注意检查支承结构基础是否有冻害发生,保证地表排水和地下排水能正常工作。在实际工程中,常采用的措施有换填法、物理化学法、隔水排水法和加热隔热法。其中:

①换填法。将渡槽基础周围强冻胀性土挖除,然后用弱冻胀的砂、砾石、矿渣、炉灰渣等材料换填,如图4-5所示。换填厚度一般采用30~80cm。在采用砂(砾)石换填时,应控制粉粘粒的含量。为使换填料不被水流冲刷,须对换填料表面进行护砌。

②防治冻害的结构措施。其结构措施可归纳为回避和锚固两种基本方法。回避法是在渡槽基础与周围土之间采用隔离措施,使基础侧表面与土之间不产生冻结。实际工程中常用油包桩和柱外加套管两种方法。油包桩是在冻层内的桩表面涂上黄油和废机油等,然后外包油毡纸,在油毡纸外再涂油类,做成二毡二油或三油。套管法是在冻土层范围内,在桩外加一套

管，套管通常采用铁或钢筋混凝土制作。套管内壁与桩间应当留有 2～5 cm 间隙，并在其中填黄油、沥青、机油、凡士林等。锚固法是采用深桩，利用桩周围摩擦力或在冻深以下将基础扩大，通过扩大部分的锚固作用防止冻拔。

(7)槽身冻融破坏是从混凝土表面开始的层层剥蚀破坏。通常用的修补材料有高抗冻性混凝土、聚合物水泥砂浆、预缩水泥砂浆等。为了保证砂浆与基底黏结牢固，要求对混凝土表面进行人工凿毛处理，并用高压水冲洗干净，待表面呈潮湿状、无积水时，进行修补。为增加整平层和基底的黏结强度，在抹平过程中将砂浆捣实，抹光操作半小时后，砂浆表面成膜，立即用塑料布覆盖，24h 后洒水养护，7d 后自然干燥养护。

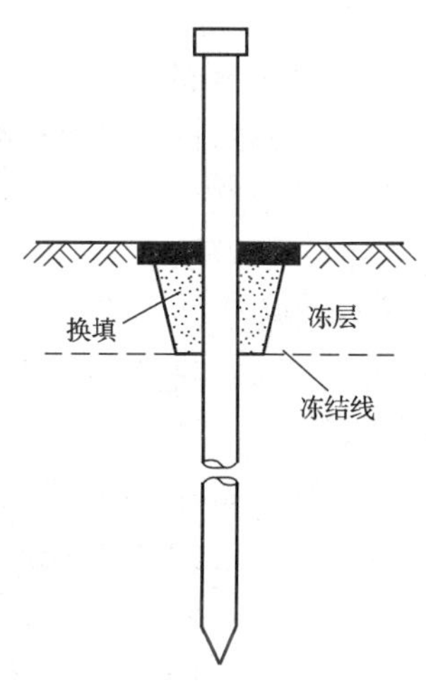

图 4-5　换填措施

(8)如建筑物的使用年限不长，绝大部分炭化不严重，只是少数构件或小部分炭化严重，对其进行防炭化处理十分必要。一般可采用以下方式进行处理：

①采用高压水清洗机清洗结构物表面，清洗机的最大水压力可达 6MPa，可冲掉结构物表面的沉积物和疏松混凝土，清洗效果较好。

②以乙烯-醋酸乙烯共聚乳液（EVA）作为防炭化涂料。

③用无气高压喷涂机喷涂，涂料内不夹带空气，能有效地保证涂层的密封性和防护效果。分两次喷涂，两层总厚度达 15mm 即可。

(9)槽身遭水流或泥石流冲刷致使磨损和炭化严重的部分，应凿毛或凿除损坏部分的混凝土，用水泥砂浆或环氧树脂砂浆及时修补。钢筋外露部分，将锈蚀钢筋周围的混凝土剥除，恢复钢筋周围的碱性环境，使锈蚀钢筋重新钝化，除锈后并重新浇筑新混凝土（砂浆）或聚合物水泥混凝土（砂浆），对其作封闭防护处理。

(10)泥石流流出渡槽后，如直接泄入大河，一般有悬臂排泄和台背排泄两种。如泥石流流出渡槽后，不直接汇入大河，则应修人工沟道排出。当渡槽下游没有排泄出路时，泥石流在渡槽出口处将堆积成冲积扇，冲积扇扩大到一定程度，又会倒流入公路而影响通车。这时在公路下游一侧必须修建土坝或浆砌挡墙来阻挡泥石流。

(11)与泥石流渡槽配套的一些导流与拦蓄等设施，若发生损坏，可参照公路与桥梁的附属工程维修方法办理。设有拉杆的渡槽，拉杆通常被视为槽身框架的部分受力结构。拉杆被石块及漂浮物损坏，或在泥石流满槽溢出时拉杆被打断，应及时补修，防止槽身结构进一步损坏。

二、漫水桥及漫水路面的养护与维修

漫水桥和漫水路面在低等级公路上数量较多，应重视其检查及日常养护维修，经常保持良好的技术状况，特别在漫水期间，要确保漫水桥和漫水路面的行车安全。

1. 漫水桥及漫水路面的检查

由于在洪水和流冰期前后，漫水桥及漫水路面经常遭受水流、漂浮物和流冰的冲击，结构可能存有一定的安全隐患。为确保行车和行人的安全，应重视漫水桥及漫水路面的经常性检查。

(1)检查漫水桥及漫水路面是否有破损。对破损部分应及时修复，尽可能消除遭受漂浮物和流冰冲击破坏的隐患。

(2)每次洪水和流冰通过后,应立即检查漫水桥及漫水路面是否埋没、淤塞。尤其是对漫水桥和漫水路面两侧埋置的标桩,应检查其有无破坏、油漆是否脱落、色泽是否鲜明。

(3)检查漫水桥的上部与墩台连接处有无发生变形、移位;下部结构遭受局部冲刷是否发生位移、沉降等。

2. 漫水桥的日常养护与维修

漫水桥的日常养护与维修的内容和要求,参见一般公路桥梁的相关部分。漫水桥的行车道应保持平整坚实,漫水期间能保障车辆正常通行。

(1)漫水桥两侧埋置的目标柱必须保持完好,日常养护应做到以下几点:

①标柱要经常清刷,如黑白油漆有麻点、脱皮,应及时进行重新油漆,做到色素一致,颜色鲜明,使其确实起到导向和允许通车或暂停通车的作用,并应将行车的容许水深在上面标明清楚。

②标柱如有裂缝,或表面剥落等病害时,可压注水泥沙浆或环氧树脂,凿除损坏部分,洗刷干净,用高强度等级水泥砂浆,修补完好。对于破损严重的标柱,必须及时更换。

③标柱要经常校正,如有歪斜者,应立即重新埋置牢固。

(2)伸缩缝养护应经常保持完好,使其发挥应有作用。此内容可参见一般桥梁伸缩缝的养护。

(3)桥面要经常保持完好、清洁。其具体做到以下两点:

①及时清除泥沙、杂物、积雪和积冰。

②桥面铺装出现碎裂或脱皮现象时,应及时将破损部分清除,按原结构修复。如破损严重时,可按照本书桥梁的桥面破损的处治办法进行维修。

(4)漫水桥养护,尤其要注意洪水和流冰期间的养护。

①在洪水和流冰期前,拆除活动栏杆,妥善维修保管,以免阻挡漂浮物和流冰,而造成水毁破坏,待雨季或凌汛季过后及时恢复。有的把活动栏杆的立柱当作标柱,这在雨季可不予拆除。

②每次洪水、流冰过后,应及时清除桥面和墩台上的淤泥、杂物,尤其是构件连接处和缝隙间必须冲洗干净。防腐材料剥落、铁件锈蚀,应立即处治。

(5)桥头锥坡、八字翼墙,如有沉陷破损或基础冲空,必须及时修理。修理时,可参照本书桥梁、涵洞对于上述病害的处理办法。

(6)漫水桥下及上游河段淤积,必然影响正常使用,但就其日常养护而言,只有用人工或机械清除,运送到适当地点。清除泥石的堆放,应注意环境保护。但是,根据养护工作的全新概念,应分析淤积的原因,通过验算,采取相应的治理措施。例如桥长不足时要增设桥孔;桥孔过低时要提高其高度;上游河床发生不利演变时,可在其适当地段修建导流工程,使变淤为冲。

(7)基础局部冲空,应及时查明原因,采取适当的工程技术措施进行修理。

①水深在3m以内时,一般可筑草袋围堰将水抽干,用砌石或混凝土填塞冲空部分,并应比基础宽20~40cm。

②水深>3m时,用麻袋装入2/3半干半湿混凝土,采用潜水作业,分层填塞冲空部位,并比基础宽20~40cm。

③基础置于风化岩上,其外缘被冲空,可在浅水时,先清洗风化部分,填以混凝土。并将周围风化地基用水泥砂浆或小砾石混凝土封闭。

(8)河床冲刷可能危及基础时,应根据情况分别采取下述相应的防护措施。

①河床比较稳定时，可采用铅丝或钢筋制成石笼护基，并相互连锁，使整体下卧。

②河床不稳定，且下游冲刷严重时，可增设孔底浆砌片石或混凝土预制块铺砌层。上游端部设置隔水墙，其深度为1.5～2.5m；下游设置三级或二级挑坎。

(9)容易被浮起的上部构造，往往在洪水浮力和冲击力作用下发生松动或位移，可用千斤顶、绞车或吊车等恢复原位，并将上部构造与墩台锚固牢靠，增强其整体性和横向稳定性，防止洪水揭顶破坏。

3. 漫水路面及透水路堤的养护与维修

(1)漫水路面在行车和洪水作用下易遭破坏，应特别重视经常养护与维修，达到下列要求：

①及时清除淤泥和漂浮杂物，经常保持路面整洁顺适。

②如铺砌石块松动、冲失，应及时用水泥砂浆填塞或坐浆砌石填平。

③当未铺筑正式漫水路面而在砂砾河滩上行车时，为了保证安全，必须竖立临时标柱，引导车辆行驶。并应保持车道平整。

(2)冬季有地下潜水引起路面冻胀及表面形成冰堆时，可采用下列防护措施：

①冰冻期前，在上下游不小于50m范围内清理河床，消除积水。

②对表面形成的冰堆随时凿除，抛到下游20m以外，并尽可能截断潜水。

③及时清除路面积雪和冰层，并铺防滑材料。

(3)过水路面受上游水流压力和渗透影响，发生沉陷断裂，应视漫水路面下原填料不同，分别进行下列加固：

①原为砂质料的，用水湿法使其密实，并在两侧设黏土隔墙，顶部铺10cm厚的石灰三合土或20cm厚的水泥稳定砂砾压实；然后浆砌片石或水泥混凝土封闭。

②原为黏土填料的，在底部铺垫20～30cm的砂砾石或中粗砂；然后填黏土分层夯实，再浆砌片石或水泥混凝土封闭。

(4)由于上下游水位落差及沿坡面下泄的水流，漫水路面下游护坡的铺砌，最容易被冲毁，可采取以下措施进行修理和加固：

①桥下凡因铺砌厚度不够，出水口抑水墙过浅而造成冲毁的，可因地制宜加厚铺砌或加深抑水墙予以修复。也可采取改变水流冲刷的消能措施，如加设挑坎。

②过水路面下游坡脚冲刷，可抛置石块或堆放石笼2～3层；或加打短木桩，加做块石(大卵石)铺砌。

③下游边坡坡度太陡而造成冲刷的，应改为1∶3～1∶5的坡度。如仍有冲刷，可以加做消力坎或挑坎，以削减水能。

(5)如漫流过深，阻车时间过长，应分别情况进行下列处理：

①通过水力计算，如漫水断面不能满足需要，可将漫水部分适当加长。

②如路面铺砌类型不适当，应加以改善，将浆砌片石路面改为平整度较高的块石路面或水泥混凝土路面。

③漫水路面在河床上有一定高度时，应增设涵洞。

(6)漫水路面是公路的主要薄弱环节之一，应分别情况，积极加以改善，提高通行能力；或改漫水路面为桥梁。改善漫水路面，应符合下列要求：

①纵断面形式宜采用中间有一段直线段的圆弧形断面或双曲线断面，如图4-6所示，防止在河中出现过大的漫水深度；只有在交通量不大，又受地形限制的路线，方可采用单圆曲线

断面。

②漫水路段起止点内不宜设平曲线。当交通量不大,又受路线控制必须设平曲线时,其半径不宜小于技术规范规定的一般最小半径;并禁止设逆水流向的超高。

③纵坡以2% ~5% 为宜,与路基连接处不宜变坡,应顺延10 ~20m。

④上游边坡坡度按1∶1.5设计;下游边坡坡度按1∶3 ~1∶5设计,坡脚处设置消力设施。

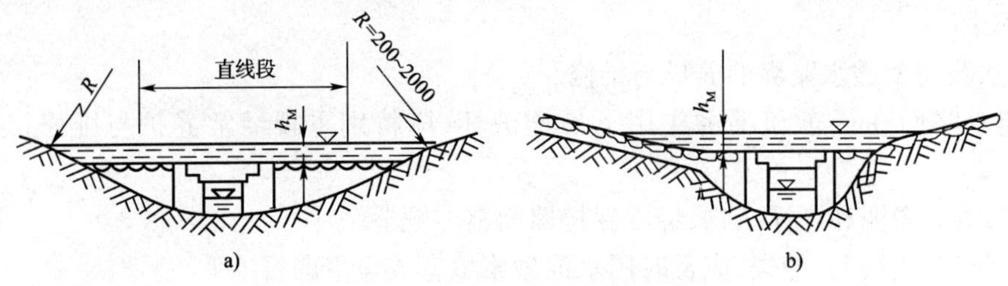

图4-6 漫水路面纵断面形式(尺寸单位:m)
a)圆弧形断面;b)双曲线断面

第五章　公路涵洞养护与维修

涵洞在公路上数量很多且分布很广，是公路工程的重要组成部分，对整条公路的使用质量和农田水利灌溉有着举足轻重的影响。但在长期使用过程中，由于水的冲刷和风化、人为因素等都会造成涵洞不同程度的损坏，如裂缝、漏水、侵蚀、翼墙倾斜、沉陷等。因此必须认真做好涵洞的养护工作，确保涵洞行车安全、排水顺畅和排放适当，保持涵洞结构及填土完好，维护涵洞表面清洁，使其不发生渗漏。

涵洞养护的要求如下：

(1)保持涵洞结构及填土完好，维护涵洞表面清洁。

(2)确保涵洞行车安全，不仅要保证车辆通过，还应尽量做到车辆通过时平顺、不跳车。

(3)涵洞的排水要求顺畅并排放到适当的地方，有的涵洞排水直冲农田，显然是不合适的。

(4)关于是否允许涵洞漏水的问题，视不同地区和涵洞的不同结构可以有不同程度的要求。例如，非冰冻地区的某些结构如干砌石拱涵可以允许有轻微渗水；但在冰冻地区，钢筋混凝土盖板涵、箱涵即使是轻微渗水也不允许。总的要求是做好涵洞的防水、排水。

涵洞养护工作内容包括：涵洞的检查、日常养护、维修、加固与改建。

第一节　涵洞的检查

涵洞是由洞身及洞口建筑组成的排水构造物。洞身承受活载压力和土压力并将其传递给地基，应具有保证设计流量通过的必要孔径，同时本身要坚固而稳定。洞口建筑连接洞身及路和边坡，应与洞身较好地衔接并形成良好的泄水条件。位于涵洞上游的洞口称为进水口，位于下游的洞口称为出水口。

为保证涵洞正常使用要求，其主要结构及附属部分要经常检查或定期检查。通过检查与检验，较早地发现缺陷、损坏等异常情况，提出养护措施，保证行车安全，延长使用寿命。涵洞的检查一般与桥梁检查是分别进行的，其检查的时间频率不一样，实施检查的人员要求也不一样。

一、经常检查

(1)经常检查每月至少进行2次，在洪水、冰雪前后及行洪期间应加强检查。

(2)经常检查内容如下：

①进水口是否堵塞、沉砂井有无淤积、洞内有无淤塞及排水不畅；

②洞口周围是否有杂物堆积，涵洞是否清洁、漏水；

③周围路基填土是否稳定和完整；

④涵洞结构是否有损坏。

(3)经常检查中发现有排水堵塞或有较大损坏需要进行维修的，应做好记录并及时报告。

二、定期检查

定期检查用目测方法,需要时也可辅以仪器,如检查裂缝宽度,测量沉降、变形等。

(1)定期检查每年至少进行1次,在接到较大损坏情况的报告后应增加检查。

(2)定期检查的内容如下:

①检查涵洞的过水能力,包括涵洞的位置是否适当,孔径是否足够,涵底纵坡是否合适。若过水能力明显不足,经常造成内涝及路基损毁的,应考虑改造。

②进水口铺砌、翼墙、护坡、挡水墙、沉砂井等是否完整,洞口连接是否平整顺适。

③出水口铺砌、挡水墙、翼墙、护坡等是否完整,排水是否顺畅。

④涵体侧墙是否渗漏、开裂、变形或倾斜,墙身砌体砂浆是否脱落,石块是否松动,基础是否冲刷淘空。

⑤涵身顶部盖板或拱顶是否开裂、漏水、变形下挠,拱顶砌块是否松动脱落。

⑥涵底是否淤塞阻水,涵底铺砌是否完整。

⑦洞口附近填土是否有渗水、冲刷、空洞,填土是否稳定。

⑧涵洞顶路面是否开裂、下沉,行车是否安全。

(3)定期检查中,当场记录,评定技术状况,提出养护建议。

检查人员应当场填写"涵洞定期检查表"(见表5-1),实地查明损坏情况,根据涵洞的技术状况及排水适应状况,参照桥梁技术状况评定标准的相关结构类型,对涵洞的技术状况综合作出好、较好、较差、差、危险5个级别的评定,提出日常养护、维修、加固、改建等建议。第5类涵洞也要关闭交通进行改建。

涵洞定期检查表 表5-1

路线编号:		路线名称:	涵洞桩号:
养护单位:		涵洞类型:	检查日期:
序号	部件名称	损坏或需维修情况描述	维修建议(方式、范围、时间)
1	进水口		
2	出水口		
3	涵身两侧		
4	涵身顶部		
5	涵底铺砌		
6	涵洞附近填土		
涵洞技术状况总评: 好 较好 较差 差 危险			
养护方案: 日常养护 维修 加固 改建		下次检查时间: 年 月	
备注:			
主管负责人:		检查人:	检查时间: 年 月 日

第二节 涵洞的日常养护与维修

一、涵洞的日常养护

涵洞日常养护工作大体可分为保洁、清淤、堵漏、结构损伤的修补4部分,主要是洞身的疏通及涵洞表面接口、端墙、护坡、洞底等部分轻微损坏的修复。各项工作的基本要求如下:

1. 保洁、清淤，防止涵孔堵塞

(1)保洁、清淤内容：

①涵洞的洞口应保持清洁，发现杂物堆积应及时清除。对于管涵的搭接处存有淤积物，或有漂浮的杂物堵塞涵孔，发现淤塞应及时疏通、清除，以保证涵洞内应保持排水畅通。对涵洞孔内流水情况经常检查，每次大雨或河水上涨后，尤其需要进行检查。

②冬季洞口和涵洞内如有积雪应尽快清除，被清除的积雪必须抛弃到路基边沟以外。经常积雪或积雪较深的涵洞，应在入冬前在洞口处加设栅栏，也可采用树枝、柴草捆或篱笆把涵洞出入口挡起来(下面留出不大的孔径保证水流)以防冰冻或雪堵塞涵洞。在春季到来时，及时拆除遮挡，还要清除洞口和涵洞内的积雪，被清除的积雪应堆放在路基边沟以外。

③如果经常有流水的涵洞孔径过小，容易造成冰堵而损毁，应对原涵洞的孔径进行扩大。对于倒虹吸涵，应在冰冻前将洞内积水排除，并将两端进出口封闭。

④跨越边沟的涵洞孔内最易被泥土等杂物堵塞，应注意经常检查、疏通，并保持一定纵坡。

⑤涵洞排水如经常出现混浊或杂物，可在进水口加设沉砂井以沉淀泥土杂物，并注意定期排除杂物。

(2)工具及材料：

铁锨、土镐、抬筐、抬杠、砍刀、斧、绳索、运土车、铲运机、跳板等。

(3)基本作业方法：

①工长或领工员要做好调查，确定清挖部位和数量及劳动力。

②清除涵洞上下游的杂草及灌木丛。

③选择整修临时运土便道。

④清挖积雪或淤积土石方。

(4)清除淤积基本要求：

①涵洞上下游 30m 范围内无高秆杂草和灌木丛，使洪水能正常通过。

②坡度适当，平面顺直无急弯，排水畅通。

③涵内无积雪和土石。

④清挖的土石方要运到两侧路基坡脚的适当地点，避免重新冲入涵内。

(5)安全注意事项：

①砍除杂草及灌木丛要戴手套，注意手脚，防止砍伤。

②跳板放置稳固，在陡坡上工作要注意防滑。

③清挖淤、污泥时要穿胶鞋，戴手套。

2. 结构损伤的修补、堵漏

因环境和人为因素，涵洞在使用过程中都会出现不同程度的损坏，如裂缝、漏水、侵蚀、翼墙倾斜、沉陷等。养护工人应对出现的问题及时解决，避免涵洞病害的进一步发展。

(1)涵底和洞壁两旁出现渗漏的处理办法：

①涵底铺砌、洞口上下游路基护坡、引水沟、汇水槽、沉砂井发生变形或裂缝的情况下，裂缝先用水泥砂浆或环氧树脂砂浆填塞，以防水分渗入。冲刷损坏、下沉、缺口等损坏，应及时拆除原裂损圬工砌体，凿除松动部分，用清水洗干净，再按原样修补完好，用草袋覆盖浇水养生 7d 以上。

②疏整水道，使洞口铺砌与上、下游水槽坡道平齐顺适。保持洞中底面平顺，并有适当的纵坡，不使水流在铺底范围内发生漩涡而掏深缝隙，造成漏水。

③对于山谷高填土的涵洞，纵坡大流速急，对洞口、洞底铺砌应加强检查，发现裂缝立即填塞。

④涵底和涵墙出现渗漏水，用水泥砂浆对涵底和涵墙重新勾缝。涵底铺砌破损较为严重的，且有漏水现象时，应按原结构先修复破损处，再用厚度 2cm 的水泥砂浆抹面。

(2)涵洞其他常见损坏现象及处理：

①沉降缝错动，缝中的填塞物脱落、失效，出现漏水或漏土、流泥浆等。沉降缝的外侧绝大多数被山体或路基土方所埋住，一般是看不见的，只能从内侧看，整修也只能从内侧操作。

a. 根据沉降缝位置高低和作业需要搭设好脚手架。

b. 用钢钎或扁铲将沉降缝内脱落失效的沥青麻筋或木板及杂物剔干净，破损的缝边要用钢钎凿除至见新茬，并把缝内的碎渣尘土清擦干净。

c. 热好沥青，把线麻辫放到沥青漆里浸泡，至麻辫浸透为止，取出后及时塞入已处理好的缝隙中，并尽量往里塞，将缝塞满扎实(如无线麻辫也可用木板刷沥青漆塞入缝中代替)。距缝口边要留 5cm 以上的深度填抹砂浆。

d. 用拌制好的 M10 水泥砂浆或乳胶水泥砂浆将沉降缝口填满、压实、抹平，抹缝时要用一直木条作靠尺，以保持缝隙的宽度一致及顺直。

e. 用石灰拌沥青将缝口填满、烙平。

②涵洞出水口的跌水应与洞口结合成整体，若有裂缝应及时用水泥砂浆和沥青麻絮或沥青浸渍透的木板填塞。

③浆砌石拱涵的砌体表面风化、开裂、灰缝剥落，局部石块松动、脱落，或砌体渗漏水，可按下列方法处理：

a. 对砌缝中的野草必须清除，并将损坏的灰缝凿掉，用水泥砂浆重新勾缝，或局部拆除后重砌。

b. 砌体表面有风化剥落现象的，可采取表面抹浆或喷浆。抹浆或喷涂前应将表面松动剥落的部分清除，并将表面润湿洗刷干净。抹面厚度为 2cm，喷浆厚度为 1 ~ 2cm，均应分 2 ~ 3 次进行，每天一次为宜。必要时应在离表面 1cm 处加设钢丝网。应注意处治面对称，结构强度一致，且外表美观。

c. 在砌体背后压注水泥砂浆或化学浆液。

d. 加设涵内衬砌。

e. 挖开填土，用高标号的水泥砂浆对砌体进行维修处治，并加设油毡防水层(三油两毡)或用防水土工布。

④涵洞圬工有勾缝脱落，应凿除破损勾缝，凿毛结合处的旧勾缝，冲刷干净后按原结构修补。

⑤混凝土管涵的接头处和有铰接缝处发生填缝料脱落，引起路基渗水，应及时封堵处理。可用干燥麻絮浸透沥青后填实，或用其他黏弹性材料封堵，不宜用灰浆抹缝，以免再次脱落。接缝较大时，可在缝中放入木衬圈，在衬圈两边填塞砂浆，待砂浆初凝后取出衬圈，砂浆凝固后在原放木衬圈位置填入沥青麻筋捣实，再用沥青封口处理。

⑥如发现涵洞圬工边墙或拱圈呈潮湿现象，应检查涵洞附近路堤土壤排水是否良好，查明渗水原因，必要时应采取疏通旧盲沟，增设新盲沟等措施以减小路堤内水分。

⑦涵洞的表面如发生轻微裂缝时，一般可用水泥砂浆或环氧树脂砂浆封闭。大裂缝可人工清刨成槽，人工凿除部分清洗干净后采用自填式水泥砂浆或环氧树脂砂浆填筑，具体发方法

可参照桥梁的相关维修技术。洞顶如有漏水，应挖开填土，用水泥砂浆或水泥石灰砂浆修理其损坏部分，并加设防水层。

⑧钢筋混凝土结构的防水层开裂失效，雨水不断渗入。在这个过程中，如果结构存在裂缝，就会引起钢筋的锈胀，出现钢筋锈蚀的情况。此时应重新修复防水层，并封闭裂缝，凿除并清洗干净原有混凝土表面的劣化层后，附着施工增加一定厚度的保护层或喷射钢纤维混凝土。

⑨压力式涵洞进水口周围路堤发现渗流、空洞、缺口或冲刷现象时，应及时进行修补处理。洞口周围路基可用不透水黏性土封堵，边坡应根据路堤土质，采用单层或双层浆砌片石（或混凝土预制板）护坡进行加固，注意做好砂砾垫层（厚度不小于10cm），保持路堤稳定坚实，见图5-1。

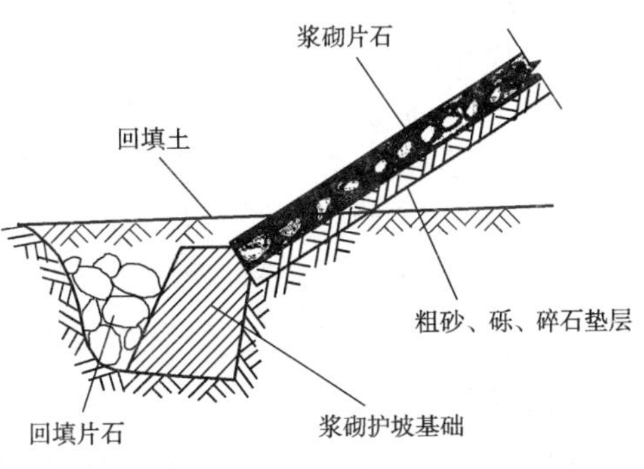

图5-1　浆砌片石护坡

⑩压力式涵洞或倒虹吸管在长期流水作用下容易破裂漏水，涵顶路面出现浸渍，造成路基软化。应注意认真检查，及时停止使用，挖开修理，更换软化的路基填土和破裂的管节，接头必须填塞紧密。内部可采用对涵内顶部表面抹浆、喷浆或衬砌的方法处理。

⑪涵洞基础局部悬空，必须立即修补，可用水泥砂浆砌片石或片石混凝土填实，一般应比原基础加宽10～20cm，并修复洞口、洞底铺砌层。

⑫砌体出现小洞穴（由于施工时偷工减料，往往当勾缝脱落时，砌体间出现小洞穴甚至漏水）时，作如下处理：

a. 砌体尚未发生变形时，先将洞穴的疏松部分凿除，冲洗干净，用压注法把水泥砂浆或混凝土注入洞穴内填补密实，再修补勾缝；

b. 砌体已局部变形时，应将变形部分拆除，先处治洞穴按原结构修复，再修补勾缝；

c. 砌体的某个部位（拱圈、一侧涵台）已严重变形成险涵时，应拆除后按原设计结构修复。

⑬由于填土松软、雨水浸灌造成涵洞端墙或翼墙发生倾斜。将土壤更换或用石灰回填并夯实。

在涵洞的使用中，涵洞底板铺砌被冲刷损坏、进出口被冲刷掏空的频率较高，是日常养护的主要工作，应当予以重视。结构损伤的修补，除以上提到的方法外，还可依据材料类型及损伤情况，参考相同材料的桥梁结构修补方法。

（3）技术标准及质量要求：

①保持涵洞、水沟排水畅通，护坡及护底无坍塌、无断裂、无渗漏、无潜流。

②翻修后的涵底铺砌、洞口上下游路基护坡、引水沟、汇水槽、沉砂井应与原结构断面一致，接茬平顺光滑，结合良好。所用混凝土不低于C15，砌石砂浆不低于M2.5。灌筑后12h以内不得受水冲刷。

③沉降缝的位置和结构必须符合设计要求。沉降缝的宽度一般为2～3cm，中间填塞沥青浸制的麻筋、涂刷沥青的木板，或其他弹性防水材料。缝口要直，不能歪斜扭曲，否则起不到应有的沉降作用。沉降缝应具有较好的防水作用，不能有漏水或漏土现象发生。

④压注水泥砂浆的配合比为1:1～1:3，结合现场实际测验选定合适的配合比。根据实地调查布置孔眼。一般孔眼设在裂缝较宽处，眼距为300～500mm，嘴眼凿成外口45mm，深为50～100mm的漏斗形。如整治大面积麻面、渗漏等病害时，应按梅花形排列布置孔眼，眼距为

1~2.5m,孔径为40~50mm。压注浆液应饱满,无裂纹、麻面,封孔修补应压实、平整、牢固。

⑤准备喷射混凝土的表面灰烟、污垢、风化层、混凝土裂损松散块全部清理凿除干净,其施工及要求可参考隧道衬砌修补方法。

⑥勾缝、抹面及裂缝修补方法及要求可参照桥梁结构的有关修补方法。

(4)操作安全注意事项:

①凿除破损部分及缝隙中杂物时应戴护目镜、手套、口罩。2人凿除缝隙,打锤人员与把钎人员要垂直站位,严禁打对面锤,打锤人员不能戴手套。

②脚手架要加强检查,以保人身安全。

③熬热沥青时要注意防火,防止烫伤。

④压浆和喷浆人员还要穿防护雨衣、雨鞋,戴护目镜等。

二、涵洞雨季养护原则

(1)涵洞雨季养护必须遵循"预防为主"的原则。因此,每年的汛前检查十分重要,必须认真做好涵洞的水毁预防,在检查中发现水毁隐患,应采取适当的工程技术措施,及时防治,并应注意提高其抗御洪水的能力,以减少水灾。对每个涵洞进行水文验算评定,据实提出综合处治办法。

(2)涵洞汛期养护。大雨或洪水期间,除组织昼夜巡视外,还必须有重点的加强养护。

①洪水期间,有些沟谷往往有大量草木等漂浮物或漂流的大块石,在有些高寒地区还会有流冰冲击或堵塞涵洞。傍河路线因为河道的不利演变,洪水波浪和漂浮物也会冲击涵洞,因此,在大雨或洪水期间应做好下列主要工作:

a.在涵洞上游及时打捞清除漂浮物;

b.洞口有堵塞现象时,必须立即排除;

c.洞口及周围路堤发生洪水冲击破坏时,立即用草袋、麻袋、编织袋装土石防护,以免水毁扩大;

d.当涵洞发生局部和全部水毁,危及行车安全或阻车时,必须立即在其两端竖立危险警告标志或停止通行标志,以保证行车安全。

②每次雨后或洪水过后,都要立即进行检查、维修,以减免水害。

清除沟槽、洞口和洞孔淤积杂物,尤其是要清除涵洞上游沟床里有可能漂流的大块石。进出水口或洞身、洞底的水毁破损处,均需及时修补,以防扩大。

洞口、洞底已冲刷成深坑或基础冲空时,应及时加固。一般可用拌成干硬水泥混凝土装成袋,将冲空部分堆砌密实,然后浇筑混凝土,若冲空部位无水流或积水时可用片石混凝土填实。

傍河路道因河道的不利演变危及涵洞安全或造成水毁时,应立即用装土石的草袋或石笼防护,待雨季后,再按设计增设防护工程,修复水毁涵洞。

③涵洞水毁抢修。涵洞的局部或全部遭受水毁破坏,危及行车安全或阻车时,必须立即抢修,尽可能缩短阻车时间。根据"先抢通、后修复"的原则,一般采取以下抢修措施。

a.开设便道或搭设便涵,以维持雨季交通。

b.对于水毁破坏的部位,无法在雨季抢修恢复时,必须根据具体情况立即采用临时性的防护措施,以免继续扩大,如抛石、装土石的草袋和石笼防护等。

c.在降雨量较少的地区,且地质情况较好的小涵洞,亦可在雨季抢修恢复,并应采取雨季施工的必要措施免遭水毁。

④涵洞水毁修复。涵洞遭受局部或全部水毁破坏后,进行恢复时应有充分的科学依据。

因此，必须认真调查、分析发生水毁的原因，精心设计，精心施工，修一处保一处，并提高其抗洪能力，逐步减少涵洞水毁。

三、涵洞的维修

涵洞的维修主要指对设计未预料而造成的严重冲刷及地基沉降变形的处理。涵洞的维修应包括：洞身、洞口结构，洞底及边坡沟槽部分等内容。

1. 进水洞口维修

（1）涵洞位置不当的，引起上游沟床严重冲刷时，一般可改建上游沟槽，并用水泥砂浆片石或混凝土预制块加固沟底和沟壁，使水流顺适。

（2）洞槽顺直，自然纵坡小于10%。但进口处因施工时略有开挖，或遭受冲刷破坏时，致使纵坡大于10%，应根据地质和流速进行加固。如地质较好，只进行一般加固处理，如图5-2所示。

（3）涵洞上游路基边沟坡度较大，水流泥沙较多，经常造成洞口、洞底发生冲刷破坏或淤积现象时，应在进口处增设深于涵底的沉淤井，使其起到消能和沉淀泥沙杂物的作用，同时应经常清除淤积和修复破损处，见图5-3。

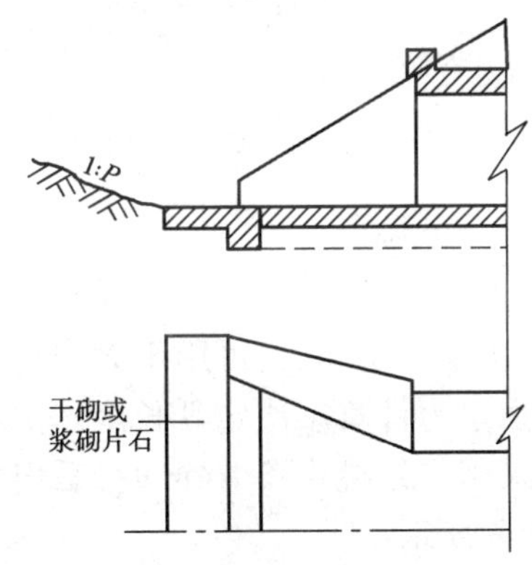

图5-2　涵洞进水口加固

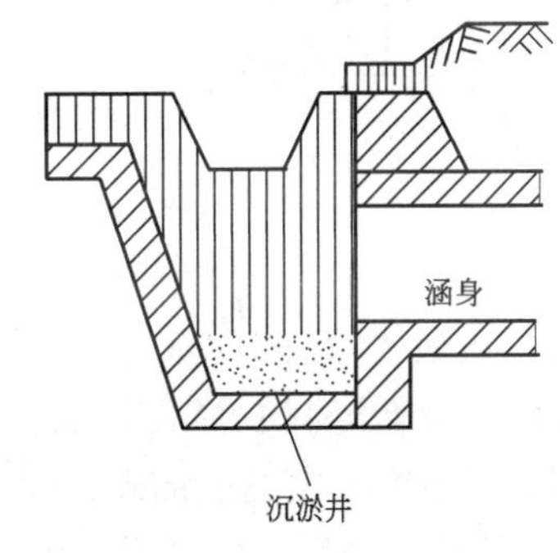

图5-3　深于涵底的沉淤井

（4）涵前沟床纵坡为10%～40%，在加固时，除岩石地基外，沟底和沟槽边坡以及路基边沟均需铺砌加固，以改善水流条件。因涵前沟床的纵坡较大，故应在进水口前设置一段缓坡，其距离约为涵洞孔径的1～2倍，以消除水流在进水口处产生水跃的冲击，见图5-4。

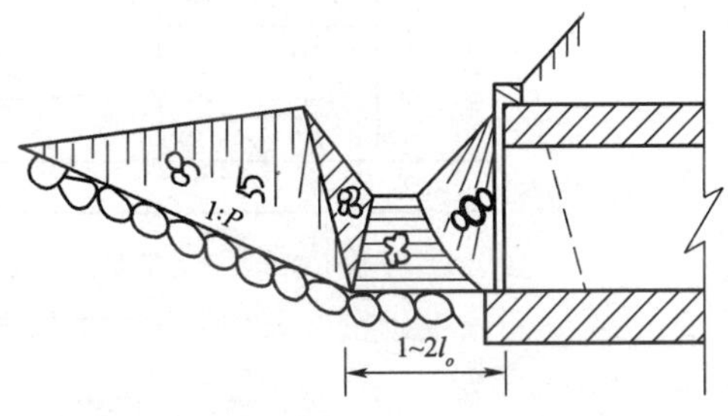

图5-4　涵洞进水口沟底及沟槽边坡加固

（5）涵前沟床纵坡大于50%时，水的流速很大，在洞前产生较大水跃冲击洞口。所以应根据地质情况，增设相应的跌水井等消能和加固措施，以减缓流速，削弱水能，保证沟槽稳定坚固。上游沟槽断面，除岩石外，均需根据土质情况铺砌加固，两侧边墙和槽底厚度一般采用20～40cm，槽宽以等于涵洞孔径为宜。急流槽底每隔150～200cm，须设防滑墙，必要时槽内增设加糙措施，见图5-5。

2. 出水洞口维修

（1）缓坡涵洞，出口水流虽经翼墙扩散，仍在下游沟床中产生冲刷现象，造成水毁的主要原因大多是洞口铺砌端部未设仰水墙。因此，在修复时，为防止冲刷，未设仰水墙的必须增设，其深度为涵洞基础的1～2倍。仰水墙外还应铺砌加固，其长度可根据土质和流速而定，一般取孔径的 1 ~3 倍，以保护仰水墙。上述做法，天然沟床纵坡小于等于 15% 时，也可采用。

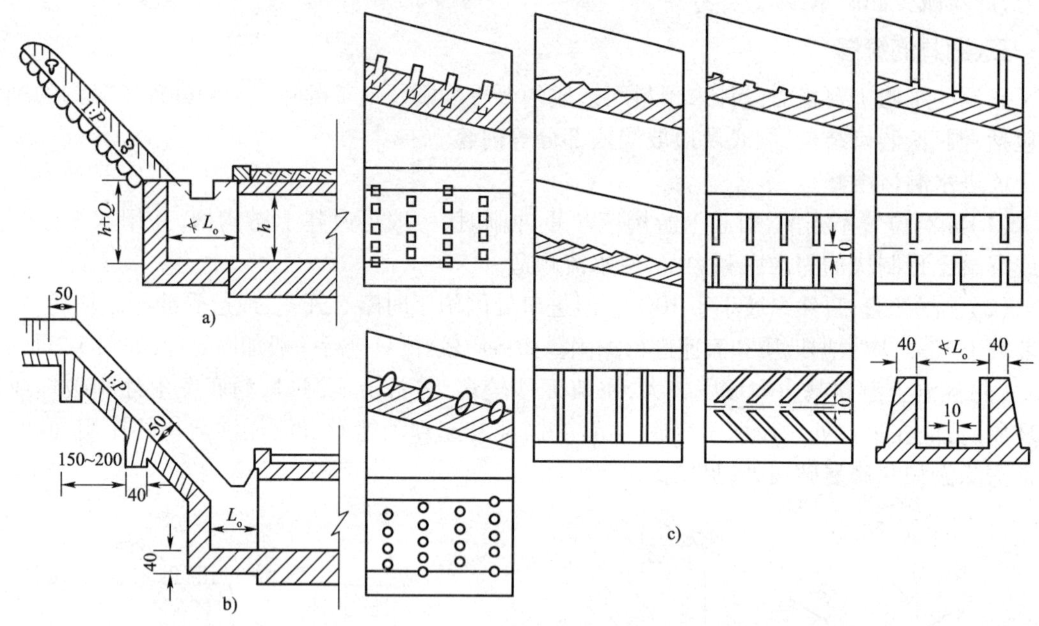

图 5-5　陡坡涵进水口的跌水设置（尺寸单位：cm）

（2）在涵洞下游，为变冲为淤，可设置一级、二级或三级挑坎。实践证明，这是一种防止出水口冲刷的有效方法，既安全可靠，又经济实用，不但可用于小桥涵，亦可用于大中型漫水工程。它一般布设在涵洞下游八字翼墙的范围内，而不必由水力计算来决定其长度。挑坎的布置应根据涵洞下游八字翼墙铺砌长度而定：4m 以上时，采用三级挑坎；2 ~4m 时，采用二级或三级挑坎；小于 2m 时，一般采用一级或二级挑坎，如图 5-6 所示。

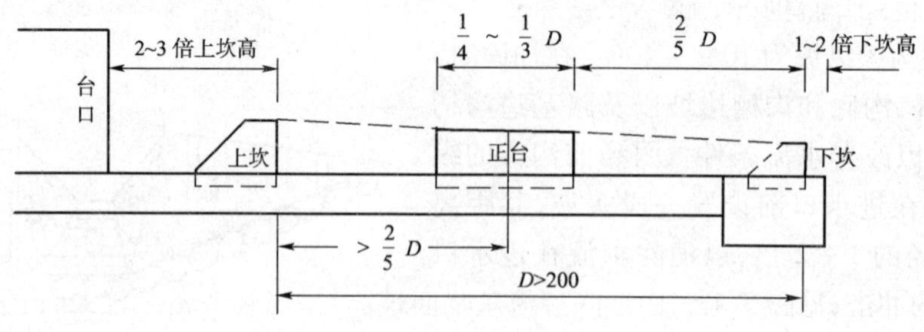

图 5-6　挑坎的一般布置图

涵洞出水口沟床水深在 1.5 ~2.5m 时，上坎高一般采用 20cm，下坎高可采取 10cm。三级挑坎中间平台的高度，不可突出上下坎顶的连接直线。

当水深小于 1.5m 时，上下坎高度可按比例酌情减低。下游仰水墙的深度，采用三级和二级挑坎时，其深度为 0.5 ~0.7m 为宜。

地形条件可能时，还可以采用降低下游沟床铺砌层高程的方式，使沟床面与上坎或下坎平齐，也能得到较好的防冲刷效果，可减小挑坎对上游的壅水影响。如图 5-7 所示。

当涵洞与水流斜交，其夹角不大时，可按原图尺寸设置挑坎。当斜交角较大时，应使挑坎与水流正交，其处理方法有二：一是将挑坎分段设成锯齿形；二是将主流部分设成与水流正交，

其余部分斜交，或均设成正交，见图5-8。

(3)流速特别大的涵洞，应在出水口加设消力设施，如消力坎、消力池等。消力坎的末端应设置混凝土或浆砌块石抑水墙，或设置三级挑坎。

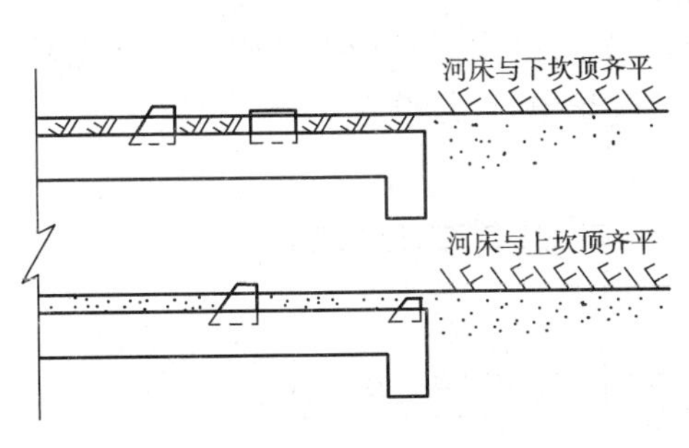

图5-7　挑坎设置高程

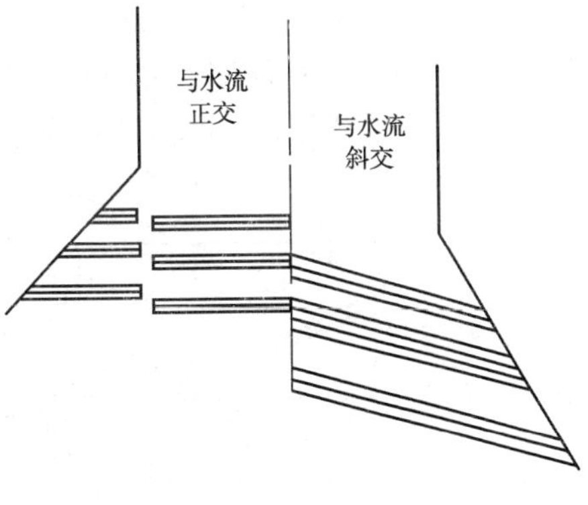

图5-8　斜交涵洞挑坎布设

3.陡坡涵洞维修

由于水流来势凶猛，致使进出水口发生水毁破坏较多。其原因主要是设计、施工中设置的洞口排水构造物不适当、不完善或未设置。因此，必须改善或增设涵洞上下游的排水构造物，使涵洞不致冲毁。

对于陡坡涵洞进出水口病害的防治，应当根据地形、地质和水流条件，采用急流槽、跌水、缓流、消力坎(池)和人工加槽等工程技术措施。

跌水、急流槽，可单独或结合采用。其中无消能的跌水，因铺砌过长，不经济，一般只用于较小的坡度，在山区陡坡不宜采用。山坡很陡时，采用具有消能设备的单级或多级跌水，选用的联结形式能形成淹没式射流，使水流以最有利的形式通过。

具有消能设备的多级跌水，常用于天然沟床较陡较长的地形上，须适应地形陡度，以避免过大的土石方，同时消力池的长度是随着陡度增长而增长的，故当坡度很陡时，采用跌水并不一定经济。

4.基础或涵位路基沉陷维修

(1)由于涵洞各节承受荷载不同，管涵的管节因基础沉陷而发生严重错裂。特别是在严寒地区，由于冻胀作用，涵节间错牙拉开，有的涵洞上部填土被流水溶解、冲走，上部路基被掏空。

整治方法分两种情况：一是向沉降缝内压浆回填；二是当管节错牙较大时，采取用千斤顶纠正的方法。

①压浆整治：

a.清理管节接缝。

b.用木板等塞实沉降缝，向沉降缝后背压浆(水灰比为1∶0.5～1∶0.6)，对地基及基础实行压浆处理。

c.用防水材料胶缝。当沉降缝内积水处理困难时，应采用防水材料。它是一种天然纳米材料，遇水高倍膨胀，可将此材料塞入沉降缝防止路基土溶出。

②用千斤顶调整管节的错牙，调整方法如图5-9所示。

工艺如下：

a.安设工字钢和支点垫木；

b. 用两台千斤顶顶起沉降管涵，上部横放枕木分散应力；

c. 涵管就位后压入水泥浆，水灰比1:0.5～1:0.6。

以上两种方法应与拆除重建进行技术经济比较，如采用的处理方法较昂贵且较难处理时，可挖开填土处理地基，再重建基础。地基的加固多用换填夯实、扩大基础等费用较少的方法。采用扩大基础方法进行加固，一般比原基础加宽20cm以上，必要时还应换基底土壤并重新做砂砾(或砂)垫层。涵洞挖开修理时，应维持交通，不使行车中断，并设立安全标志。

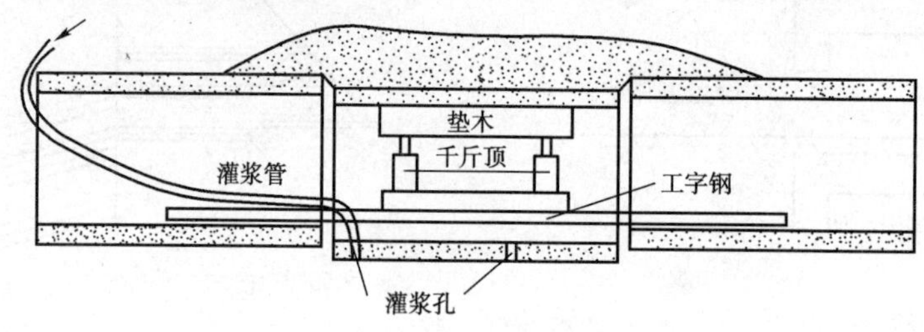

图5-9　管涵沉落调整方案图

一般当路基宽度较大，管顶填土不很厚时，可采取半幅开挖路面，半幅维持交通的方法施工。对于单车道的公路，如果涵洞不大，可以在开挖部分加设支撑，路面上加铺跳板的方法让车辆通过。当涵洞孔径和开挖宽度较大，设置跳板有困难时，也可适当加宽路基，当作便道维持行车。在特殊情况下，填土很厚且土质也较好时，可以直接打通孔道，在木架支撑下进行修理工作，但在此情况下，应特别注意施工安全。有的公路行车密度不大，修理工作比较简单，这时，应该在做好充分的材料机具设备供应工作的基础上，找一个行车最少的时间，组织力量，突击施工抢修。

开挖路面修理涵洞，应力求减少开挖面积，减少工程量，加快施工进度，使行车受阻的时间缩短。

(2)铁管涵、波纹管涵发生涵管沉陷、变形，应挖开填土进行修理。

更换管底土壤，宜采用40～60cm厚的三合土为宜。管底按土质情况做好垫层，管上加铺土工布或油毡防水层(三层油三毡)，并注意对回填土分层夯实。开挖方式如上所述。

(3)涵洞的侧墙和翼墙，如倾斜变形，应查明原因后加以处理。

如因填土未夯实发生沉落，或填土中水分过多土压力增大而引起的，应更换透水性好的填土并夯实；如属基础变形引起的，则需要修理或加固基础，一般采用扩大基础的办法，将原基础外侧洗刷干净，按原结构加宽20～40cm，新旧部分必须结合坚固。也可采用更换基地土的办法加固基础，但要注意做好夯实填土，当洞口偏斜或脱出而出现裂缝时，一般必须重砌部分或全部洞口。

(4)锥坡沉陷破损时，如因基础的不均匀沉陷，应挖开处理，一般可根据基底土质采用扩大基础的办法，将原基础外侧洗刷干净，按原结构加宽20～40cm，新旧部分必须结合坚固，也可采用更换基底土并重建基础的方法修复锥坡，并应注意做好夯实填土、砂砾垫层、砌石和勾缝。如因填土不实引起的锥坡沉陷破损时，修复时必须仔细夯实。如土质不好，还应掺拌或更换较好的土质。

(5)涵头跳车是因为涵顶两端或涵顶填土沉陷造成的。当路面轻度下沉，基层和土基较密实稳定时，可只加铺面层，采用原面层材料修理整平；当沉陷已造成面层和基层均出现破损现象，但土层尚稳定时，可重做基层，再铺面层；若土基下沉，路面破损严重时，必须先处理土

层，再重铺基层和面层。

5. 洞身、洞口结构损坏维修

（1）圬工涵洞洞身和洞口结构的修理，主要是由于基础不均匀沉陷或洞口边坡冲后引起的结构物损坏。管涵接口损坏采用沥青麻丝和水泥砂浆处理。如箱形涵洞盖板断裂，应及时挖开填土更换新盖板。当涵洞顶填土较厚且涵洞排水断面充裕，一时来不及抢修时，可采用木料临时支撑断裂盖板，防止坍垮。浆砌砖、石涵洞，由于洞顶漏水浸坏时，必须开挖填土，用水泥砂浆或石灰砂浆修理其损坏部分，或者铺设防水，以防再被漏水损坏。

（2）有些地区利用涵洞作为农村水利排灌设施，为通过公路，常使得原设计为无压涵洞的变成了有压涵洞，使用要求发生了变化，引起水泥混凝土管节接缝开裂，水从涵管接缝中上冒，造成路面翻浆、坑塘，影响行车。在这种情况下，应采取开挖路面方法进行修理。在不通水的季节，开挖路面，重新用沥青麻丝进行涵管接缝处理，再用水泥砂浆做好腰箍，如果管节质量不好，也可在管外包 10cm 厚的水泥混凝土，使之成为整体，以增强管节强度。

第三节　涵洞的加固与改造

承载力不足的涵洞应进行加固或改造。当涵洞位置不当，原有涵洞结构损坏，排洪孔径不足，路基抬高、加宽或扩建以满足农田水利建设、车辆行人交通和各种管线穿越公路的需要时，都需加固或改造甚至增设涵洞。

一、涵洞的加固

（1）管节因基础被压沉而发生严重错裂，则可采取挖开填土加固基础并重做砂垫层。

（2）钢筋混凝土盖板涵的加固，除加固涵台外，可将原盖板面凿毛，洗刷干净，再浇筑混凝土或钢筋混凝土，加厚盖板。涵台和基础的加固厚度不宜小于 20cm，如涵台和洞底铺砌层完好，且为重力式涵台时，亦可不加固。当盖板加固厚度小于 8cm 时，可浇筑不小于 8cm 厚的混凝土；若浇筑钢筋混凝土，应先钻孔埋入销钉，并与加固钢筋绑扎或焊接，再浇筑混凝土。还可采用碳纤维增强复合材料加固修补混凝土结构技术，利用专门配制的黏结剂，将碳纤维片粘贴在混凝土构件需补强加固的部位表面，使混凝土与碳纤维片形成一体共同工作。

（3）承载力不足的涵洞，应予以加固或更换。如涵顶填土在 3m 以上时，一般不加固也可承受较大的载重。当涵顶填土在 3m 以内时，石盖板涵可更换成较厚的盖板或钢筋混凝土盖板。亦可在涵台顶加一层石料做成悬臂式台（图 5-10）以减小跨径，其厚度一般为 20 ~ 30cm，并用 7.5 ~ 10 号水泥砂浆砌筑牢固。

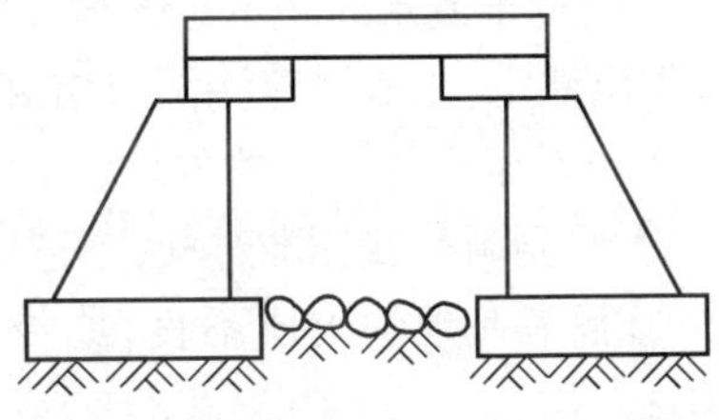

图 5-10　悬臂式石盖板涵

（4）圆形管涵，如涵顶填土在 3m 以上时，可承受较大的载重，一般不用加固；如填土在 3m 以内时，钢筋混凝土、混凝土管涵可采用管外加一层套壳的方法。但是，结构计算虽然较易，施工却困难诸多。四铰管的加固困难较大，可随同线路改造的技术标准，均以改建为钢筋混凝土圆管涵为宜，或根据当地建筑材料来源改建为其他圬工涵洞。当然，混凝土管涵的加固数量较少，施工也不很困难，在有条件的地方，应采用管外加捣一层混凝土套壳的方法。

（5）砖石拱涵的加固，一般采用拱圈上加拱或拱下加拱的方法。加拱厚度的计算可参考

《公路养护与管理手册》一书的有关公式。

①拱上填土较高,且净空较大时,可采用拱下加拱的方法,并根据涵台完好情况,用以下两种方法进行加固。

a. 涵台完好时,可在拱脚下部根据加厚尺寸凿开安置拱脚石槽,同时凿毛原拱圈表面,洗刷干净,用高标号水泥砂浆将新旧拱圈连接成一个坚固的整体,见图 5-11a)。

b. 涵台不完好时,应一并加固见图 5-11b)。先将表面的酥松部分和勾缝凿除,并凿毛表面,洗刷干净,用高标号水泥砂浆将新旧部分结合坚固。

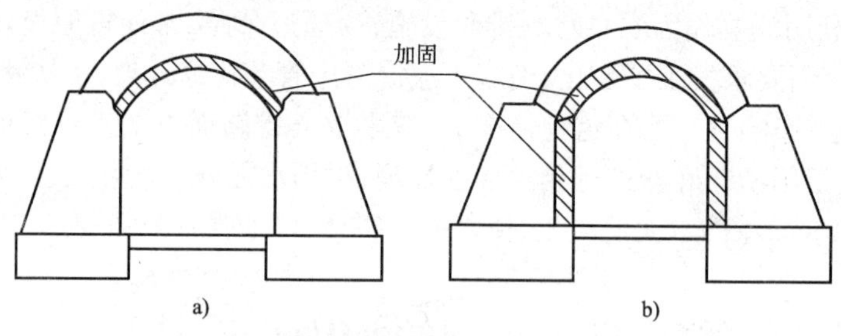

图 5-11　拱下加固简图

a)涵台完好时;b)涵台不完好时

②拱上填土较低时,可采用拱上加拱的方法。挖开填土和防水层,洗刷干净。如原拱圈有病害时应先行处治,按原结构材料砌筑加固层,结合应坚固。拱上防水层可根据情况选用表 5-2 所列种类铺筑,在分层回填,修复路面。

拱上防水层　表 5-2

种　类	厚度或层数	种　类	厚度或层数
胶泥防水层	10 ~ 15cm	油毡防水层	两层油毡三层油(沥青)

③拱上填土较低,水流也不大,有充裕泄水面时,应根据施工难易,采用拱下或拱上加拱均可。

二、涵洞的改造

涵洞改造的主要原因有二:一是涵洞偏小;二是破损严重的危险涵洞。

(1)对于泄水面积不足的偏小涵洞,应验算其在设计洪水条件下是否具有充分的抗洪能力,作出评定,采取增建涵洞或增大孔径的方式提高泄洪能力。

(2)对于损坏严重的危险涵洞,必须查清原因,一般有以下 4 种:

①原涵洞荷载标准过低,不适应交通量的增大和重型车的增多所致;

②涵洞基地的土质不良,原设计和施工未作处理,因此发生不均匀沉陷而造成的严重破损;

③施工质量差;

④遭受特大自然灾害,如地震等。

根据上述原因,涵洞改造必须精心设计、施工。主要做到以下三点:

①在设计洪水条件下应具备充分的抗洪能力,也就是涵洞孔径设计要适当。

②按规定的技术标准进行设计,并注意不良地基的处理,以满足荷载要求。

③陡坡涵洞上下游的排水工程,必须根据地形、地质和水流情况进行设计,合理布置。

对于依据水流形态断面设计有困难的较大排水工程,应按现行《公路桥涵设计通用规范》(JTG D60—2004)的规定通过水力计算进行设计。

第六章 公路隧道养护与维修

公路隧道运营阶段的病害检测与治理,应本着“预防为主、早期发现、及时维护、对症施治”的原则,要经常性地对隧道进行检查,及时发现问题,建立数据库,确定需要整治的技术指标,并采用有效整治措施,对整治后的隧道要制定质量验收标准。力争做到检测程序化、处治规范化、验收标准化。《公路隧道养护技术规范》(JTG H12—2003)对公路隧道结构养护的基本内容和采取的常规对策作出了明确的规定。

公路隧道养护管理工作主要包括隧道的日常养护(清洁维护、破损检查、保养维修)、病害处治及机电设施(含通风照明等设施)的养护维修等几个方面。具体包括:洞身、洞门、路面和两端路堑、防护设施、排水系统、洞口减光设施以及通风、照明、标志、标线、监控、消防、防冻、消声等设施的检查、保养、维修和加固。

第一节 隧道结构的日常养护

一、隧道结构的清洁维护

隧道结构主要是指构成公路隧道的各类工程结构物。主要包括:洞门、衬砌、路面、防排水设施、斜(竖)井、检修道及风道等。

隧道结构的清洁维护工作内容主要包括扫除隧道内垃圾,清除结构物脏污,清理(疏通)排水设施,保持结构物外观的干净整洁。

1. 隧道内路面应定期进行清洁

高速公路隧道的清扫应不少于 1 次/日,其他公路隧道可根据具体情况,确定适宜的清扫频度,但不宜少于 1 次/月。

2. 隧道的顶板和内装的定期清洁

顶板的清洁宜不少于 1 次/2 年;内装的清洁宜不少于 1 次/季度,高速公路隧道内装的清洁宜 1 次/月。

顶板和内装的清洁宜以机械作业为主,以人工作业为辅。

3. 隧道的排水设施应定期进行清理和疏通

排水设施的清理不宜少于 1 次/半年。在雨季,应加强对排水设施的检查和清理疏通工作。隧道洞口区段纵坡较小时,应加强其清理和疏通工作。

4. 隧道的标志、标线应定期进行清洁维护,保持其清晰、醒目

标志、标线的清洁应不少于 1 次/月,当标志牌面或路面标线有污垢,影响其辨认时,应及时进行清洗。清洗标志、标线时,应避免损伤其表面覆膜或涂层。

二、隧道结构的检查

公路隧道检查是为了及时发现结构异常情况,系统掌握结构技术状况,判定结构物功能状态,确定相应的养护对策,以便尽早采取隧道养护与防治病害的措施,确保隧道安全畅通。

公路隧道的检查工作分为日常检查、定期检查、特别检查和专项检查4类。

日常检查、定期检查和特别检查的结果,可按表6-1的规定分为3类判定。

日常、定期和特别检查结果的判定

表6-1

判定分类	检查结论
S	情况正常(无异常情况,或虽有异常情况但很轻微)
B	存在异常情况,但不明确,应做的一步检查或观测以确定对策
A	异常情况显著,危及行人、行车安全,应采取处治措施或特别对策

专项检查的结果,宜按表6-2的规定分为4类判定。

专项检查结果的判定

表6-2

判定分类	检查结论
B	结构存在轻微破损,现阶段对行人、行车不会有影响,但应进行监视或观测
1A	结构存在破坏,可能会危及行人、行车安全,应准备采取对策措施
2A	结构存在较严重破坏,将会危及行人、行车安全,应尽早采取对策措施
3A	结构存在严重破坏,已危及行人、行车安全,必须立即采取紧急对策措施

当日常检查的判定结果为B时,应进行监视、观测或做特别检查;当特别检查或定期检查的判定结果为B时,应做专项检查。

1. 日常检查

日常检查是为了发现隧道结构的早期破损、显著病害或其他异常情况,日常检查原则上与道路巡回检查一并进行。检查的内容包括隧道衬砌的裂缝、错台、起层、剥落以及排水设施的破损、堵塞、积水和结冰等。检查宜采用目测方法,配合简单的检查工具进行。检查以定性判断为主,检查内容及判定标准可按表6-3执行。

日常检查内容及判定标准表

表6-3

项目名称	检查内容	判定	
		B	A
洞口	边(仰)坡有无危石、积水、积雪;洞口有无挂冰;边沟有无淤塞;构造物有无开裂、倾斜、沉陷等	存在落石、积水、积雪隐患;洞口局部挂冰;构造物局部开裂、倾斜、沉陷,有妨碍交通的可能	坡顶落石、积水漫流或积雪崩塌;洞口挂冰掉落路面;造物因开裂、倾斜或沉陷而致剥落或失稳;边沟淤塞,已妨碍交通
洞门	结构开裂、倾斜、沉陷、错台、起层、剥落、渗漏水(挂冰)	侧墙出现起层、剥落;存在渗漏水或结冰,尚未妨碍交通	拱部及其附近部位出现剥落;存在喷水或挂冰等,已妨碍交通
衬砌	结构裂缝、错台、起层、剥落	衬砌起层,且侧壁出现剥落状况,尚未妨碍交通,将来可能构成危险	衬砌起层,且拱部出现剥落状况,已妨碍交通,并有继续恶化的可能
	(施工缝)渗漏水	存在渗漏水,尚未妨碍交通	大面积渗漏水,已妨碍交通
	挂冰、冰柱	存在结冰现象,尚未妨碍交通	拱部挂冰,形成冰柱,已妨碍交通
路面	落物、油污;滞水或结冰;路面拱起、坑洞、开裂、错台等	存在落物、滞水、结冰、裂缝等,尚未妨碍交通	拱部落物,存在大面积路面滞水、结冰或裂缝,已妨碍交通

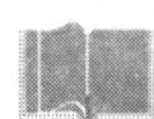

续上表

项目名称	检 查 内 容	判 定	
		B	A
检修道	结构破损;盖板缺损;栏杆变形、损坏	栏杆变形、损坏;道板缺损;结构破损,尚未妨碍交通	栏杆局部毁坏或侵入建筑限界;道路结构破损,已妨碍交通
排水设施	破损、堵塞、积水、结冰	存在破损、积水或结冰,尚未妨碍交通	沟管堵塞,积水漫流,结冰,设施破损严重,已妨碍交通
吊顶	变形、破损、漏水(挂冰)	存在破损、漏水,尚未妨碍交通	破损严重,或从吊顶板漏水严重,已妨碍交通
内装	脏污、变形、破损	存在破损,尚未妨碍交通	破损严重,已妨碍交通

2. 定期检查

定期检查是按规定周期对土建结构的基本技术状况进行全面检查。通过定期检查,应系统掌握结构基本技术状况,评定结构物功能状态,为制订养护工作计划提供依据。

检查的周期宜1次/年,高速公路隧道应不少于1次/年。检查宜安排在春季或秋季进行。新建隧道应在交付使用1年时进行首次定期检查。

检查的内容及判定标准可按表6-4执行,应根据隧道的实际情况进行选择。

定期检查内容及判定标准表 表6-4

项目名称	检 查 内 容	判 定	
		B	A
洞口	山体有无滑坡、岩石有无崩塌的征兆;边坡、碎落台、护坡道等有无缺口、冲沟、潜流涌水、沉陷、塌落等	存在滑坡、崩塌的初步迹象,尚不危及交通	山体开裂、滑动,岩体开裂、失稳,已危及交通
	护坡、挡土墙有无裂缝、断缝、倾斜、鼓肚、滑动、下沉或表面风化、泄水孔堵塞、墙后积水、周围地基错台、空隙等	存在此类异常情况,尚不妨碍交通	挡土墙、护坡等产生开裂、变形、位移等,可能对交通构成威胁
洞门	墙身有无开裂、裂缝	墙身存在轻微开裂,尚不妨碍交通	由于开裂,衬砌存在剥落的可能,对交通构成威胁
	衬砌有无起层、剥落	存在起层、剥落,不妨碍交通	在隧道顶部发现起层、剥落,有可能妨碍交通
	结构有无倾斜、沉陷、断裂	墙身存在轻微的倾斜或下沉等,尚不妨碍交通	通过肉眼观察,即可发现墙身有明显的倾斜、下沉等,或洞门与洞身连接处有明显的环向裂缝,有外倾的趋势,对交通构成了威胁
	混凝土钢筋有无外露	存在轻微的外露现象,尚不妨碍交通	混凝土保护层剥落,钢筋外露,受到锈蚀,对交通安全构成威胁

续上表

项目名称	检查内容	判定	
		B	A
衬砌	衬砌有无裂缝、剥落	在拱顶或拱腰部位，存在裂缝且数量较多，尚不妨碍交通	衬砌开裂严重，混凝土被分割形成块状，存在掉落的可能，对交通构成威胁
	衬砌表层有无起层、剥落	存在起层，并有压碎现象，尚不妨碍交通	衬砌严重起层、剥落，对交通构成威胁
	墙身施工缝有无开裂、错位	存在这类异常现象，尚不妨碍交通	接缝开口、错位、错台等引起止水板或施工缝砂浆掉落，发展下去可能妨碍交通
	洞顶有无渗漏水、挂冰	存在漏水，未妨碍交通，但影响隧道内设备的安全	衬砌大规模漏水、结冰，已妨碍交通
路面	路面上有无塌（散）落物、油污、滞水、结冰或堆冰等，路面有无拱起、沉陷、错台、开裂、溜滑	存在此类异常情况，尚不妨碍交通	路面出现严重的拱起、沉陷、错台、裂缝、溜滑，以及漫水、结冰或堆冰等，已妨碍交通
检修道	道路有无毁坏、盖板有无缺损，栏杆有无变形、锈蚀、破损等	道路局部破损，栏杆有锈蚀，尚不妨碍交通	道板毁坏，碎物散落，栏杆破损变形，已妨碍交通
排水系统	结构有无破损，中央警井盖、边沟盖板等是否完好，沟管有无开裂漏水，排水沟（管）、积水井等有无淤积堵塞、沉沙、滞水、结冰等	存在沉沙、积水，尚不妨碍交通	由于结构破损或泥沙阻塞等原因，积水井、排水管（沟）等淤积、滞水，已妨碍交通
吊顶	吊顶板有无变形、破损，吊杆是否完好等，有无漏水（挂冰）	存在此类异常情况，尚不妨碍交通	存在严重的变形、破损、漏水，已妨碍交通
内装	表面有无脏污、缺损，装饰板有无变形、破损等	存在此类异常情况，尚不妨碍交通	存在严重的污染、变形、破损，已妨碍交通

检查宜采用步行方式，配备必要的检查工具或设备，进行目测或量测检查。检查时，应尽量靠近结构，依次检查各个结构部位，注意发现异常情况和原有异常情况的发展变化。对于有异常情况的结构，应在其适当位置作出标记。检查结果宜尽可能量化。

定期检查结果应及时填入“定期检查记录表”（见《公路隧道养护技术规范》（JTG H12—2003）附录A），将检查数据及病害绘入“隧道展示图”，详细、准确地记录各类结构的基本技术状况，分析病害的成因，给出判定结论。定期检查完成后，应提出土建结构定期检查报告，内容应包括：

（1）对土建结构的技术状况和功能状态的评价。

（2）对土建结构的养护维修状况的评价及建议。

(3)需要实施专项检查的建议。

(4)需要采取处治措施的建议。

此外,检查报告还应附上检查记录表、隧道展示图以及其他有关检测记录资料。

3. 特别检查

特别检查是在隧道遭遇地震、洪水等自然灾害,发生火灾、交通事故或出现其他异常事件后对隧道进行的检查,检查的目的是及时掌握隧道结构受损情况,为采取对策措施提供依据。特别检查难以判明破损原因和程度时应作专项检查。

(1)应根据受异常事件影响的结构,决定采取的检查方法、工具和设备。

(2)特别检查的内容应按表6-4针对受异常事件影响的结构部位作重点检查,掌握其受损情况。

(3)特别检查应按定期检查的标准判定,当难以判明破损的原因、程度等情况时,应作专项检查。

(4)检查结果的记录,与定期检查相同。检查完成后,应提交特别检查报告,包括检查记录,评估异常事件的影响,给出判定结论,确定合理的对策措施。

4. 专项检查

专项检查是根据定期检查和特别检查的结果,或者通过其他途径,为进一步查明某些破损或病害的详细情况而进行的更深入的专门检测。通过专项检查,应完整掌握破损或病害的详细资料,为其是否实施处治以及采取何种处治措施等提供技术依据。

(1)专项检查的结果可按外荷载作用、渗漏水和材料劣化3种主要情况分别考虑,进行判定分类。

①由外荷载作用而导致的结构破损,以衬砌变形、移动、沉降、裂缝、起层、剥落以及突发性的坍塌等为主要表现形态,见图6-1。其判定可按表6-5执行。

外荷载作用所致结构破损的判定基准 表6-5

判定	衬砌变形、移动、沉降	衬砌裂缝	衬砌起层、剥落	衬砌突发性坍塌
B	虽存在变形、位移、沉降,但已停止发展,已无可能再发生异常情况	存在裂缝,但无发展趋势		
1A	出现变形、位移、沉降,但发展缓慢	存在裂缝,有一定发展趋势		衬砌侧面存在空隙,估计今后由于地下水的作用,空隙会扩大
2A	出现变形、位移、沉降,估计近期内结构物功能会下降	裂缝密集,出现剪切性裂缝,发展速度较快	侧墙处裂缝密集,衬砌压裂,导致起层、剥落,侧墙混凝土有可能掉下	拱部背面存在大的空洞,上部落石可能掉落至拱背
3A	出现变形、位移、沉降,结构物应有的功能明显下降	裂缝密集,出现剪切性裂缝,并且发展速度快	由于拱顶裂缝,导致起层、剥落,混凝土块可能掉下	衬砌拱部背面存在大的空洞,且衬砌有效厚度很薄,空腔上部可能掉落至拱背

②对于渗漏水、结冰、沙土流出等形态的破损，见图6-2。其判定可按表6-6执行。

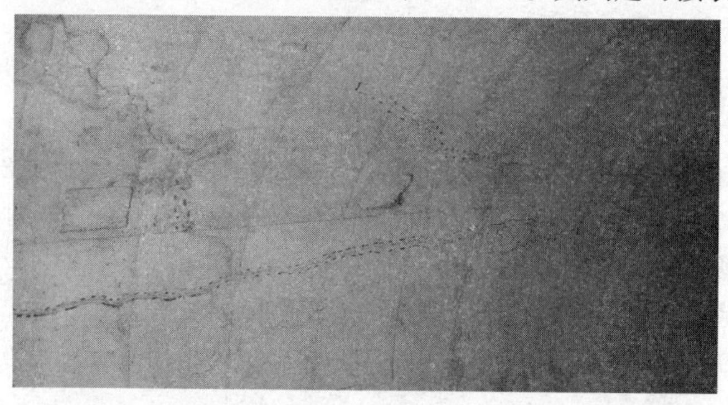

图6-1 裂缝破损

图6-2 渗漏水、结冰的破损

渗漏水、结冰、沙土流出破损的判定基准

表6-6

异常情况判定	从衬砌裂缝等处渗漏水	结冰、沙土流出
B	渗水，几乎不影响行车安全	有渗漏水，但现在几乎没有影响
1A	漏水，不久可能会影响行车安全	由于排水不良，铺砌层可能积水
2A	涌水，影响行车安全	由于排水不良，铺砌层积水
3A	喷射水流，严重影响行车安全	在寒冷地区，由于漏水，形成挂冰、冰柱，侵入规定限界；沙土等伴随漏水流出，铺砌层可能发生浸没和沉降

③由材料劣化而导致的结构破损，一般出现衬砌强度降低、起层剥落、钢材腐蚀等形态，见图6-3，其判定可按表6-7执行。

图6-3 混凝土劣化破损

材料劣化所致结构破损的判定基准 表6-7

判定	衬砌断面强度降低	衬砌起层、剥落	钢材腐蚀
B	存在材料劣化情况,但对断面强度几乎没有影响	难以确定起层、剥落	表面局部腐蚀
1A	由于材料劣化等原因,断面强度有所下降,结构物功能可能受到损害		孔蚀或钢材表面全部生锈、腐蚀
2A	由于材料劣化等原因,断面强度有相当程度的下降,结构物功能受到一定的损害	由于侧墙部位材料劣化,导致混凝土起层、剥落,混凝土块可能掉落或已有掉落	由于腐蚀,钢材断面明显减小,结构物功能受到损害
3A	由于材料劣化等原因,断面强度明显下降,结构物功能损害明显	由于拱顶部位的材料劣化,导致混凝土起层、剥落,混凝土块可能掉落或已有掉落	

(2)检查完成后,应提交专项检查报告。报告的内容应包括:

①检查的主要经过,包括检查的组织实施、时间和主要工作过程等;

②所检查结构的技术状况,包括检查方法、试验与检测项目及内容、检测数据与结果分析以及对破损结构的技术评价等;

③对病害的成因、范围、程度等情况的分析,及其维修处治对策、技术以及所需资金等建议。

三、保养维修

保养维修的工作是预防性地对结构物进行维护,修复结构物轻微破损,经常保持结构物完好状态。保养维修工作主要包括经常性或预防性的保养和轻微破损部分的维修等内容,以恢复和保持结构的良好使用状态。当日常检查的判定结果为A时,应及时对土建结构进行保养和维修。

1.洞口

及时清除洞口边仰坡上的危石、浮土,冬季应清除积雪和挂冰,保持洞口边沟和边仰坡上截(排)水沟的完好、畅通,修复洞口挡土墙、护坡、排水设施和减光设施等结构物的轻微损坏,维护洞口花草树木的完好。

2.洞身

无衬砌隧道出现碎裂、松动的岩石和危石,应本着少清除多稳固的原则,加以处理;围岩的渗漏水,应开设泄水孔接引水管,将水导入边沟排出;冬季应及时清除洞顶挂冰。

有衬砌隧道出现的衬砌起层或剥离,应及时加以清除或加固;对衬砌的渗漏水,可将水流引入边沟排出;冬季应及时清除洞顶挂冰等。

3.路面

及时清除隧道内外路面上的塌(散)落物,及时修复、更换损坏的井盖或其他设施的盖板;当路面出现渗漏水时,应及时处理,将水引入边沟排出,防止路面积水或结冰;冬季应及时清除洞口处积雪。

4. 人行和车行横洞

横洞内严禁存放任何非救援用物品，及时清除散落杂物，修复轻微破损结构，定期保养横洞门，确保横洞清洁、畅通。

5. 斜(竖)井

及时清除井内可能损伤通风设施或影响通风效果的异物；维护井内排水设施的完好，保持水沟(管)的畅通；对井内的检查通道或设施进行保养，防止其锈蚀或损坏。

6. 风道

清理送(排)风口的网罩，清除堵塞网眼的杂物；定期保养风道板吊杆，防止其锈蚀或损坏；及时修复风口或风道的破损，更换损坏的风道板。

7. 排水设施

维护隧道内外排水设施的完好，发现破损及时修复；排水管堵塞时，可用高压水或压缩空气疏通。

8. 吊顶和内装

吊顶和内装应保持完好和整洁美观，如有破损、缺失应及时修补恢复，不能修复的应及时更新。

9. 人行道或检修道

维护人行道或检修道的完好和畅通，道板如有破损或缺失应及时进行修复和补充；定期保养人行道或检修道护栏，防止其锈蚀、损坏。

10. 防冻、防雪设施

寒冷地区隧道的防冻保温设施应做好保养维护，如有损坏及时维修，确保其使用功能正常。洞口设有防雪设施的隧道，应做好防雪设施的保养维护，并在大雪降临前完成设施的维修加固。

11. 交通标线、标志

隧道的交通标线应保持完整、清洁和醒目。隧道的交通标志应保持外观完整、清晰、醒目，保持位置、高度和角度适当，确保交通信息传递无误。

第二节　隧道病害处治

隧道常见的病害有：衬砌和围岩上产生裂缝、渗漏水及结冰、挂冰、堆冰；端墙、侧墙、八字墙、翼墙、门洞等结构物倾斜、位移、鼓凸；衬砌表面风化、腐蚀、剥落；拱圈、侧墙变形及拱面松动、脱落；无衬砌隧道出现危石或大量碎落石；土隧道干裂、土块脱落，隧道山体失稳滑动，排水系统淤塞积水以及应有照明、通风设备未设或效果较差等。

一、隧道病害处治方法

隧道病害处治的内容应包括修复破损结构，消除结构病害，恢复结构物设计标准，维持良好的技术功能状态。

病害处治应根据结构检查结果，针对病害产生原因，按照安全、经济、合理的原则确定方案。处治方案可由一种或多种处治方法组成。病害处治与修理方法见表 6-8，常用的病害处治方案可按表 6-9 组合选用。

病害处治与修理方法　　表6-8

病害种类	处治与修理方法	病害种类	处治与修理方法
衬砌开裂	(1)压注水泥砂浆; (2)表面喷射水泥砂浆; (3)更换衬砌; (4)加套拱; (5)喷射混凝土	衬砌损坏	(1)更新圬工体; (2)喷射混凝土
衬砌剥落	喷射水泥砂浆	衬砌脱落	(1)锚杆加固; (2)砂浆稳固
墙体变形	(1)锚杆稳固; (2)更换衬砌; (3)加固基础; (4)加平衡下支撑梁	拱圈变形	(1)临时支护; (2)更换衬砌; (3)喷射混凝土支护; (4)喷锚支护; (5)喷锚网结合支护
围岩危石	(1)抹水泥砂浆; (2)喷射水泥砂浆; (3)锚杆加固; (4)喷锚支护; (5)喷射混凝土(衬砌)	隧道漏水	(1)加做表面防水层; (2)加接水槽或接水桶; (3)埋管导流; (4)埋管集水导流; (5)加做防水层(内防水层); (6)喷射防水混凝土
土隧道干裂 土块脱落	(1)加做圬工衬砌; (2)喷射混凝土; (3)干裂抹填石灰麻刀泥	山体失稳	(1)挖方减重,填方平衡; (2)加筑挡土墙平衡; (3)加锚固桩群; (4)稳固山坡; (5)排除地表水
明洞超载	(1)清除塌方,减轻静载; (2)平整山坡,排除积水; (3)稳固边坡,减少滑坡; (4)支护拱圈		

二、隧道病害处治要点

1. 常用的病害处治

(1)衬砌背面注浆:

①根据专项检查结果,确定空隙部位,合理布置注浆孔。

②注浆压力应小于0.5MPa,在注浆过程中应加强监测。当发生衬砌变形或排水系统堵塞等异常情况时,可降低注浆压力或采用间歇注浆,直到停止注浆。

③注浆效果检查可采取钻孔取芯、超声波或雷达检测等方法。

(2)喷锚网混凝土:

①防护网必须选用耐火的材料。

②施工前应凿除衬砌剥离劣化部分。

③防护网可用锚栓固定在衬砌表面上,应固定牢固。

常用隧道病害处治方法选择表

表 6-9

处治方法	病害原因												病害现象特征	预期效果
	外力引起的变化							材料劣化	渗漏水	其他				
	松弛压力	偏压	地层滑坡	膨胀土压	承载力不足	静水压	冻胀力			衬砌背面空隙	衬砌厚度不足	无仰拱		
衬砌背面注浆	★	★	★	★	★	★	★		○	★			衬砌裂纹、剥离、剥落	衬砌与岩体紧密结合，荷载作用均匀，衬砌和围岩稳定
防护网								★					(1)衬砌裂纹、剥离、剥落； (2)衬砌材料劣化	防止衬砌局部劣化
喷射混凝土	○	☆		☆	☆	○	○	☆			☆		(1)衬砌裂纹、剥离、剥落； (2)衬砌材料劣化	防止衬砌局部劣化
锚杆加固	☆	★	☆	★	★	○	☆	○			☆	★	(1)拱部混凝土和侧壁混凝土纹、侧壁混凝土挤出； (2)路面裂缝，路基膨胀	(1)岩体改善后岩体稳定性提高，防止松弛压力扩大； (2)通过施加预应力，提高承受膨胀土压和偏压的强度
排水止水	○	○	☆	○	○	★	★		★				(1)衬砌裂纹或施工缝漏水增加； (2)随衬砌内漏水流出大量沙土	(1)防止衬砌劣化，保持美观； (2)恢复排水系统功能，降低水压
套拱	○	☆	☆	☆	☆	○	○	☆			☆		(1)衬砌裂纹、剥离、剥落； (2)衬砌材质劣化	由于衬砌厚度增加，衬砌抗剪强度得到提高
绝热层							☆						(1)拱部混凝土和侧壁混凝土裂缝，侧壁混凝土挤出； (2)随季节变化而变动	(1)由于解冻，防止衬砌劣化； (2)防止冻胀压力的产生
滑坡整治		☆	★										(1)衬砌裂缝、净空宽度缩小； (2)路面裂缝，路基膨胀	防止岩层滑坡
围岩压浆	○	○				○		○	☆	☆	☆		(1)拱部混凝土和侧壁混凝土裂缝，侧壁混凝土挤出； (2)路面裂缝，路基膨胀	周边岩体改善，提高了岩体的抗剪强度和黏结力
灌浆锚固	☆	★	★	★	★						○	★	(1)拱部混凝土和侧壁混凝土裂缝，侧壁混凝土挤出； (2)路面裂缝，路基膨胀	由于施加预应力，提高膨胀性岩层、偏压岩层的强度
增设仰拱		★	☆	★	★	○	☆					★	(1)拱部混凝土和侧壁混凝土裂缝，侧壁混凝土挤出； (2)路面裂缝，路基膨胀	提高对膨胀围岩压力和偏压围岩压力的抵抗力
更换衬砌	☆	☆	☆	☆	☆	○	○	★	☆	☆	★	★	(1)拱部混凝土和侧壁混凝土裂缝，侧壁混凝土挤出； (2)路面裂缝，路基膨胀	更换衬砌，提高耐久性

注：★表示对病害处置非常有效的方法；☆表示对病害处置较有效的方法；○表示对病害处置有些效果的方法。

(3)喷射混凝土:

①喷射混凝土的种类主要有:素混凝土、钢筋网喷射水泥砂浆、钢筋网喷射混凝土和钢纤维喷射混凝土等,应根据病害程度和施工条件等因素进行选择。

②喷射混凝土必须有足够的强度和附着率,其配合比应通过试验确定,喷射机的工作风压,应满足喷头处的压力在0.1MPa左右。

③当采用钢筋网喷射混凝土时,钢筋网必须有恰当的保护层厚度。

④喷射混凝土终凝2h后应喷水养护,养护时间应不少于7d;当隧道内相对湿度大于85%时,可采用自然养护,寒冷地区的养护应按相关规范进行。

⑤当喷射混凝土作业完成后,应对喷射混凝土层进行检测,强度指标应达到设计要求。其强度指标及检测方法可按表6-10执行。

锚喷支护实测项目 表6-10

序号	检查项目	规定值或允许偏差	检查方法和频率
1	混凝土强度(MPa)	在合格标准内	按附录B检查
2	锚杆拔力(kN)	28d拔力平均值≥设计值,最小拔力≥0.9设计值	按锚杆数1%做拔力试验且不小于3根
3	喷层厚度	平均厚度≥设计厚度;检查点的60%≥设计厚度;最小厚度≥0.5设计厚度,且≥60cm	每10m检查1个断面,每个断面从拱顶中线起每2m检查1点,用凿孔或激光断面仪、光带摄影法确定厚度

(4)锚杆加固:

①锚杆的长度和间距应根据病害原因和地质情况确定。

②当采用水泥砂浆锚杆时,注浆开始或中途停止超过30min,应用水或稀水泥浆润滑注浆罐及其管路;杆体插入后,若孔口无砂浆溢出,应及时补注。

③当采用自进式锚杆时,安装前,应检查锚杆中孔和钻头的水孔是否畅通,若有异物堵塞,应及时清理,锚杆灌浆料宜采用纯水泥浆,地质条件差时可灌入聚胺脂、硅树脂。

④锚杆质量的检查应按规范要求做锚杆拔力试验。

(5)排水、止水:

①当隧道局部出现涌水病害时,宜采用外置排水管和开槽埋管的排水法处治。其施工应注意以下事项:

a.水管的位置、间距应根据涌水量的大小和位置等情况确定;

b.水管不得堵塞,管道材料应具有抗老化性和足够强度;

c.当采用开槽埋管法时,衬砌表面可用氯丁橡胶等材料覆盖;

d.当采用外置排水管时,可用固定装置将U形排水管固定在衬砌表面,将水引入管内排出;

e.外置排水管的设置不得侵入建筑限界,并严禁在设置机电设施的地方开凿排水沟槽;

f.设置外置排水管应尽量减少对隧道外观的破坏。

②当地下水沿衬砌裂纹、施工缝以滴水形式漏出时,宜采用向衬砌内注浆的止水法。其施工应注意以下规定:

a.衬砌内注浆宜采用水泥浆液、超细水泥浆液、化学浆液;

b. 注浆时采用低压低速注浆，化学注浆压力宜为0.2～0.4MPa、水泥浆注浆压力宜为0.4～0.8MPa；

c. 注浆后待缝内浆液初凝而不外流时，方可拆下注浆嘴并进行封口抹平；

d. 衬砌裂缝的注浆施工质量检验可采用渗漏水量测，必要时采用钻孔取芯、压水（或空气）等方法检查。

③当漏水量小且呈表面渗透状时，可设置防水板进行处治。施工时应注意以下要求：

a. 防水板材料应具有耐热和耐油性，一般有聚乙烯（PE）、乙烯醋酸共聚体（EVA）、橡塑、橡胶板等；

b. 防水板不得侵入建筑限界；

c. 施工前应清除粉尘并保护好电缆等设施；

d. 防水板的搭接处理应牢固，不漏水；

④当地下水特别发育并有稳定来源时，可采取在隧道内设置排水孔、水平钻孔、加深排水沟和深井降水等措施。施工时应注意以下规定：

a. 应采用过滤性良好的材料，防止排水孔堵塞；

b. 应根据地下水位，确定排水沟加深的深度；

c. 排水孔和排水沟之间应有管道连通；

d. 排水钻孔的位置，必须根据围岩的地质条件和地下水的状况决定。

（6）套拱加固：

①套拱设计不得侵入建筑限界。

②为确保衬砌与套拱结合牢固，施工前应凿除衬砌劣化部分，衬砌内面应涂抹界面剂，并设置联系钢筋，见图6-4。当套拱厚度较大时，可在套拱与衬砌之间设置防水层。

③当隧道净空无富余时，可在衬砌的裂纹处贴碳素纤维，提高衬砌承载能力。

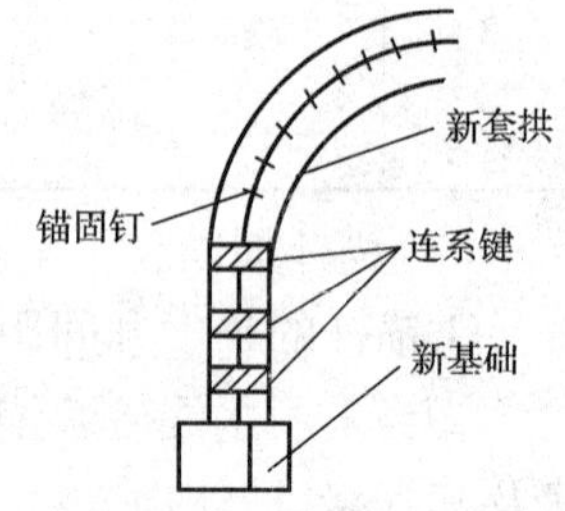

图6-4 套拱加固示意图

（7）设置绝热层：

①应选用导热系数小和耐高温的绝热材料。

②绝热层的厚度和延长幅度应根据气象数据、岩体和绝热材料的性质确定。

（8）滑坡整治：

①洞口段边仰坡出现裂缝，可用黏土等填实，必要时可采用锚杆加固。

②滑动面以上地层厚度不大时，可在滑动面下端设置抗滑锚固桩。

③对洞顶山体进行保护性开挖，减轻下滑力。

④在滑动面下方修筑挡土墙，进行保护性填土，土方应夯实且不积水。

（9）围岩注浆：

①围岩注浆压力应比静水压力大0.5～1.5MPa。

②注浆材料宜采用水泥浆液、超细水泥浆液等。

③围岩注浆可采取钻孔取芯法对注浆效果进行检查，必要时进行压（抽）水试验，当检查孔的吸水量大于1.0L/min时，必须进行补充注浆。

④注浆结束后，应将注浆孔及检查孔封填密实。

（10）灌浆锚固：由方法（1）和（3）组合进行。

（11）增设仰拱：

①仰拱的厚度可根据围岩情况确定。

②应使用拱架模板浇筑仰拱混凝土。

(12)更换衬砌：

①衬砌的内轮廓线必须与原衬砌内轮廓线一致。

②施工前应收集衬砌背面空洞和围岩垮塌资料，必要时可用超声波进行检测。

③拆除衬砌时，应根据围岩的地质情况及时进行支撑。

④施工时，在不影响通行的情况下，可采用简易施工台车。

2. 隧道防护

隧道养护中，不但要及时处治主体结构所发生的病害，还应注意保护隧道所处的山体及其附近，进行缺陷修理，以防止因山体及附近出现问题而引起隧道较大破坏，防患于未然。

如遇山体滑动可能引起隧道破坏时，可采取下列防护措施：

(1)修建挡土墙进行保护性填土，使山体受力平衡。

(2)保护性开挖洞顶部分山体，减轻下滑重力。

(3)在滑动面以上的土体不厚的情况下，可在滑动面下端设置锚固桩抗滑。

采用以上防护措施，均应定期检查其工作状态，发现问题及早处理。

隧道处山坡岩石如节理发育、风化严重或有坑穴、溶洞、裂缝现象时，应对地表作下列防护性封闭：

(1)用浆砌片石、石灰土、黏土等填补洞穴，封闭裂缝，整修地表，稳固山坡。

(2)地表岩石松散破碎时，可喷水泥砂浆固结。

3. 隧道防排水

(1)洞外排水。

有坡度的隧道，其上洞口路基边沟及两侧沉砂井应经常清除泥沙杂物，疏导畅通。路面纵坡方向相反，即向洞外方向倾斜，并在适当地点横向排出路基，使上洞口路基排水不流向隧道，以避免引起隧道内边沟淤塞。隧道上洞口的路堑，如出现路面地表水来不及流入侧沟而流入洞内时，可在洞门外1m左右处设横向截水设施，并将沟水妥善引出。

沿河隧道在洪水季节可能进水时，可临时封闭两洞口，以保隧道安全。洪水过后，立即拆除封闭物。

隧道顶山坡上的地表水应使其迅速排走，尽可能不使水渗入洞身。

(2)洞内排水。

治理洞内的水，应采取“以防为主，防、排、截、堵相结合”的综合治理原则。对防水层，纵、横、竖向盲沟，明、暗边沟，截水沟，排水横坡，泄水孔等应及时修理，保持完好、畅通。

隧道内渗漏水，可采取下列措施处治：

①增设衬砌背面排水系统。

②对裂缝集中处的漏水，可采用封闭裂缝埋管排漏的方法。

③衬砌工作缝处漏水，可加设工作缝环形暗槽，将漏水通过暗槽内的半圆管排入纵向边沟。

④对少量渗水，可抹防水砂浆封闭；也可在衬砌表面铺一层防水层。

⑤在围岩与衬砌间压注防水水泥砂浆或水泥浆，可掺入早强速凝剂，形成密闭层以防渗漏。

⑥设表面层导流管。

(3)排地下涌水。

①设横向盲沟并加深纵向排水沟。当涌水量大,必要时还可加修路中心排水沟。

②修建水泥混凝土路面,并在路面下设隔水层,以阻断地下涌水。

③在路面与围岩之间压注防水水泥砂浆或水泥浆。

(4)施工缝及混凝土裂缝渗漏水处治。

施工缝及混凝土裂缝渗漏水在隧道及地下结构渗漏水现象中较为普遍,产生的主要原因是施工缝止水带老化、脱落、止水带(条)安设不规范或混凝土产生冷缝、开裂等,从而导致衬砌后地下水沿裂缝渗漏。对于施工缝及混凝土裂缝渗漏水治理应“以堵为主”。施工时沿施工缝切槽并清洗槽内杂物,然后埋设 $\phi6 \sim \phi8$cm 注浆管,混凝土裂缝可直接埋设注浆管,用防水砂浆等材料对注浆管周围进行封堵后注入水溶性聚氨酯或超细水泥浆,以充填细小裂缝。环向缝注浆宜按自下而上的顺序进行。注浆结束后拔出注浆管并用砂浆封堵抹平。如针注后仍有渗漏或存在渗漏隐患之处可通过凿槽引排对渗漏水进行适当排放,以减小结构防水压力。

(5)变形缝渗漏水处治。

变形缝渗漏水原因大体上有以下几点:止水带(条)安装工艺不到位,造成止水带(条)翻转、扭曲,导致地下水直接通过变形缝渗漏;止水材料老化、脱落,降低或丧失止水性能;变形缝两侧混凝土振捣不密实,产生渗漏通道;由于变形缝两侧结构存在发生相对位移的可能,如对其只进行刚性封堵,极易在变形时被拉裂,从而又形成渗漏通道,因此,变形缝处渗漏水可按照“以排为主、排堵结合、刚柔相济、综合治理”的原则进行治理。在系统回填注浆施工时,对变形缝进行了适当封堵,系统回填注浆后,变形缝主要采取引流排放的措施,即沿变形缝凿槽埋管进行引排。首先,沿变形缝台阶形切槽并连通至两侧排水沟或泄水孔,剔除槽底已坏止水带等杂物并清洗干净,将遇水膨胀止水条嵌于窄槽底部,外面用环氧砂浆等柔性防水材料封堵,然后在槽内嵌入透水弹簧盲管,用 PVC 半管封盖,盲管同槽壁间空隙用防水腻子密封,最后再用防水砂浆等材料封堵并抹平沟槽。

(6)大面积渗漏水治理。

混凝土施工过程中如存在漏振、过振等因素,导致结构混凝土出现局部不密实、蜂窝麻面等现象,加之隧道施工中对超挖及衬砌后回填不足,就会产生混凝土大面积渗漏水。出现大面积渗漏水,首先应对衬砌背后回填注浆,注浆顺序宜从低向高依次进行,并严格控制注浆压力,确保结构稳定。再在渗漏处混凝土表面梅花形布设注浆孔针,注超细水泥浆或环氧树脂等化学浆液,充填混凝土内部空隙及细小裂缝。还可采用水泥基结晶渗透型防水材料涂抹。

(7)基底渗漏水及翻浆冒泥的治理。

由于隧道或地下结构基底处理不当,运营后在外力反复作用下,促使地基局部液化或软化,使基底出现裂缝,产生了地下水渗流通道,从而出现地面渗漏积水、翻浆冒泥的现象。治理基底渗漏水及翻浆冒泥最直接有效的方法是排除基底地下水。即加深洞内排水沟,铺设横向盲沟、盲管,将水引入排水沟中,对排水后存在的空隙,以注浆方式进行回填加固。一般采用强度高、耐久性好的浆液(如 TGRM 浆、HSC 浆等)。基底注浆加固一般采用梅花形布孔,深度一般深入初期支护底部,采用跳孔间隔注浆,以压力控制为主,并在实施过程中严密监测基底结构位移变化情况。

(8)特殊部位渗漏水治理。

特殊部位的渗漏水指预埋件、电缆灯具支架、螺栓孔及预留孔洞等部位的周边渗漏水。其产生原因往往是由于结合处混凝土振捣不密实、周边防水处理工艺不完善。如长期渗漏水不仅影响到结构防水,还可能造成电信故障,危及运营安全。特殊部位渗漏水虽然渗水量小,但治理起来较为麻烦,一般先采用针注超细水泥浆或水溶性聚氨酯等可注性较好的材料,而后将周边凿开,在螺栓或预埋件上套遇水膨胀橡胶圈,用防水砂浆抹平,表面再采用水泥基结晶材料进行处理,这在以往工程实践中收到了较好的成效。对于隧道中同时出现以上几种渗漏形式的治理施工,首先应进行系统回填注浆及基底注浆,其次再进行各分项的治理,避免注浆过程中浆液渗入排水系统内阻塞管路。

三、隧道衬砌劣化的补修

一般来说,隧道衬砌的劣化及掉块,多为年久劣化并与漏水有关。此外,有水害、冻害、盐害、烟害等外因也起一定作用。作为内因,混凝土的水泥用量不够、施工缝填充不良等材质问题、碱性反应等也将促进劣化。

在补修劣化衬砌时,首先要选定与劣化程度和原因相适应的整治措施,其次要考虑劣化部位、衬砌块体的掉落、限界的余裕量等。对劣化衬砌的补修的方法很多,常用的方法有表面清扫、凿除、断面修复、嵌缝及开裂压注等。

1. 表面清扫

表面清扫是当衬砌表面被煤烟、游离石灰、晶花、霉菌、油脂等附着物污染时,清除这些污染物的方法。作为其他对策的前处理,表面清扫是必须进行的作业。特别是在内表面补强、部分改建中,为了既有衬砌和补修材料确实地附着,要特别仔细地进行表面清扫。表面清扫也适用于其他对策的前处理。

表面清扫作为补修方法的前处理作业,必然与凿除劣化部分作业同时进行,尤其是进行嵌缝、内衬和局部改建时,务必使补修材料与既有衬砌确实附着。该项工作要特别精心地进行。

在表面清扫中应注意以下事项:

(1)用目视检查等,事先掌握附着物的种类、范围、深度、衬砌的劣化状况等。

(2)除去煤烟、游离石灰、晶花等;煤烟、游离石灰等的清除,视工地的状况可采用喷砂器、射水、压缩空气、钢丝刷等进行;劣化部分要敲落。

(3)清除霉菌时,要作为产业废弃物处理,废弃时要注意。

(4)视需要对局部劣化部分加以凿除。劣化部分范围很大、局部劣化显著时,可采用其他方法处置。

(5)霉菌、污泥作为产业废弃物处理时要注意,用药品清除的方法正在开发,日本东北新干线有些隧道已验证其效果,但经济性还有些问题,尚不能实用化。

2. 凿除

凿除适用于衬砌块有掉落的可能和衬砌表面局部劣化的场合,或在其他对策的前处理时采用。

进行凿除时,应根据情况用补修材料修复断面。当修内衬而富余量不够时,衬砌不受地压影响的情况下,亦可在其范围内加以凿除。

注意事项:

(1)施工前,应用目视检查、打击声检查,确实地掌握衬砌的劣化状况。劣化和剥落显著、凿除可能损害衬砌功能时,应研究采用其他方法。

(2)凿除作业:

①视当地的情况用喷砂器、高压射水、压缩空气、电动锤、锤、钢凿刀等,力求将劣化部分完全除去。

②由于凿除,衬砌内面形状变为极端凹凸,对衬砌的有效厚度有所妨碍时,要视衬砌的材质、妨碍的范围、厚度等对断面加以修复。此外,当其范围很大时要研究同时采用其他方法的必要。

③视当地的状况,凿除不适当的地点(例如锚杆附近、把衬砌凿除会形成力学上的不稳定地点)。

④凿除后,劣化部分是否完全除去,应用打击声检查确认。

3. 断面修复

断面修复是在凿除后的衬砌断面缺损部分进行。作为凿除后的处理,可用混有高分子材料(环氧树脂等)的砂浆充填、涂抹进行断面修复。一般来说,要采用金属网和锚栓等使之与衬砌一体化。断面修复地点宽广时,也可采用防护板等。断面修复见图6-5。

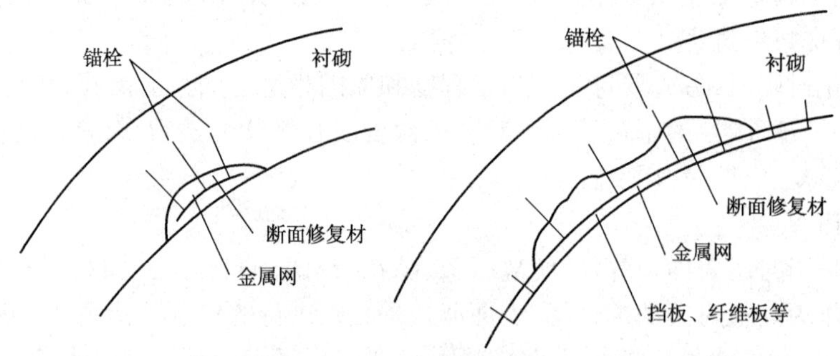

图6-5 断面修复示意图

(1)断面修复前,要掌握劣化原因、劣化状况、漏水状况等,根据修补材料的特性(与衬砌的附着性、耐候性等),选择最适当的材料。

(2)凿除处,必要时可用高分子材料(环氧树脂等)砂浆等充填、涂抹,进行断面修复,使之恢复原来的断面。

(3)补修材料,视劣化原因、劣化状况、漏水状况等,选择与衬砌的附着性好、耐久性好的材料。

4. 嵌缝

砖、混凝土砌块、石材等衬砌,当接缝材料劣化、母材健全时,可采用嵌缝施工。嵌缝是除去劣化的接缝材料并充填接缝砂浆的方法。作业方法有人工作业法和机械(砂浆枪)作业法。

机械填充方法为压气法。压气法的施工概况见图6-6,表6-11为其砂浆配比。

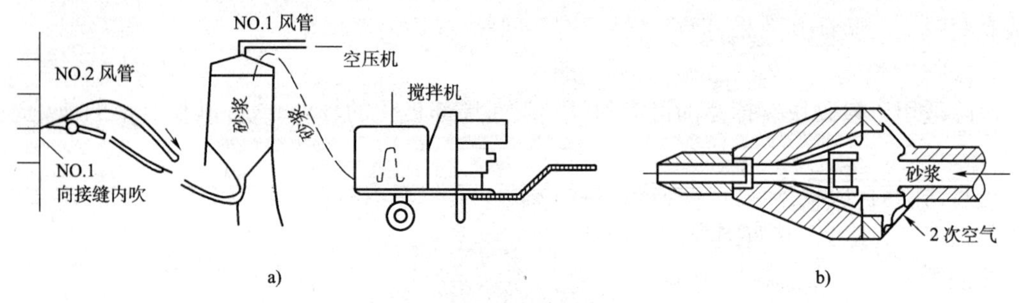

图6-6 压气法嵌缝施工

a)施工概要图;b)嵌缝喷嘴

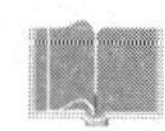

砂浆配比　　表 6-11

水泥	粉煤灰	水	砂	混合剂
500kg	100kg	300kg	1250kg	4kg

嵌缝作业较繁琐且效率差，但因本体材料未劣化，只是补修接缝材料，以恢复衬砌的功能。一般，在接缝已劣化，但砖等衬砌材料尚健全、没有地压造成的变异时，最好用嵌缝法来补修。英国采用嵌缝补修已有 150 年历史，至今仍然发挥着作用。

注意事项：

(1)使用材料和配比：

①用于嵌缝的砂浆应具有良好附着性、施工性和耐久性；

②漏水范围大时，应采用混入速凝剂、硬化剂、高分子材料的砂浆。

(2)前处理：

①在施工范围内有电缆等妨碍时，要事先采取防护措施；

②施工面附着的煤烟、尘土及劣化的接缝应除去。

(3)施工：

①接缝填充处，预先用水湿润，填充砂浆时，为提高附着性，要使表面干燥；

②要确实充填，不要留有空隙。

(4)其他：

嵌缝材料的注入深度，要根据实际情况决定。在德国，缝宽 20mm 以上时，用机械填充砂浆 30cm，6～20mm 时，填充 10～30cm。

5. 开裂压注

开裂压注适用于有可能块状化的开裂地点。一般来说，开裂压注是向开裂处压注注浆材料，使因开裂而降低的刚性得到某种程度恢复。适合整体结构安全但局部开裂的素混凝土衬砌的修补，开裂压注的施工示意见图 6-7。

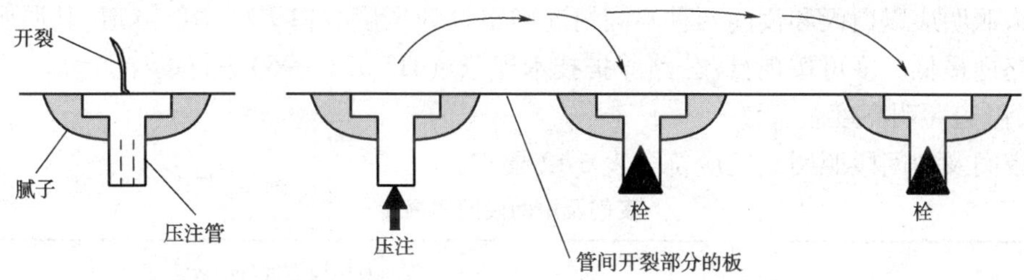

图 6-7　开裂压注的施工示意图

(1)手动式压注方法：

手动式压注方法是在开裂处安设压注管，采用泵进行压注。该方法比较简单，但掌握压注量比较困难。

(2)自动式压注方法：

自动式压注方法是利用橡胶、弹簧、空气压力等，用一定压力(低压)把树脂压入。该方法能够压注微细的开裂(例如 0.02mm)，压注量的管理是通过压注器具进行的，比较容易。

低压自动压注方法，一般压注压力约 0.40MPa。

(3)机械式压注方法：

机械式压注方法是在开裂处安设压注管，用自动混合机进行压注。因为是机械压注，能够采用比较高的压注压力,但掌握压注量也比较困难,而且压注材料易于泄漏。

(4)其他方法:

把压注材料按配比进行混合搅拌,并充填到压注机具中(自动压注的场合),进行压注。

(5)施工步骤:

①沿开裂5m左右的宽度,用器具把灰尘等除去;

②将压注管安设在开裂部位的中心;

③开裂部位安设板材并进行养生;

④把压注材料按配比进行混合搅拌并充填到压注机具中(自动压注的场合),进行压注;

⑤养生;

⑥拆除压注机具、压注管等,并整平表面。

(6)注意事项:

①注浆材料一般有无机和有机两种,各有特色。游离石灰和钢筋混凝土衬砌出现锈迹的地点,也可能出现附着不良的情况,要加以注意。施工时,也可能从背后流出,要对压注压力和压注量进行充分的管理。

②有机系注浆材料从与混凝土的附着性和耐碱性来看,环氧树脂、聚酯树脂是比较好的。同时也能够压注到微细的开裂中,但要注意根据衬砌表面的干湿状态选择注浆材料。

③无机系注浆材料,因为黏度低,用低压力进行压注,即可能获得所要求的附着力。

第三节　隧道附属设施的养护与维修

公路隧道附属设施主要指为隧道营运服务的相关设施。主要包括:照明设施、通风设施、消防及救援设施、环保设施、监控设施等。

1. 照明设施养护维修

隧道照明应以白天和夜间两种不同情况确定设计亮度。白天照明的隧道,其照明区段的划分和路面最低亮度可按现行《公路养护技术规范》(JTJ 073—96)进行设计。

(1)隧道照明亮度

①夜间及中间段照明亮度应符合表6-12要求。

夜间及中间段照明亮度　　表6-12

设计速度(km/h)	夜间及中段亮度(cd/m²)	
	双车道、单向交通 $N>700$ 辆/h 双车道、双向交通 $N>360$ 辆/h	双车道、单向交通 $N\leq700$ 辆/h 双车道、双向交通 $N\leq360$ 辆/h
100	9.0	4.0
80	4.5	2.0
60	2.5	1.5
40	1.5	1.5

注:当双车道单向交通700辆/h $<N\leq$ 2400辆/h,双车道双向交通360辆/h $<N\leq$ 1300辆/h,且通过隧道的行车时间超过135s时,可按表中的80%取值;人车混合通行的隧道,夜间及中间亮度不低于2.5cd/m²。

②路面亮度总均匀度应符合表6-13要求。

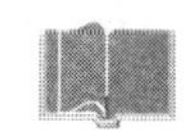

路面亮度总均匀度 表 6-13

设计交通量 N(辆/h)		路面亮度总均匀度
双车道、单向交通	双车道、双向交通	
≥2400	≥1300	0.4
≤700	≤360	0.3

③亮度纵向均匀度应符合表 6-14 要求。

亮度纵向均匀度 表 6-14

设计交通量 N(辆/h)		路面亮度总均匀度
双车道、单向交通	双车道、双向交通	
≥2400	≥1300	0.6~0.7
≤700	≤360	0.5

(2)未设照明设施的隧道,应在隧道洞门外设置限速标志,降低行车速度,以确保安全。

(3)洞外附近地段应尽量保持低亮度,可采取洞口设置遮阳栅或减光格栅,种植常青的大冠树木和铺植草坪,洞外路面采用反射系数低的路面材料等措施。

(4)为提高隧道内亮度并诱导视线,可采取隧道内路面的标线,路缘石和侧墙高1.2m以下部分刷白色反光材料,路面采用反射系数高的路面材料等措施。

(5)为减低隧道内的烟尘浓度,提高照明效果,应加强隧道内路面、侧墙、顶棚和照明器具等的清扫(洁)工作。

(6)隧道中设置的照明器应防震、防水、防尘,并定期检查,及时进行维修和添补。

2. 通风设施养护维修

(1)通风设施的设备完好率不应低于 98%。通风设施经分解性检修后应使其通风能力满足下列要求:

①隧道 CO 允许浓度应按表 6-15 取值,当为人车混合通行隧道时应按表 6-16 取值。

隧道 CO 允许浓度 表 6-15

隧道长度(m)	≤1000	≥3000
$\delta(10^{-6})$	250	200

人车混合通行隧道 CO 允许浓度 表 6-16

隧道长度(m)	≤1000	≥2000
$\delta(10^{-6})$	150	100

②隧道烟雾允许浓度应按表 6-17 取值。

隧道烟雾允许浓度取值 表 6-17

设计速度(km/h)	100	80	60	40	10
烟雾设计浓度 $K(m^{-1})$	0.0065	0.007	0.0075	0.009	0.0095

(2)对于高速公路长和特长隧道、其他公路特长隧道,应配合防灾设施进行每年不少于一次的模拟火灾情况下的通风及排烟演习。单向交通排烟风速应按 2~3m/s 进行控制,双向交通排烟风速应按 1.5m/s 进行控制。

(3)通风设备应按下列要求进行检修:

①利用竖井、边窗通风者,应随时检查,清除井内杂物,保护井口及窗下不得灌进雨雪,影响通风。

②对各式通风机、管道、机电、动力设备等,应每月进行一次运转情况检修,每年进行一次全面检修。

3. 消防救援设施养护维修

(1)消防救援设施

①消防与救援设施是指用于预防隧道火灾和进行必要救援的设施,包括火灾报警装置、紧急电话、消防设施、横通道设施等。高速公路、一级公路的长隧道和特长隧道,可根据需要设置紧急电话、报警装置、排烟设备、消防给水管网及消防器材库等。

②长度在500m以上的高速公路、一级公路隧道,宜单独设置存放专用消防器材的洞室,并作出明显标志;对存放的消防器材应定期补充、更换。一般公路的长隧道和特长隧道,可根据具体情况,简化设置,但必须在适宜位置设置消防器材库。消防有关设备,应定期检查,保持完好状态。

③消防与救援设施日常检查主要是对隧道内消防设备、报警设备、洞外消防设施的外观进行巡视,及时处理设施的异常情况。

④消防与救援设施一般不进行分解性检修,其经常性检修、定期检修可按《公路隧道养护技术规范》(JTG H12—2003)表3.5.4进行。在检修期间应有相应的防灾措施。

⑤消防设施的设备完好率应达到100%,救援设施的设备完好率应不低于98%。

(2)安全注意事项

①隧道内不准存放汽油、煤油、香蕉水等易燃物品。

②严禁明火作业与取暖。

③隧道内的紧急停车带、行车(人)横洞、避车洞及错车道不准堆放杂物。

④隧道内发生火灾时,应用紧急电话、报警装置或其他方法迅速向洞外发出信号,阻止车辆驶入,同时将隧道内的车辆引出洞外,以便使灭火活动顺利开展。

4. 环保设施养护维修

(1)环保设施包括洞口范围内的绿化、消音设施、污水处理设施、洞口雕塑等。

(2)隧道洞口绿化与植被应与周围环境协调。

(3)隧道内应每月清洗、擦拭消音设施上的污秽,如有损坏应及时修复或更换。

(4)隧道污水处理设施的养护应符合以下要求:

①污水处理池和净化池不渗漏,如发现渗漏应查明原因及时处治。

②污水处理池和净化池沉积的泥沙飞杂物,应适时清除。

5. 监控设备

监控设备主要包括:量测监视隧道中车辆运行环境的烟尘浓度测定仪、一氧化碳浓度测定仪、交通量测定装置、监视电视,以及照明、通风、配电设备等自动控制设备和监视控制这些设备运转情况的监控设备。

高速公路、一级公路的长隧道和特长隧道,可根据需要设置监控设备。一般公路的长隧道和特长隧道,可根据具体情况,适时检测烟尘浓度、一氧化碳浓度及交通量。

所有监控设备的维护修理,应符合《公路养护技术规范》(JTJ 073—96)第9.5.2条的规定。

此外,对于高速公路长和特长隧道、其他公路特长隧道应针对隧道内可能出现的火灾及交通事故,制订周密的救援计划,并按计划进行不少于1次/年的针对性的实地救援及防灾演习,其他各种设施应与消防救援设施紧密配合。

对于高速公路隧道、其他公路长和特长隧道,以及有特殊要求的中短隧道应进行供配电设施日常检查。供配电设施日常检查主要针对变压器、高低压配电柜及变配电室内相关设备外观及一般运行状态进行,通过观察外观异常、声响、发热、气味、火花等现象,及时发现设备故障。

第七章　公路桥涵、隧道灾害防治与抢修

第一节　公路桥涵灾害与防治技术

一、桥梁抗洪观测与评定

1. 汛期洪水观测

在汛期应进行必要的水文观测，掌握洪水动态，并与当地气象、水文部门取得密切联系，及时收集洪水、雨水情况预报资料；或向沿河居民进行调查，预先了解洪水的强度、到达时间及变化情况，以判断对公路桥梁的危害程度。同时，应注意积累和保存观测资料，作为今后制定桥梁改善和维修加固措施的依据。

大桥和河床处于不良状态的中桥，应做洪水水位、流速、流向、浪高、漂浮物等及河床断面变化的观测。一般桥梁只观测和记录当年的最高洪水位。

导流堤、丁坝和护岸等调治构造物应观测洪水期间的使用情况，主要河段的调治构造物应观测最高洪水位及洪水前后基础附近河床的冲刷深度。

洪水观测具体内容及要求见表7-1。

洪水观测具体内容及要求　　表7-1

观测内容	洪水观测办法与要求
水位观测	桥梁的水位观测，可借助设在桥墩台上的固定水位标尺或水准仪进行。 导流堤、丁坝和护岸等调治构造物的水位观测，可视工程设施的重要性，设置固定的水尺或临时水尺进行观测。若工程设施较多，设置水尺有困难时，可在各工程设计洪水泛滥线以上设立临时水准点，或利用已有的工程施工水准点，汛期用水准仪进行巡迴观测
流速观测	大型桥梁在观测水位的同时应进行流速观测。 其他构造物是否进行流速观测，视工程的重要性及水毁后危害性等实际情况确定。 流速观测一般用流速仪测速，也可用浮标法或泥沙颗粒起动法测速
河床断面及冲刷深度观测	不稳定河床上的桥梁，一般应在桥位及上游100m、下游50m处测3个横断面。 稳定河床上的桥梁可测桥位处横断面。深槽区桥墩、浅埋式基础丁坝和导流堤等调治构造物宜在墩前、堤头等水流冲击处，观测洪水前后局部冲刷深度变化。观测时间应与测速时间相应。 对危险的桥梁墩台，可安设简便自动沉降观测杆观测局部冲刷深度。具体做法是：在桥墩上游或两侧置一套管，套管位置视流向而定，此管固定于墩上，管内放一钢杆或铁杆，杆的底端伸入水中，并系以重锤，杆应长于套管，杆上画有尺寸，洪水冲刷时杆便自动下沉，依据洪水前和洪水时杆上读数之差，便可得出此次洪水在桥墩附近的局部冲刷深度。 如发现坑深接近基础埋置高程，应立即采取紧急措施

2. 桥梁抗洪能力评定标准

为了预测桥梁水毁程度和分析水毁的原因,并制定相应的防治对策,必须对桥梁结构进行抗洪能力的评定。一般情况下需每3~5年进行一次,但如遇设计洪水及超过设计洪水年,宜结合水毁调查,当年进行一次抗洪能力的评定。对山区的公路桥梁宜每年进行一次抗洪能力的评定。

按照桥(孔)位、基础埋深、墩台病害程度等情况,将桥梁的防洪能力划分为强、可、弱、差4个等级。其规定的评定标准见表7-2所示。

桥梁抗洪能力评定标准 表7-2

等级	评定标准
强	(1)孔径大小:桥下实际过水面积满足设计排水面积,桥下净空高度、最小净跨符合规定。 (2)桥(孔)位置合适,水流调治构造物设置合理、齐全。 (3)墩、台基础埋深足够,深基础的冲刷深度线在设计冲刷线以上;浅基础已做防护,防护周边的基础冲刷深度线在设计冲刷线以上。 (4)墩、台无明显的冲蚀、剥落
可	(1)孔径大小:桥下实际过水面积满足设计排水面积,上部结构底高程与设计计算水位相同,或净跨偏小但不超过规定值10%。 (2)桥(孔)位置略有偏差,设置了调治构造物,其基础冲刷深度线在基底最小埋深安全值的30%以内,或调治构造物有局部缺损,河床无大的不利变形。 (3)深基础的冲刷深度线在规定的基底最小埋深安全值的30%以内;浅基础防护周边冲刷深度线在规定的基底最小埋深安全值的30%以内,防护有局部缺损。 (4)墩、台有冲蚀剥落,面积小于10%,深度小于2cm
弱	(1)孔径大小:桥下实际过水面积小于设计排水面积20%以内,上部结构底高程与设计水位相同,或净跨小于规定的10%~20%。 (2)桥(孔)位置略有偏置,水流调治构造物短缺,或调治构造物局部损坏,河床发生严重的不利变形。 (3)深基础的冲刷深度线在规定的基底最小埋深安全值的30%~60%内;浅基础防护周边冲刷深度线在规定的基底最小埋深安全值的30%~60%内,或防护体损坏明显。 (4)墩、台冲蚀剥落露筋面积超过10%,钢筋严重锈蚀
差	(1)孔径大小:桥下实际过水面积小于设计排水面积20%以上,上部结构底高程低于设计水位,或净跨小于规定值的20%以上。 (2)桥(孔)位置偏置,无必要的水流调治构造物。 (3)深基础的冲刷深度线在规定的基底最小埋深安全值的60%以上;浅基础未做防护,冲空面积在20%以上。 (4)墩、台冲蚀剥落严重,桩有缩颈,砌体松动脱落或变形

二、地震、洪水或泥石流对桥梁的损害

1. 桥梁损害的现象

(1)墩台不均匀沉降:

地震后使桥梁墩台基础产生不均匀沉陷,桥面凹凸不平,从而影响行车安全,或行车颠簸,易损车辆部件,行驶不适,见图7-1。

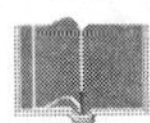

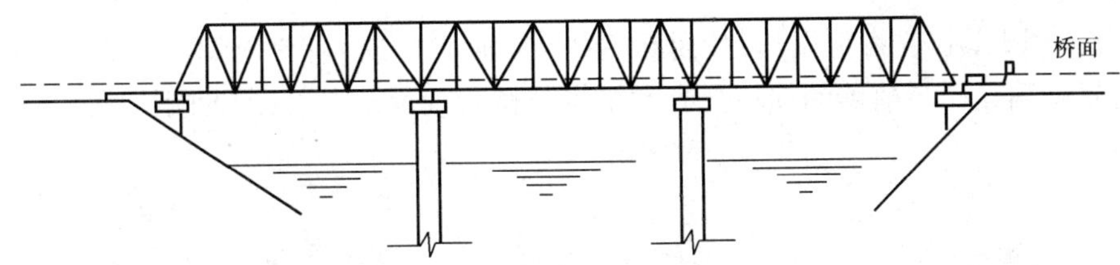

图 7-1 桥面不平整示意图

(2)桥面横桥向或顺桥向位移

地震力、洪水或泥石流对桥梁墩台顶或整个墩台身产生横桥向或顺桥向位移,致使梁体发生相应的位移,甚至影响车辆的正常行驶,见图 7-2。

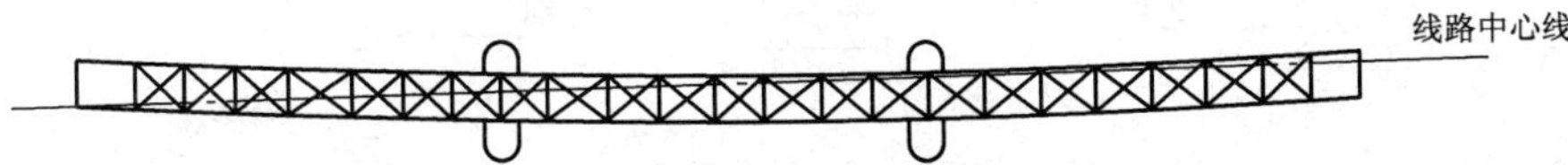

图 7-2 桥面位移示意图

(3)落梁

地震力、洪水或泥石流作用下使梁体脱离墩台,坠落河中或地面,有时梁体被水平地震力横桥向震出或洪水、泥石流横桥向冲出,坠入桥下外侧,见图 7-3。

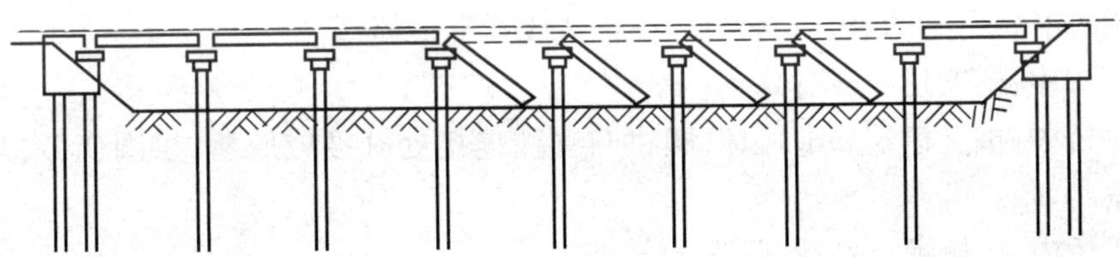

图 7-3 落梁示意图

(4)墩台位移或倾斜

地震使地基持力层产生液化,洪水的冲刷使基础裸露,地震力或泥石流的冲击等因素引起墩台产生倾斜或移动,导致桥梁的破坏,见图 7-4。

(5)墩台发生剪切、扭转或墩身折断

地震力、泥石流(洪水)使墩台发生剪切或剪断扭转,墩身被地震力所折断。此种情况,多发生在混凝土施工接缝处,或墩台截面突变处,见图 7-5。

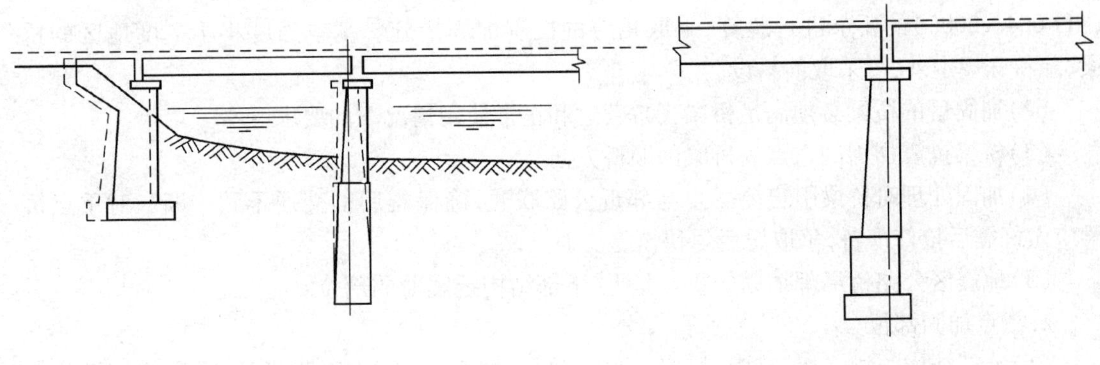

图 7-4 墩台位移示意图

图 7-5 墩身折断示意图

(6)桥台位移

地震力作用下,由于路基位移,使桥台沿纵向(河心方向)移动,致使梁端缝隙减小或顶死,从而引起梁端撞坏与前墙的损坏。有时梁体与桥台前墙错位,二者间距加大,造成行车困难,见图7-6。

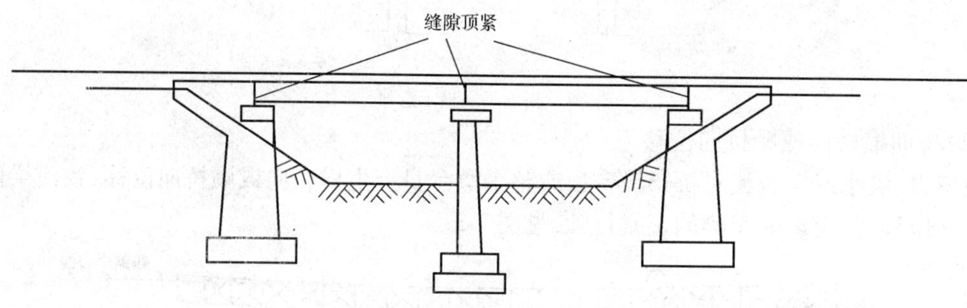

图7-6 桥台位移示意图

(7)支座破坏

地震力、洪水或泥石流作用下,墩台固定支座锚栓剪断或支座垫石被支座螺栓拉裂,固定支座上摆脱出,摆柱支座倾倒,活动支座分离,橡胶支座变形或位移过大。

2. 常见的损坏形式

(1)在板、梁桥中:梁的纵、横向移位、撞击造成梁端损坏、落梁。

(2)在桁梁中:桁梁扭曲、位移。

(3)在拱桥中:拱上建筑局部挤坏,腹拱与立柱连接处开裂或脱落;拱圈变形、开裂;拱脚移位、开裂等。

(4)在木桥中:连接螺栓松动、脱落。

(5)在支座处:底板砂浆开裂破坏,底板附近下部结构混凝土破损,锚固螺栓拔出或剪断,支座倾覆、销钉损坏、滚轴脱离。

(6)在桥梁墩、台基础中:墩、台基础产生下沉、滑移、倾斜、断裂;桥台胸墙开裂、剪断,墩(台)帽拉裂;地基土液化,承载力降低等(地震引起)。

三、公路桥梁的抗灾加固

1. 抗灾加固原则

(1)地震基本烈度为7度或7度以上地区的桥梁,应按现行《公路工程抗震设计规范》(JTJ 004—2005)的要求进行验算,采取相应的抗震加固措施。基本烈度小于7度地区的桥梁,除特殊规定外,可采取简易设防。

(2)加固后的桥梁必须满足桥梁正常营运和正常使用情况下的要求。

(3)桥梁抗震加固的重点为桥梁的顺桥方向。

(4)加固处理时桥梁引道要尽量与邻近公路联通,确保震后的交通不致中断。对重点桥梁应做好震后抢修准备,争取震后尽快恢复交通。

(5)地震区公路桥局部加固的重点是上、下部结构抗震薄弱部位。

2. 重点加固部位

(1)上部结构。梁式桥:跨中、横梁、支座;拱桥:拱顶、拱圈1/4跨径处、拱脚及腹拱与立柱连接处;其他形式桥梁:除跨中和支座部位外,还有设计部门提出的抗震薄弱部位。

(2)下部结构。墩帽与墩身连接处、盖梁与立柱(排回桩)连接处、承台与基桩连接处,墩、台身或基桩断面突变处,水中墩(桩)干湿交替风化严重的部位,基础局部冲刷严重的部位,钢筋混凝土桥墩混凝土工作缝处。

3. 桥梁抗灾加固常用方法

(1)梁式桥防止纵向落梁的加固方法

①置纵向挡块。将原桥台胸墙拆除,重做钢筋混凝土胸墙,在梁端和胸墙间填充缓冲材料(如沥青油毡或橡胶垫),并在台帽外缘加设锚栓、挡块,阻挠梁纵向位移。

②用卡架固定。在两片梁的接缝间钻孔,两横隔板面剔槽,用槽钢及螺栓做成△形、H形或□形卡架,把梁或板固定在桥墩上。卡架与梁(板)或墩之间应填塞橡胶、油毡、软木等弹性材料,以保证梁、板在温度变化时能自由伸缩。

③梁板端钻孔固定。采用油毡支座的板梁,可在每片板梁上钻孔深入至墩、台帽内,然后放入螺栓,固定端填以环氧砂浆,活动端应扩孔并填以弹性材料,以利温差伸缩,最后上紧螺帽。

④悬臂挂孔梁加固。对于悬臂梁桥的挂梁可以采用从梁侧钻孔并用钢板螺栓连接的固定措施,活动支座端则扩大螺孔,以适应温度变化伸缩等影响。也可用螺栓竖向连接或用钢板于梁顶面钻孔连接二梁(悬梁和挂梁)端部。

⑤将梁与梁或梁与桥台连成整体:

a. 在无横隔梁的桥中,先探明原主梁钢筋的位置,在不破坏钢筋的情况下,钻孔、穿横向拉杆,将主梁连成整体;

b. 在有横隔梁的桥中,若横隔梁刚度不够时,增设横向拉杆或钢筋混凝土横隔板;

c. 采用钢纤维混凝土浇筑整体桥面板,增强桥梁整体性;

d. 纵向加固采用在梁端隔板之间中性轴线上钻孔,用螺栓连接,隔板之间加垫块;

e. 在梁侧钻孔安装梁端钢板;在梁侧钻孔,用螺栓固定梁端钢板,之后将钢板与桥台胸墙上的预埋件连接在一起。

⑥设置横向挡块或挡杆。当主边梁外侧盖梁上有条件钻孔时,可设钢筋混凝土横向抗震挡块(一般讲,纵向挡块对防止横向落梁也有一定作用);在主边梁外侧桥台盖梁或台帽上埋设短角钢或钢轨、槽钢作为挡杆,外露部分涂红丹一度,灰铅漆二度。

⑦主边梁外侧设置钢支架加固。在主边梁外侧墩(台)帽上埋设钢锚栓,固定三角形钢支架作为防止边梁落梁的抗震措施,同上所述外露部分涂红丹一度,灰铅漆二度。

⑧主梁两侧埋设角钢或钢轨加固。用角钢或短钢轨代替钢筋混凝土挡块,埋设于活动支座端,防止梁墩相对位移过大和防止横向地震力作用下发生横向落梁,角钢外露部分按上述用红丹、灰铅漆涂刷。

⑨宽盖梁的支座挡块。在墩台较宽的情况下,可采用钢筋混凝土挡块进行加固。每梁用4块,即两端两侧各1块。钢筋混凝土挡块的尺寸,一般可为长40cm、宽20cm、高30cm,但其高度必须保证比T形梁和横梁底面高出20cm以上。挡块中的锚固钢筋埋入盖梁或墩帽中30~50cm。

⑩设支座承托加固。对于摆动、滚动式支座,其墩(台)帽或盖梁一般较宽,除采用一般钢筋混凝土挡块外,也可将梁两侧的挡块同下部构造连接起来,使之成为U形承托,或一字形的承托。

(2)拱桥上部结构加固方法

①拱肋与拱波之间裂缝补强。拱肋和拱波之间出现裂缝，可压注环氧树脂砂浆补强。

②拱顶上部构造的加固。拱板上增设钢筋网一层，并铺筑混凝土封填厚10mm钢筋网，其顺桥长至少2m（跨径为20～30m或跨径为30m以上时），以加强整体性和抗扭刚度。

③设钢筋拉杆加固。在拱肋的横系梁间设钢筋斜拉杆使主拱圈连成整体，中间再用法兰螺栓拉紧，拉杆尺寸应通过计算确定。各部分外露钢筋均应进行油漆防锈，其日常保养按钢构件养护方法处理。

④横系梁间设拉杆加固。拉杆用ϕ20～ϕ22mm的钢筋，两端焊接在横系梁的钢板箍上（钢板箍用6～8mm厚的钢板制成，宽200mm），中间用法兰螺栓拉紧。

⑤拱圈钻孔锚固法。石拱桥可在拱圈的跨中和1/4跨处加设三道钢板箍，用螺栓在拱底及拱侧钻孔锚固，应注意拱侧锚固点设在拱圈厚度的1/3处。锚固孔用膨胀水砂浆填充塞实。

（3）桥梁下部结构加固技术

详见第二章第三节桥梁下部结构的加固与改造简介。

第二节　公路隧道抢险与维修

一、隧道病害观测

对长大、结构复杂、特别重要和有严重病害的隧道，应建立观测系统，并建立技术档案，要详细记录病害发生的时间和位置以及危害程度，研究和分析病害的发展规律和原因，为彻底整治病害及制定有效措施提供可靠依据。

1. 衬砌裂损及变形观测

（1）裂损观测：检查衬砌裂损时，先将衬砌表面清洗干净，然后测出裂损的方向、长短、宽度和深度，并绘图。对有变化的和可能有变化的裂缝，应设置观测标进行长期和定期监测，判明是否继续发展及发展速度等，并做详细记录。

（2）变形观测：衬砌变形是个很复杂的过程，观测难度较大。现仅介绍边墙变形观测方法。当边墙顶或拱脚发生变形时（其他部位稳定或未发现异样），在边墙变形部位埋设钎钉，并在钎钉的固定部位悬挂垂球，在垂球下端的隧道底部埋设固定点，精确丈量出钎钉垂球尖至固定点的距离，然后定期观测。当垂球偏离固定点时，即发生了变化。由此可以计算线变位和角变位。

2. 衬砌漏水与结冰观测

（1）渗漏水观测：详细实地调查衬砌渗漏水形式、范围和漏水量，绘制在展示图上，并详细说明漏水形式以及每次漏水持续时间长短等，为今后治水提供科学数据。一般湿润、渗水或漏水量很小时，只需观测渗漏水的日期及其变化。当漏水量大时，可以用容器盛装，求算漏水量（t/昼夜、L/h、L/min）。根据长期观测资料，掌握其最大平均值和最大值，为治水堵漏提供第一手资料。

（2）结冰观测：严寒地区夏季漏水的隧道，冬季会结冰，在隧道内边墙或拱部的漏水处所会形成挂冰或冰柱，并逐渐扩大增长，直至侵入限界，危及行车安全，因此应加强对结冰隧道的观测，详细纪录结冰时间长短、范围、冰块大小等，要适时采取破冰措施，确保行车安全。

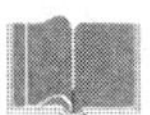

3. 气温、地温和冻结深度观测

严寒地区隧道的温度观测，在维修养护、基建大修、科学研究中有特别重要的意义，能为设备病害分析和冬季施工提供可靠依据。

4. 山体滑动观测

隧道顶上山体有滑动时，应设观测网，用经纬仪和水准仪观测各桩的纵、横位移量及高程变化，以分析山体滑动方向、范围、速度及其发生原因，对隧道的影响等。

二、隧道衬砌裂损处理技术

1. 衬砌裂缝（贵昆线沙子坡隧道）

（1）裂损原因：

①个别衬砌地段拱背不密实，致使坍方体长期冲击拱圈，造成内拱顶沿纵向开裂、拱腰受挤压剥落掉块或外拱顶和拱腰开裂。

②隧道周围乱开小煤洞扰动了围岩，破坏了山体的稳定性，造成1984年雨季出现了局部浅层滑坡，破坏了两个洞门。

③由于地下水发育，原衬砌铺底混凝土又受水中 HCO_3^- 的溶出性侵蚀破坏，围岩暴露软化，铺底多处变形隆起，严重危及行车安全。

（2）裂损情况：见图7-7。

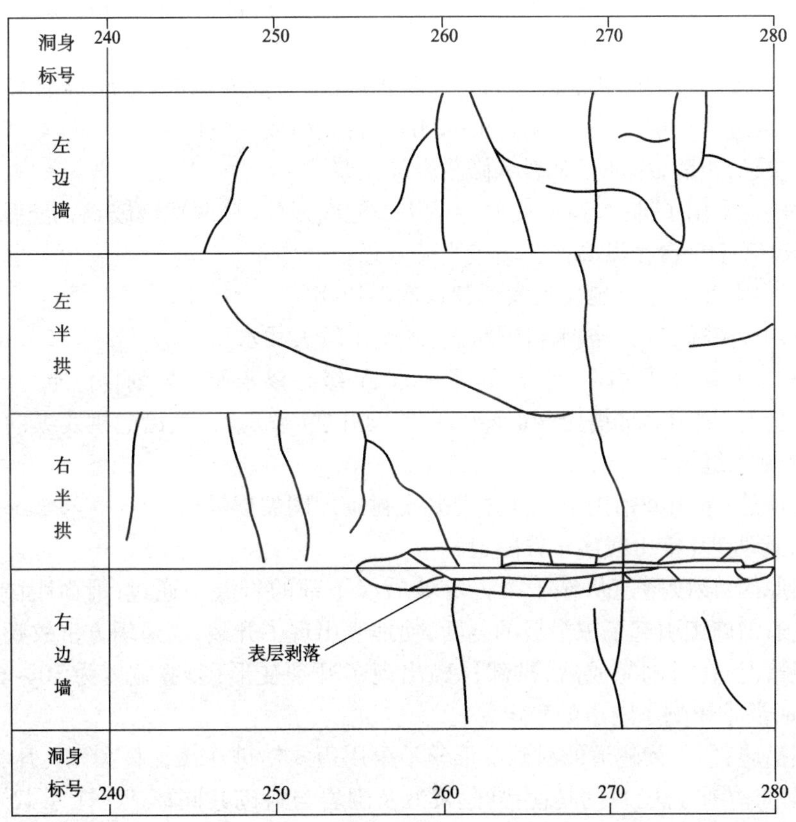

图7-7　沙子坡隧道衬砌裂缝示意图

①进口明洞拱圈从拱顶分成左、右两块，且有错动；出口洞门左侧拱脚向右错动30mm；右边墙腰部有两条水平裂缝。

②隧道拱墙开裂达100多条，洞内拱顶主要是纵向裂缝，裂缝最窄15mm，最宽66mm，并有继续发展的趋势。

③洞内两侧边墙有不同程度和走向的开裂，左边墙内侧墙腰处呈水平张口裂缝，右边墙开裂微小，起拱线上个别处表层混凝土成块状剥落掉块，个别隧道铺底隆起破坏。

(3)处理措施：

①拱部整治：进行套拱、网喷混凝土、护拱、接长明洞四部分整治。

a. 套拱实际上就是在原拱内加一层厚25cm的钢筋混凝土拱圈，内设两层20cm×20cm的钢筋网。

b. 拱部网喷混凝土先要对旧拱圈修凿0～8cm，再进行裂缝凿除、嵌补、注浆、打锚杆、挂钢筋网、喷射混凝土，每完成一个循环5m，需要3d。

c. 护拱设置在出口洞门后5m的明拱背，采用人工明挖的方法施工。

d. 出口接长15m抗滑明洞，采用先墙后拱法施工。

②边墙整治：

a. 进口洞门左耳墙基础采用竖井开挖、横洞引进的方法施工。开挖中将原基础外侧的尖角部分打平，并在横洞两侧岩壁和顺节理面坍方的掌子面上喷射8cm混凝土加固后，将基础加深部分和竖井用混凝土一次性灌注，并用压浆使新旧圬工连接密实。

b. 边墙每横距1m竖状嵌设钢轨12根，并用1m长的锚杆使钢轨和边墙连接成整体，以抵抗起拱线处弯矩所产生的边墙内侧张力。

c. 对破坏严重的左边墙抽换成曲墙。为防止爆破，拆除左墙时，后墙背围岩顺层坍滑，在拆除前先对围岩进行浅层压浆，将墙背1～2的岩石凝结成一整体。

d. 对未抽换的边墙，均进行了裂缝修凿嵌补注浆。

③隧底整治：采用了抑拱、厚铺底两种结构。隧底开挖(分两次爆破)后浇注混凝土铺底。

2. 水灾破坏(宁—台—温高速公路黄土岭隧道)

(1)裂损原因：水和不良地质因素引起这次隧道病害。

①连降暴雨，使隧道处于被水包围状态，承受了较大的水压；

②隧道围岩主要为II、III级围岩(局部有IV、V级)，渗水使围岩的自稳能力大幅降低。

(2)裂损情况：拱顶局部坍塌(4m×4m)、路面开裂(裂沟5m)、沿起拱线纵向错位(4cm)、裂损拱脚处及施工缝冒水。

(3)处理措施：采用型钢拱架和换注混凝土衬砌加固裂损隧道。

3. 衬砌变形处理(宝中线堡子梁隧道)

(1)裂损原因：该段隧道从堡子梁古滑坡后缘下部的岩层中通过，滑面距隧道顶部只有10cm，因此隧道的施工引起了古滑坡的复活，使地表出现了开裂，隧道坍方事故频繁发生。

(2)裂损情况：在衬砌完成后，拱部衬砌出现了开裂变形，裂缝宽度为50～620mm，错台－50～150mm，严重影响了隧道的稳定。

(3)处理措施：堡子梁隧道的衬砌变形整治采用迈式钻进注浆锚杆和深孔压浆，以加固围岩和开裂衬砌的治理方法，目的是使锚杆、浆液及围岩与衬砌共同形成一个承载环，阻止滑坡的位移及隧道衬砌的开裂，从而保证隧道的稳定。

4. 浅层爆破处理(渣洋隧道)

(1)裂损原因：隧道穿越地层为石英砂岩夹炭质页岩，围岩分类III～IV级。衬砌受围岩长期(20年)挤压开裂。

(2)裂损情况:洞内裂缝纵横交错,拱腰有两条纵向贯通裂缝长达200多米。洞内到处漏水,病害十分严重。

(3)处理措施:采用了喷锚加固、洞内注浆、设置排水暗槽等措施综合治理(见图7-8)。边墙凿除10cm厚的既有衬砌,采用浅层控制爆破的方法,从而大大缩短了凿除时间。

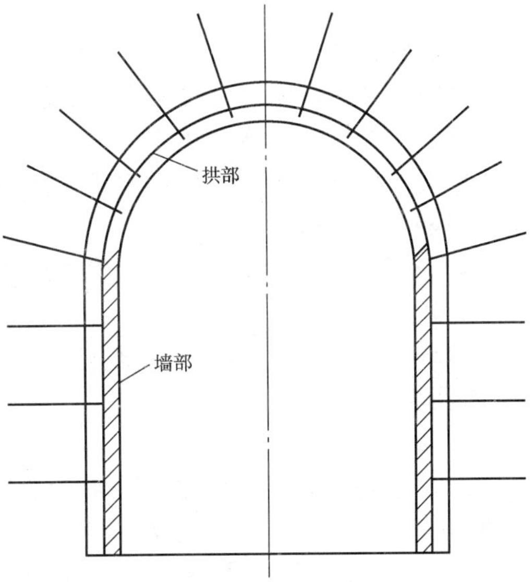

图7-8　全拱喷锚加固示意图

三、隧道维修技术

1. 隧道衬砌修补

(1)压浆修补

隧道衬砌压浆主要修补裂纹及圬工内部蜂窝、渗漏水及衬砌局部外鼓,以提高拱部及边墙的刚度和稳定性。

①机具及材料:

a. 机具:空气压缩机、油水分离器、压力注浆机、注浆嘴、各种管路、尖嘴和扁嘴凿、手锤、钻子、铁抹子、灰盘、小秤。

b. 材料:325号以上水泥、沙子、食用水、棉丝或纸。

②施工作业程序及要求:

a. 设好防护,搭设必要的脚手架或梯凳。

b. 作孔眼布置标记,凿孔眼,清理、凿除松散圬工并洗净。

c. 封闭嵌补裂缝、麻面、空隙,埋设压浆嘴,同时编号、养护。

d. 7d后做压水试验,检查压浆嘴是否牢固,封缝修补是否密闭,同时还要做好每个孔眼压注水量的记录。

e. 按配和比拌和浆液,并测定浆液的延散度。

f. 开始压浆:顺序是先下后上、先外后内,当个别孔耗浆量大而不饱满时,待24h再压注同一比例的浆液。压浆时要准备好棉丝或纸堵塞漏浆处所,待浆液饱满后拔出注浆插头,立即用木塞把注浆嘴塞紧。

g. 衬砌背后压浆时要注意检查、堵塞跑浆孔道。

h. 压完浆7d后可拆除压浆嘴,用1:3的干砂浆抹平封孔。

③压注水泥砂浆技术要求:

a. 水泥砂浆的配合为1:1~1:3,结合现场实际测验选定合适的配合比。

b. 根据实地调查布置孔眼。一般孔眼设在裂缝较宽处,眼距为300~500mm,嘴眼凿成外口ϕ45mm、深为50~100mm的漏斗形。如整治大面积麻面、渗漏等病害时,应按梅花形排列布置孔眼,眼距为1~2.5m,孔径为40~50mm。

c. 压注浆液应饱满,无裂纹、麻面,封孔修补应压实、平整、牢固。

④安全注意事项:

a. 在长大隧道里作业,工作量较大、人员多的情况下,在工地设警示标志并安排专人进行防护。

b. 压浆时禁止车辆通行。

c. 施工人员在作业架上工作时应系安全带,戴安全帽,压浆人员还要穿防护雨衣、雨鞋,戴

护目镜等。

(2)喷射混凝土修补

模筑混凝土严重裂损或无衬砌的隧道严重风化剥落,多采取喷射混凝土修补。喷射混凝土有素喷、锚喷、网锚喷之分,为了减少和防止喷层的收缩裂纹,一般采用挂网锚喷混凝土,这样能够增加结构的整体性和抗震、抗冲击的能力。

①机具及材料:

a. 机具:空气压缩机、喷射机、发电机、搅拌机、凿眼机、高压水罐、空气滤清器、灰砂桶、胶管、喷嘴、送料小车等。

b. 材料:水、水泥、砂、石、钢筋、速凝剂、篷布、苇席等。

②施工作业程序及要求:

a. 按规定设好防护。

b. 将准备喷混凝土的表面灰烟、污垢、风化层、混凝土裂损松槽进行清除,再用高压水或风冲洗净,然后先喷一层水泥浆堵塞缝隙。

c. 丈量布置牵钉及锚杆位置,并钻孔眼。用水泥砂浆固定牵钉及锚杆,待48h后挂钢筋网。

d. 检查机具,风水管路、回收回弹物的篷布或苇席要准备好。

e. 配料拌和:先将砂石料拌匀,然后加水泥再拌和,最后加入速凝剂搅拌均匀。将此拌好的干料装入喷射罐内,用风力压至喷嘴。

f. 打开水阀进行喷射,其顺序是先墙后拱,先下后上,分层、分段,每段长1.5~2.0m,分块进行作业,喷嘴垂直于喷面,其间距为0.6~1.2m,喷嘴做螺旋线式移动。

g. 一次喷混凝土厚度,拱部4~6m,边墙6~8m。如喷射混凝土掺有速凝剂时,二次喷射相隔时间为15~30min。

h. 喷射机开停顺序:先开风后给水,再送电、给料。停止时,先停止给料,待料罐中无料后再停电、关水、停风。

i. 收集回弹物,过筛后再作喷射混凝土的集料。回弹物每次掺入量不超过集料总量的3%。

j. 混凝土终凝后喷水养生14d。

③技术标准及质量要求:

a. 喷射混凝土的抗压强度不得低于C20,原料配合比要经过试验选定。一般配合比为水:水泥:中砂:石子=0.4~0.5:1:2:2~2.5,速凝剂掺量为水泥用量的2%~4%。

b. 喷层厚度要求:拱顶为15~20cm,顺至上拱腰,拱脚为10cm,边墙为8~10cm,保护层要大于2cm。

c. 材料要求:硅酸盐类水泥标号大于等于425号,适用的速凝剂有红星1型、711型和782型(早强硫铝酸盐水泥,专用TS—2型速凝剂);洁净中砂;坚硬洁净的碎石粒径为5~20mm;饮用水。

d. 挂钢筋网:环向主筋ϕ12~ϕ22mm,纵向辅筋ϕ6~ϕ8mm,网格20~30cm,牵钉ϕ14~ϕ16mm,间距50~100cm,锚入深度不得少于25cm。

e. 喷锚修补加固不得侵限,不能有空响、漏水、裂纹和外露钢筋及锚杆。

④施工安全:

a. 工地应设专人防护。

b. 工作量较大时,可编制施工要点计划,采取封闭施工。

c. 作业人员应戴安全帽、口罩、护目镜,喷射手还应穿防护服。

d. 严禁喷嘴对人,或对接触网喷射。

e. 检查机具故障时,必须停风、水、电后才能进行。

2. 整治隧道漏水

整治隧道漏水应符合以下原则:

①排水:即将汇集于衬砌外围的地下水沿着通道排走。

②堵水:即堵漏和防渗。就是防止地下水进入隧道内铸成各种水害。

③截水:即拦截和引流,将流向隧道的水流截断或引开,尽可能减少水量。

④排、堵、截均不宜单独使用,要做到以排保防,以防助排,排防结合。

⑤整治隧道漏水要紧密结合实际情况,在洞内洞外、山上地下、有病害无病害区段,要综合分析,统筹考虑规划,进行全面整治安排。排、堵、截应有主次,既能自成体系,又能相互配合。如果规划工程量过大可分期治理、逐步配套。

整治漏水方法分洞外与洞内整修两部分。洞外整修包括整修山上排水沟,再整修洞口仰坡及排水设备(施);洞内整修包括整修及增设排水暗槽、防水砂浆抹面。

(1)整修及增设排水暗槽

①机具及材料:

a. 机具:打风机、风镐、风铲、手锤、钢钎、磅秤、量杯、灰盘、大小泥抹、水桶、钢卷尺或木折尺。

b. 材料:水泥、沙子、水玻璃、矾类防水剂、50~60mm 半圆塑料管、防腐木板条、沥青、镀锌铁皮、聚氯乙烯胶泥条防水带。

②作业程序及要点:

a. 选准部位:凿排水孔,将水放出。再从排水孔处沿水流方向凿垂直排水暗槽。用铁丝刷将浮渣刷干净。

b. 在槽内贴 50~60mm 半圆塑料管或 8~10mm 防腐木板条及 1mm 厚的涂沥青镀锌铁皮一层以挡水。

c. 用水泥玻璃浆膏或矾类防水浆膏将塑料管边缝封实,防止漏水。

d. 聚氯乙烯胶泥条防水带厚度以 3~10mm 为宜,在其上刷净水泥浆一层(水灰比 0.38~0.40),厚 1mm,再用 1:2水泥砂浆填平暗槽,但要比原混凝土上面凹下 10mm。

e. 待水泥砂浆终凝后,用氯化铁(或硅化)防水砂浆抹面层,宽 260~280mm,厚 10mm,并在表面涂刷防水覆盖剂共二层。

③技术标准及质量要求:

a. 排水暗槽外层无裂纹、变形,不渗漏水。

b. 暗槽无堵塞,排水畅通,将边墙背后的积水导入侧沟。

c. 根据隧道里的最低气温条件,排水暗槽可适当埋深。避免暗槽因冻坏而影响排水。

d. 暗槽一般凿成深 100~120mm,底口宽 50~60mm,开口处 60~80mm 的梯形槽,根据流水量的大小,可选择不同尺寸的梯形槽。

e. 防水浆膏配制标准为(矾类防水剂浆膏):普通水泥 325~425 号、矾类防水剂:水灰比为1:1、矾类防水剂掺入量为水泥的 3%~6%。

④安全注意事项:

a. 进出洞口及工点设警示标志牌,指定专人用红旗或红色信号指挥车辆通行。

b. 施工脚手架搭设稳固,行走安全,必要时挂防护网。

c. 作业人员应戴安全帽,配防护雨衣、雨鞋、护目镜、手套。

(2)防水砂浆抹面法

①机具及材料:

a. 机具:手锤、钻子、灰板、灰抿、泥抹、水桶、勾缝器、各种凿子、磅秤、量杯、扁毛刷等。

b. 材料:水泥、沙子、氯化铁、氯化钙、水玻璃、帝漆、松节油、甲苯、汽油、柴油。

②作业程序及要领:

a. 搭设梯架或隧道作业架。

b. 凿除旧混凝土表层 15~20mm,并将表面用清水洗干净。

c. 用防水浆膏把一般出水眼腻死,然后在整个凿毛面上涂刷一层水泥浆,约 1mm 厚,水灰比为 0.35~0.4。

d. 按比例调制防水砂浆。待毛面涂刷水泥浆半个小时后,开始抹防水砂浆 5~8mm 一层,终凝前抹压 2~3 次,用毛刷将表面在终凝前刷毛。

e. 第一层终凝(一般 24h 后),抹第二层防水砂浆(若需三层时按上述操作),最后一层终凝前抹压 2~3 次,表面压平整,抹光。

f. 终凝后养生 7d,相对湿度达 85% 以上时养生 3~5d。

g. 擦净抹面表层的污灰油迹,并保持干燥,必要时可用喷灯烤干,再在表面喷涂或刷涂覆盖剂二层。

③技术标准及质量要求:

a. 对材料要求:水泥可采用普通水泥,但不低于 325 号。沙子粒径为 1~3mm,质地坚硬、洁净。水为一般的自来水或不含有害杂质的天然水。

b. 氯化铁或硅化防水砂浆抹面总厚度为 15~20mm。抹面可分为 2~4 层操作,即每层厚 2~8mm。

c. 抹面表层平整、光洁,与旧混凝土衔接牢固,抹层密实,敲击无空响,抗渗性好,表面无渗水水迹。

d. 最后在抹面表层可喷涂覆盖剂两层,封闭表面收缩开裂的微细裂纹。

e. 大面积抹面需留接茬时,按接茬做法,各层搭接长度不少于 100mm。

④安全注意事项:

a. 进出洞口及工点设警示标志牌,指定专人用红旗或红色信号指挥车辆通行。

b. 施工脚手架搭设稳固,行走安全,必要时挂防护网。

c. 作业人员应戴安全帽、护目镜、手套。

d. 长隧道机械通风时一律不准作业,并进入防烟门内避风。

3. 整修隧道排水设施

这里指的排水设施是隧道的天沟、吊沟、侧沟、中心沟、暗沟、盲沟、检查井、集水井等。

(1)机具及材料

①机具:小型混凝土拌和机、砂浆拌和机、单轨小车、铁桶、抬筐、方头铁锹、钻子、手锤、灰盘、泥抹、灰浆桶、撬棍、瓦刀、勾缝器、跳板。

②材料:水泥、沙子、钢筋、石子、木板或钢模。

(2)作业程序及要领

①在隧道内作业前要装好照明设施。

②排水沟清理:

a. 用小撬棍掀开暗沟盖板,用方头铁锹挖除沟内、井里的污泥和杂物,并运至洞外。

b. 清理完毕要盖好暗沟盖板，安放平稳，大缝要用砂浆堵塞、抹平。

③更换、补充水沟盖板：

a. 拆除旧盖板，对支撑表面要做清理、找平。

b. 清除沟内的泥土及杂物，运至隧道外。

c. 铺设新盖板，注意找平、找齐，不留大缝，安放平稳。

④翻修破损、下沉、断裂的侧沟：

a. 揭开水沟盖板，清挖淤泥，并运至隧道外。

b. 如果破损段落较长，应分段凿除破碎圬工，每段长 2 ~ 4m，有水时做好引排，把弃渣清除干净。

c. 若是浆砌片石侧沟，应找平基面，挂好线，按要求的配合比拌和砂浆，开始砌筑，砌完后沟槽内要用砂浆抹面，养生 7d 后方可盖水沟盖板。

d. 浇筑混凝土侧沟：制立模板，清洗模板并涂刷润滑剂，基底铺 2 ~ 3cm 厚的 M10 水泥砂浆，按比例配料，拌和混凝土，搅拌均匀，灌筑捣实，找平顶面并压光，终凝后覆盖养生 7d 以上拆模，拆吊轨，回填，安装盖板。

⑤修理排水沟，拆除原裂损圬工砌体，凿除松动部分，用清水洗干净，再按原样修补完好，用草袋覆盖浇水养生 7d 以上。

(3)技术标准及质量要求

①保持水沟排水畅通，护坡及护底无坍塌，无断裂，无渗漏，无潜流。

②排水沟内无淤积，杂草清理干净，暗沟要掀开盖板清理，以保持水流畅通，把杂物、污泥运到洞口以外的适当地方。

③水沟盖板损坏、缺少要全部更换、补齐，铺设平整，无大缝，不平稳处所和大缝要用水泥砂浆垫平，安放稳固，将大缝堵塞、抹平。

④翻修后的水沟断面要与原水沟断面一样，接茬平顺光滑，结合良好。所用混凝土不低于 C15，砌石砂浆不低于 M10。灌筑后 12h 以内不得受水冲刷。

(4)安全注意事项

①要有充足的照明，作业人员要按规定穿戴劳保用品。

②作业人员使用的机具、材料和掀起的盖板不得阻碍交通。

③在隧道内施工必须按规定设好防护，进出口施工慢行标志。

④运送施工机具、材料和清除污泥、杂物时一定要按规定设置防护。

⑤拆除原圬工时，要设立警示标牌与安全保护措施。

⑥在 3m 以上的陡坡上施工时，必须搭设牢靠的脚手架，并戴好安全帽，系好安全带，注意防滑。

4. 整修沉降缝

(1)机具及材料

①机具：手锤、钢钎、扁铲、热沥青锅、水桶、灰盘、泥抹、铁钩、水壶、扫帚等。

②材料：水泥、沙子、麻辫、沥青、木板条。

(2)作业程序及要点

①作业条件：一般是指已有建筑物的沉降缝错动，缝中的填塞物脱落、失效，出现漏水或漏土、流泥浆等。沉降缝的外侧绝大多数被山体或路基土方所埋住，一般是看不见的，只能从内侧看，整修也只能从内侧操作。

②根据沉降缝位置高低和作业需要搭设好脚手架。

③用钢钎或扁铲将沉降缝内脱落失效的沥青麻筋或木板及杂物剔干净,破损的缝边要用钢钎凿除至见新茬,并把缝内的碎渣尘土清擦干净。

④热好沥青,把麻辫放到沥青里浸泡,至麻辫浸透为止,取出后及时塞入已处理好的缝隙中,并尽量往里塞,将缝塞满扎实(如没有麻辫也可用木板刷沥青漆塞入缝中代替)。距缝口边要留 5cm 以上的深度填抹砂浆。

⑤用拌制好的 M10 水泥砂浆或乳胶水泥砂浆将沉降缝口填满、压实、抹平,抹缝时要用一直木条作靠尺,以保持缝隙的宽度一致及顺直。

⑥也可用石灰拌沥青将缝口填满、烙平。

(3)技术标准及质量要求

①沉降缝的位置和结构必须符合设计要求。

②沉降缝的宽度一般为 2 ~ 3cm,中间填塞沥青浸制的麻筋、涂刷沥青的木板,或其他弹性防水材料。

③缝口要直,不能歪斜扭曲,否则起不到应有的沉降作用。

④沉降缝应具有较好的防水作用,不能有漏水或漏土现象发生。

(4)操作安全注意事项

①凿除破损旧混凝土及缝隙中杂物时应戴护目镜、手套、口罩。

②高处作业要系安全带,脚手架要加强检查,以保人身安全。

③二人凿除缝隙,打锤人员与把钎人员要垂直站位,严禁打对面锤,打锤人员不能戴手套。

④熬热沥青时要注意防火,防止烫伤。

四、隧道坍方处理技术

1. 靠椅山隧道坍方(京珠高速公路)

(1)坍方情况:1999 年 9 月 4 日,隧道右线进口段初期支护发生脆性破坏,突然发生大坍方,20000 余立方米泥流涌入隧道内,堵塞隧道长度达 188m,其中 101 空间被全部堵满,地表形成一长约 70m、宽 50m、深 20m 的陷穴,详见图 7-9。

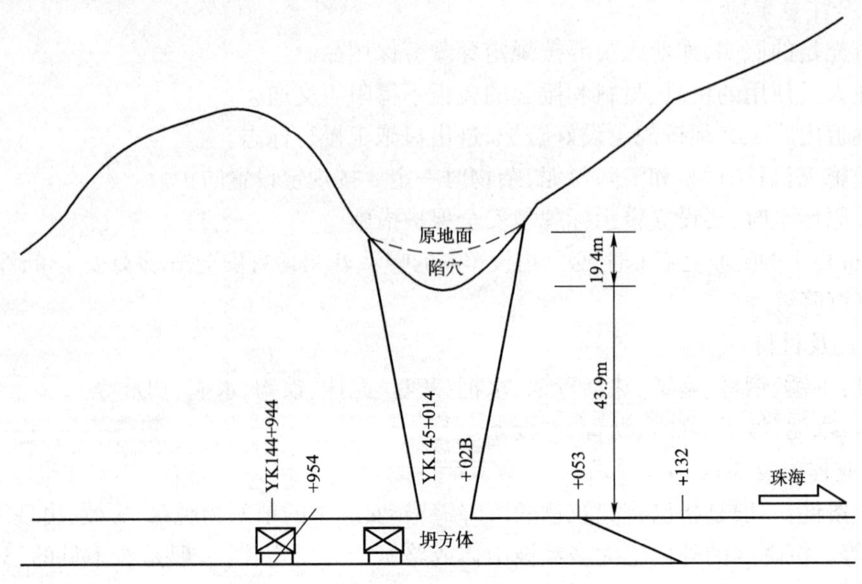

图 7-9 靠椅山隧道右线进口坍方示意图

(2)坍方原因：

①隧道坍方地段出现亚黏土与破碎岩石互层，为不良地质地段。

②地表处有一水塘，隧道开挖时亚黏土夹层中含有一定的毛细水渗入隧道。

③坍方前连降暴雨，加上开挖扰动，使水的渗入量加大，加剧了坍方的形成。

④等待初期支护稳定时间过长，二次衬砌不及时。

(3)处理措施：进行陷穴深孔注浆固结坍方体；洞内采用双侧壁导坑法施工，并辅以超前注浆小导管，锚喷、钢拱、周壁注浆小导管等支护措施，二次衬砌紧跟。

①地表陷穴处理：地表和陷穴防排水；陷穴边坡打注浆钢花管挂网喷混凝土加固；对坍方漏斗松散体进行深孔注浆固结。

②洞内坍方处理：采用双侧壁导坑法，辅以小管棚进行开挖；初期支护采用125b钢拱挂网喷混凝土并增设周壁注浆小导管；二次衬砌采用C30钢筋混凝土，主筋为双层直径为25mm的带肋钢筋。

2. 青岭隧道坍方(海南省环岛高速公路)

(1)坍方情况：1998年8月6日，隧道施工爆破时发生了坍方。坍方长度27m，隧道拱顶以上坍塌高度约40m，未坍至地表，坍方数量约15000m^3，为特大型坍方。坍体内有较大的孤石，直径大约1～2m。坍方概貌如图7-10。

(2)坍方原因：当隧道穿过F4断层破碎带松散体，且隧道拱顶处有较大孤石时，采用钻爆法施工造成。

(3)处理措施：先对坍体作适当的注浆固结，然后采用偏心钻具扩孔同步带进钢套管的钻进技术，在拱部设管棚，安设长30m、ϕ127mm的长大管棚，一次跨过27m长的坍体。

3. 叉河岭隧道坍方(浙江省舟山市定马公路)

(1)坍方情况：1996年5月开工。出口段在掘进约30m时遇F3断层，出现大坍塌乃至冒顶，形成纵面80m、宽75m的近圆锥体大漏斗坍穴，估计坍落土石方近60000m^3，无法进一步施工。坍方冒顶概貌如图7-11所示。

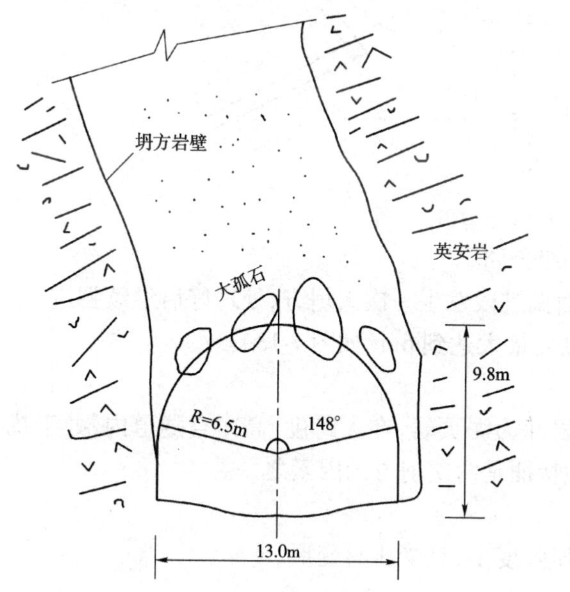

图7-10　青岭隧道坍方示意图

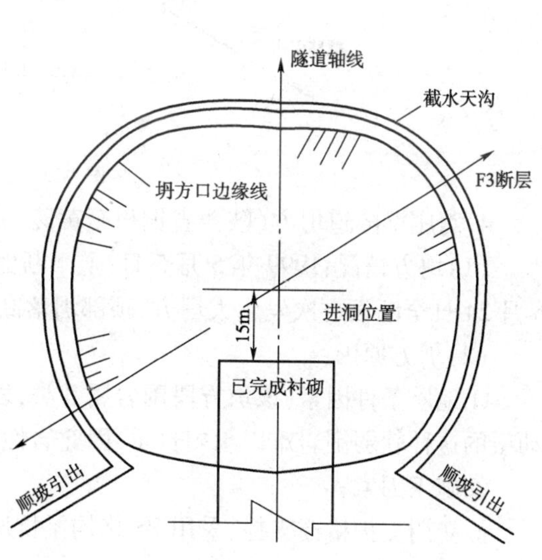

图7-11　叉河岭隧道出口冒顶平面示意图

(2)坍方原因:一是地质条件复杂,出口端与F3断层相交,岩层节理发育,裂隙夹泥,在地下水作用下,围岩基本丧失自稳能力;二是施工方法不当。

(3)处理措施。具体施工程序为:

①漏体外缘施作截水天沟,以防止山体地表水流入漏斗;

②在漏体正面及右侧施作钢筋混凝土圈梁;

③在漏体正面及右侧采用逆作法施工喷射混凝土墙至隧道底部高程;

④与③同步,在右前方同样采用逆作法施作一个钢筋混凝土柱;

⑤施作格栅加网喷混凝土形成初期支护;

⑥施作钢筋混凝土二次衬砌;

⑦拱部回填土体5m以上,并作排水系统;

⑧进洞施工采用先加固仰坡,再用管棚法施工。

具体见图7-12施工平面示意图。

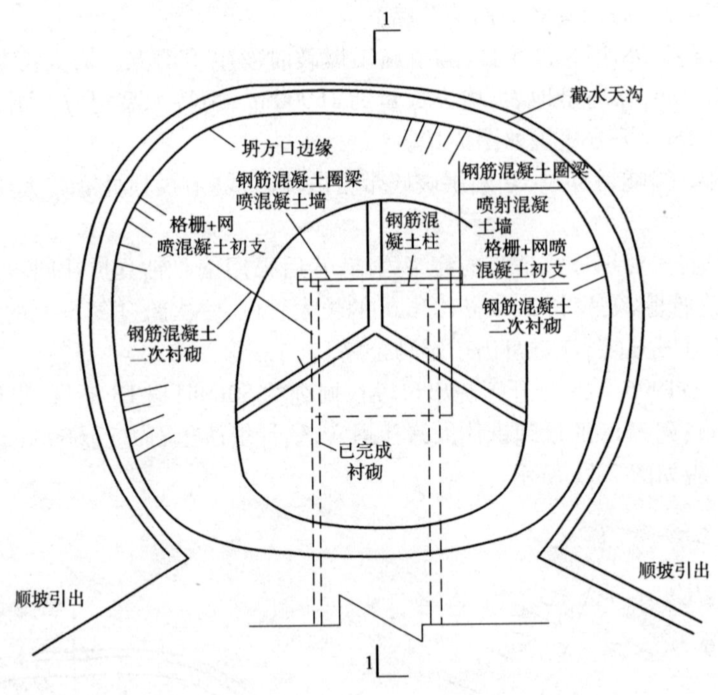

图7-12　施工平面示意图

4. 蒿庄梁隧道坍方(陕西省铜川至黄陵一级公路)

(1)坍方情况:1999年5月5日,上半断面掘进段发生一次大坍方,处理好后继续掘进;于6月24日全断面再次发生大坍方,顶部坍落高度最大达到6m(如图7-13)。

(2)坍方原因:

①地质条件因素:该坍方段围岩属Ⅱ类,岩性为泥页岩,在大跨度、高净空隧道内,处于扰动层的这种软弱围岩难以承担自重,因此岩性特征是两次坍方的因素之一。

②施工因素:

a. 初期支护格栅支撑,采用PS格构梁抗压强度小,且受压易变形。

b. 不规范施工。

c. 隧道采用正台阶式开挖,开挖下半断面后,如果不能及时处理上半断面的拱脚,会引起

拱架及围岩变形，从而导致坍方。

d. 二次衬砌没有及时跟上，落后太多，导致二次衬砌与掌子面之间的距离过长。

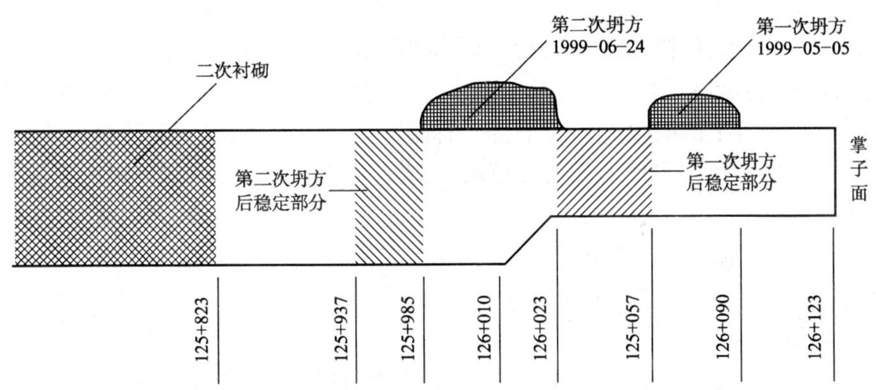

图 7-13　蒿庄梁隧道两次坍方示意图

③处理措施：

a. 清理完虚碴后，要求用喷混凝土对泥页岩围岩进行及时封闭，防止再次风化。

b. 每隔 50cm 立一榀钢支撑，拱腰至拱脚用 4m 长锚杆锚固。

c. 从钢支撑内缘模筑 60m 套拱，套拱与钢支撑连成整体，作用与初期支护作用相同。

d. 套拱以上 2m 范围内浆砌块片石的护拱，如厚度不足 2m，浆砌片石至围岩面上；厚度大于 2m，护拱以上用干码片石堆码至围岩面上。

e. 制作套拱、护拱时预留 42m×4m 压浆管，管壁每 10～15cm 打梅花状孔。压浆管在拱部以 2m×2m 梅花状布置。

f. 压浆：干码片石及浆砌块片石中的孔隙用水泥浆充填起来，水泥浆水灰比选择 1:1，压力选择 0.5～0.8MPa。

5. 岩顶隧道突泥流坍(福建省漳—泉—肖铁路)

(1)坍方情况：隧道于 1992 年 9 月开工，隧道出口挖沟施工时多次发生流坍通天，最大的一次是 1993 年 8 月 15 日，上半断面突然流坍达 1700m^3，致使隧道施工受阻。

(2)坍方原因：由于围岩为土夹孤石，岩性软弱且水量丰富，造成隧道出口多次发生流坍塌。

(3)处理原则：针对隧道的具体情况，确定了洞内外整治相结合，稳住洞外，确保洞内，洞内施工应遵循“管超前、强支护、短开挖、勤量测、快衬砌、早成环”的原则。具体来讲，洞外明洞和出口深路堑施作挖孔桩墙，成桩过程以钢管混凝土桩护壁，并铺以地表锚杆加固边仰坡；洞内则是以管棚周边预注浆和钢架为核心的超前预支护系统，控制每循环的开挖长度，及时地施作衬砌支护并形成封闭圈。

(4)处理措施：

①洞外工程的整治：边仰坡地表锚杆加固；路基桩板墙稳定边坡；挖孔桩边墙的明洞施工；从地表打入钢管桩加固围岩。

②洞内工程施工：洞内施工分上半断面和下半断面进行。

a. 上半断面施工步骤为：钻孔→设置管棚→周边预注浆→开挖→架设钢架→挂网、喷混凝土→衬砌。

b. 下半断面开挖：采用台阶法，上口开挖长度为 2.4m，下口开挖长度为 1.2m。

6. 草庵隧道坍方(南昆铁路)

(1)坍方情况:由于地质条件极为复杂,自进入正洞施工以来,多次发生涌水坍方,其中最大一次坍方发生在1884年1月7日,涌水量达到7000m^3/d。涌水和土石形成泥石流,致使已衬砌好的拱部压垮变形,钢拱架也被压断6榀,混凝土拱下沉53cm.,右侧拱脚内43cm。

(2)坍方原因:造成隧道坍方的主要原因是水文地质的影响,由于富含地下水,且围岩比较差,所以隧道周围岩土体的自稳能力很差。右侧围岩只要见到水,马上转化为毫无黏性的流塑状,在水压及围岩偏压作用下形成大规模坍塌,若防护稍不及时,坍体将迅速上移,坍穴距隧顶能达到20余米。

(3)处理原则:吸取前几次坍方的教训,确定"以堵为主,排堵结合"的治水原则;加强临时支护,尽量发挥围岩的自承能力,不盲目抢进度,确保施工1m、成功1m。

(4)处理措施:

①先周边注浆,提高围岩的自承能力,然后拆除卡口梁、方木、钢管支撑,整理出工作场地,拆换已被破坏的混凝土边墙,做起仰拱。

②再开始正规全封闭深孔预注双液浆,围岩固结后循环往前掘进、支护,直到石质变好,涌水消失,安全通过坍方破碎带。

第三节　钢梁(桥)的维护与涂装

钢梁(桥)的维护与涂装是指各类公路用钢架、钢梁等桥梁施工设备和钢桁架、钢拱、钢箱梁等钢桥梁结构或构件的维修与养护。主要内容包括钢构件表面清理技术与防腐涂装技术两部分。

一、钢梁(桥)构件表面清理

1. 表面除锈

钢铁表面一般都存在氧化皮和铁锈,在涂装前必须将它除尽,否则漆膜被锈层隔离而不能牢固地附着于钢铁表面,达不到实际应有的防腐蚀效果。疏松的铁锈含有大量水分,对周围钢铁进一步腐蚀,腐蚀产物继续体积膨胀造成新的漆膜起泡、龟裂、脱落。所以在钢构件的维修与养护中,表面除锈是极其重要的步骤。

钢梁(桥)构件表面除锈的方法有多种,可根据实际情况进行选择。常用的方法有:

(1)开放式喷砂

开放式的喷砂使用的磨料通常是钢砂和钢丸、石英砂、铜矿渣等。由于喷砂使用的是开放式空气,所以在操作时要使用防水油布遮挡住附近区域,以免引起附近居民对飞喷、灰尘等的投诉。

设计围护设施和通风系统时要保证足够的空气流通量,从喷砂工人的呼吸区域内排出灰尘。提供呼吸用和喷砂用空气的空气压缩机要安装在工作现场,避免污染空气进入系统。工人进入这个封闭区域必须佩戴好呼吸器,在离开这个区域前不能取下。废砂清除工人要非常有效地去除含铅灰尘,否则铅又会进入这个围护区域。

对小块面积锈蚀,有时需要局部喷射。在实际操作中,周围漆膜会被磨料割破松脱,这时需要用砂纸片把周围松动漆膜除去,并打磨成一定坡度。这一点是最为重要的,尤其是在修补涂装时。对要局部喷砂的范围要先有一个认识,残存孤立的小块漆膜应该一并除去。

(2)真空喷砂

真空喷砂与开放式喷砂不同,它可以避免磨料和旧漆碎片的反弹从而造成对周边的影响。真空喷砂是非常有效的方法,正确使用的话,产生的灰尘量可以降到最低程度。不过有些不易

采用真空喷砂的地方，比如说背对背的角落。多种喷头可以针对内角、外角以及平面进行喷砂处理。使用真空喷砂的好处是可以将大多数废弃物在产生时就收集起来，而不至于传送到工人的呼吸区，并且可以减少围护设施。

(3)湿喷砂

湿喷砂是对传统开放式喷砂的改进，在磨料离枪时注入水，可以有效地防止灰尘和清除盐分。它也有助于减少围护设施的使用。通常湿喷砂与干式喷砂配合进行，以求获得最佳的表面处理质量。缓蚀剂的添加，对涂层可能有不利影响。同时也需要一些必要的围护来防止水的四处流失。湿的磨料和油漆碎片也比干的磨料要难处理得多。

(4)高压水喷射除锈

高压水喷射除锈，特别适用于涂装系统维修工作。这是一种环保、经济的新型表面处理手段。对于环境没有灰尘产生，可以方便、快速而又经济回收清理物，可以有效地除去可溶性盐分，旧漆膜表面清洁处理不用担心引起漆膜受撞击而开裂。

(5)打磨

手工和动力工具除锈在桥梁的维修工作中还是起到了重要的作用，虽然它的工作效率较慢，但是它不会对环境和交通有太多的影响。可以达到很好的防腐蚀效果。

2. 表面清理

钢结构表面会因各种原因被焊接临时爬梯、扶手及其他用途的钢构件，在这些构件被去除后，焊接口处不平、焊渣、毛刺的存在会严重影响涂装层表面质量，因此在涂装前应用机械、电动或风动工具将此处打磨平整。此外浇筑混凝土索塔、桥墩时会有大量混凝土泥块黏结在钢结构表面，甚至还有大量油污夹杂在其中，造成对钢桥结构表面极大污染，需要对这些污物进行彻底清理，以保障待涂装的钢结构表面全部暴露，对钢结构接头凸凹部分、砂眼等进行清理和刮腻子补平。

3. 表面除油

钢结构件表面的油污，来源于机械加工过程中的润滑及冷却，如乳化油、液压油等，以及钢结构件在搬运、中间储存、安装过程中沾污，如机油、防锈油等。油污的存在将严重影响漆膜的附着力和使用寿命，因此在涂装之前应进行彻底清洗。

在选择确定除油方法和清洗剂时首先要充分了解钢结构件被污染油污的物理、化学性质和种类，因不同钢结构件制造工艺及所处环境不同，对结构件污染情况也不完全一样，如果选择除油方法不当，将直接影响除油效果。

二、钢梁(桥)构件的防腐涂装

1. 涂料涂装

钢梁(桥)构件的防腐涂装是指将涂料薄而均匀地涂布在钢铁表面的工艺过程，在制定合理的涂装工艺时，正确地选择涂装方法极为重要，它直接影响涂膜的质量和涂装效率。

(1)刷涂

刷涂是人工用刷子涂漆的一种方法，适用于各种形状的工件涂装，具有省料、工具简单、施工不受涂装场地的限制的优点，在用力涂刷施工过程中能使涂料渗入底材，起到增强漆膜附着力的效果。刷涂施工的劳动强度较大、生产效率低，涂膜外观出现刷痕、对快干性涂料施工较困难，施工过程和涂装质量在很大程度上取决于操作者的熟练程度和经验。

(2)滚涂

滚涂涂膜外观质量较刷涂效果好，生产效率较刷涂高，在一些稍大面积工件涂装时可用滚涂取代刷涂。滚涂所用的滚子工具由滚子本体和滚套组成,是一直径不大的空心圆柱,其表层是由羊毛或合成纤维做成的多孔吸附材料构成。详见图7-14。

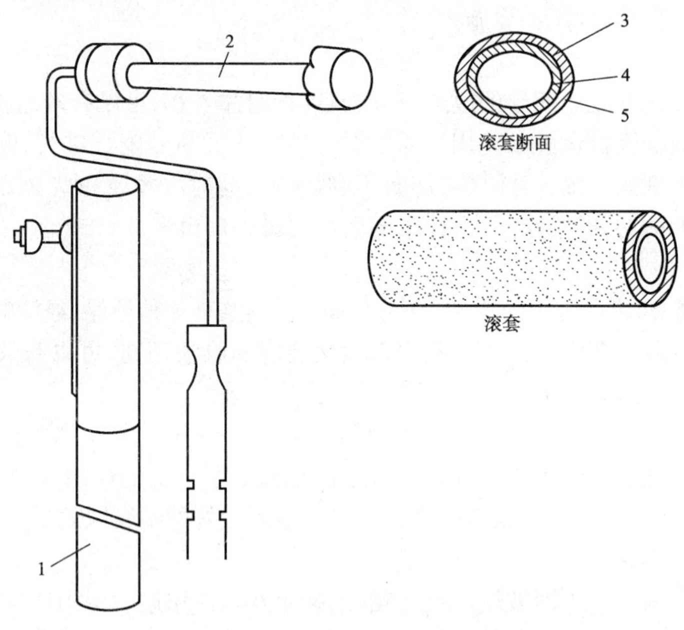

图7-14　滚子结构图

1-长柄;2-滚子;3-芯材;4-黏着层;5-毛头

(3)空气喷涂

空气喷涂是靠压缩空气的气流使涂料雾化成雾状,在气流的带动下,喷涂到钢铁表面上的一种涂装方法。空气喷涂生产效率高,每把喷枪每小时可喷涂150~200m^2(约是刷涂效率的8~10倍),可以获得均匀美观的漆膜,空气喷涂法对各种涂料基本都适用。此涂装方法的缺点是涂料损耗大,漆雾飞散多,一般情况下涂料的利用率只有50%~60%。

2.涂装工艺流程

钢结构件防腐涂装工艺流程一般均经过如下几个过程:表面清理→除油→非涂面预保护→涂底漆→涂中间漆1~2道→涂面漆1~2道→包装交验。每个工序都需进行检验,若检验不合格,应及时进行返工,不得流入下一道工序。涂装工艺说明如下:

(1)表面清理与清除油脂

对工件表面所有可溶性盐、油脂、钻孔液、切削液以及其他污物,最常见的方法是先用溶剂清洗,然后用干净的抹布擦净,如有需要再配以专用乳化液、脱脂剂及蒸气处理法辅助除油,直至获得干燥、露出带锈的基体表面。

(2)除锈

钢铁表面除锈方法有人工除锈、动力工具除锈和喷砂除锈,其中最有效的除锈方法为喷砂除锈,能彻底除去表面氧化皮、锈蚀和老化的旧涂层,形成一定清洁度,同时喷砂表面还具有一定粗糙度。

喷砂除锈时可优先选用压力喷砂设备,喷砂压力保持0.5MPa以上,喷砂枪与工件表面保持60°~90°夹角,喷射距离保持100~200mm,可采用以上相应规格清洁、干燥、无油污、无可溶性盐的磨料。

喷砂除锈后质量检查可采用目视法,将喷砂表面与标准清洁度和粗糙度样块进行比较,以

确定合格与否;也可以采用粗糙度测量仪或粗糙度测试试纸对喷砂表面进行现场测定。

(3)预保护

在油漆涂装时,由于采用喷涂方法进行施工,油漆雾化溅射比较严重,往往钢结构件有些部位(如焊缝)暂时不进行涂装,需要预留,待焊接后再进行涂装;而有些部位(如孔、槽、焊接R内角等)喷涂又无法达到涂装标准要求。因此在正式进行喷涂涂装前,需要对临时不要求涂装部位进行遮挡预保护,对大面积喷涂不到的部位进行表面预涂装工作。

(4)涂装

在进行油漆涂装时,应根据不同的涂层配套方案,制定适合涂装的工艺方案,本节按如下涂装方案进行工艺说明。

底漆:Interzinc42 环氧富锌一道 75μm。

中间漆:Intergard400 环氧云铁一道 100μm。

面漆:Interhane990 聚氨酯一道 50μm。

涂装设备:选用泵压比 65:1 的大流量、高压力比的无气喷涂设备一套,口径 0.33 ~ 0.63mm的喷嘴若干;毛刷多把用于小面积预涂和修补。

涂装环境:在有雨、有雾、有雪和风力超过级等的天气不宜进行涂装施工;施工环境温度应在高于钢板露点温度 3℃,空气温度 5℃ ~ 40℃,相对湿度小于 85% 条件下进行油漆涂装施工。

涂料的配料:在进行涂装施工前应仔细阅读所用涂料的产品说明书,首先将基料用动力工具搅拌均匀,然后将固化剂全部倒入基料内充分搅拌均匀,再根据施工要求添加适量稀释剂后再搅拌均匀。其配料比例为:

Interzinc42 环氧富锌体积混合比,基料:固化剂4:1。

Intergard400 环氧云铁体积混合比,基料:固化剂5.67:1。

Interhane990 聚氨酯体积混合比,基料:固化剂6:1。

混合后的双组分涂料应尽快使用完毕,否则超过适用期后,涂料将会发黏、甚至固化失效,无法进行正确的涂装。喷涂过程中应保持喷枪与工件间距离 350mm 左右,喷枪出口的漆雾宽幅来回喷涂应重叠 50%,以保证涂层厚度均匀,平整光滑。

涂层检验:涂层外观所有部位须达到漆膜均匀、平整光洁、无起泡、无流挂、无漏涂、无露底、无龟裂、无干喷和无杂物等;漆膜厚度检验,在喷涂过程中应随时用湿膜测厚仪测试湿膜厚度,然后根据测得数据进行调整,以确保干膜厚度;用干膜测厚仪检查涂层厚度时,所有测量点 90% 必须达到或超过规定厚度,任何一个点厚度必须达到规定厚度的 90%;漆膜附着力采用划格法测试应达到 1 级以上。

漆膜在运输、安装过程中损坏部位的修补,用动力工具打磨至 St3 级,漆膜完好区域与修补区域保证至少 50mm 的搭接,搭接区域应打磨成斜坡以保证涂漆平滑连接。

三、涂层维修技术

1. 涂层失效标准

无论是有机涂层,还是金属涂层加有机复合涂层体系,防腐蚀涂层的最外层均为有机涂层,最先腐蚀失效均为有机涂层。因此防腐蚀涂层失效的维修在一定程度上取决于面层有机涂层的老化情况,对有机涂层老化及腐蚀程度评价的主要标准有起泡、剥落、粉化、腐蚀斑点等。

(1)起泡

有机涂层起泡是由于腐蚀介质渗透引起金属涂层或钢铁底材局部锈蚀,腐蚀产物膨胀引起的；也可以是腐蚀介质对有机涂层直接侵蚀，引起局部涂层劣化而导致的。有机涂层起泡说明涂层已经开始老化。

（2）剥落

由于腐蚀介质渗透到达底材金属，引起有机涂层附着力下降而产生剥落；或者由于涂装体系搭配不当、涂装间隔不当引起的有机涂层层间剥离，涂层剥落使底层金属涂层或钢铁底材直接暴露于腐蚀介质而被腐蚀，因此发生剥落现象的防腐涂层失效，应及时进行重新涂装维护。

（3）腐蚀斑点

腐蚀斑点发生不仅表明有机涂层自身耐蚀性能下降，同时锈蚀斑点处腐蚀产物集聚，加速周边有机涂层的起泡、剥落、老化等失效。腐蚀斑点的出现是评价有机涂层腐蚀程度的一项主要内容，特别在轻微腐蚀斑点出现时，就应该即时进行涂层更新涂装维护。

（4）粉化

有机涂层粉化是指漆膜表面已经老化到用手指一抹能够粘上粉的现象，如果再让其继续发展下去，则涂膜便会从表面逐渐消失，能直接观察到中间层或底层。程度不严重的粉化，影响美观，暂时不影响防腐。

（5）开裂

有机涂层出现开裂失效通常有两类情况，其一是腐蚀介质渗透到金属表面或涂层内部，引起金属腐蚀或氧化，腐蚀产物体积膨胀把漆膜鼓起造成的；其二是腐蚀环境温差变化和风霜作用，有机涂层自身收缩应力作用引起开裂现象。面层裂纹暂时对防腐涂装体系不会造成大的影响，贯穿裂纹发生时，直接使金属涂层或钢铁底材暴露于腐蚀介质中，腐蚀将从此产生，引起有机涂层一系列的失效现象。

2. 防腐蚀涂层维修技术

有机防腐蚀涂层的维修与最初涂装时可以相同，也可以不相同，主要取决于旧漆膜的老化程度和施工现场工作条件等。一般情况下，若旧漆膜大多部分都完好，仅少部分老化，则维修最好与原涂装相同；若旧漆膜大部分均已老化失效，可以重新选择原涂装体系，或选择比原涂装更耐蚀的涂装方案。

（1）局部维修

对有机涂层老化程度较轻，一种情况是涂层面上几乎不产生锈蚀点，但漆膜已显著粉化，伴有层间剥离现象。为保护底层涂层和外观颜色的美观，需对此普遍进行涂装维修，采用手工钢丝刷、动力钢丝轮等对表面进行打磨，除掉粉化物和表面粉尘、污垢等，对浅表裂纹、起泡、剥落进行彻底清除，可涂装 1～2 道中间漆涂料，1～2 道面漆涂料。

另一种情况出现大锈蚀点零散存在或整个范围内呈稀疏零散状态，其余面积有机涂层老化程度非常轻微。不需对整个工程进行有机涂料涂装维护，仅需对局部失效部位进行维修，常采用盘式磨光机、刮刀、凿子等工具，将破损失效部位涂层打磨掉，特别是新、老涂层搭接处应做成斜面阶段状，露出各道涂层以便接合，对中间露底部位应打磨去除锈蚀产物，露出金属本色，同时用凿子凿出密布麻坑以增加粗糙度，然后涂装底漆、中间漆和面漆。

（2）整体更新

油漆防腐蚀涂层体系经过 5～10 年以上的使用，整体有机涂层的极限寿命基本到期，表现为整体涂层体系老化失效，需对整个涂装体系进行更新，重新涂装新的防腐蚀涂层，新涂层至少应达到原涂层相同的使用寿命，或高于原涂层耐蚀效果。

一般采用喷砂除锈除去原残存涂装层、锈蚀产物和污垢等，使工程构件表面露出新鲜的金

属基体，达到油漆涂装要求的表面清洁度和粗糙度，然后涂装1～2道底漆（或电弧喷涂），2～3道中间漆和1～2道面漆的涂层体系。如我国上海的南浦大桥、徐浦大桥等采用油漆涂装进行更新，广东佛陈大桥采用电弧喷涂加封闭涂装逆行整体涂装更新。

（3）电弧喷涂封闭涂层更新

电弧喷锌、铝的有机封闭涂层完全失效后，钢铁基体并没有锈蚀，金属锌、铝涂层基本完好，喷涂层孔隙内有机封闭物仍残留有效。封闭涂层的更新在待原有机封闭涂层完全失效和大部分脱落，或电弧喷涂层已经被腐蚀掉一定厚度后进行。

有机封闭层的更新前处理，仅需采用电动钢丝轮对喷涂层表面进行清理，去除原有有机涂层和表面污物，然后重新涂装1～2道中间漆，1～2道面漆。电弧喷涂复合涂层的维修与油漆涂层维修相比较，具有底层不脱落，无须喷砂除锈和更换防腐蚀底层，维修成本低廉、维修周期长的特点。

四、钢梁（桥）维修技术

1. 钢梁表面清理

1）手工清理

（1）机具及材料

①机具：刮锈刀、除锈铲、除锈锤、钢丝刷，也有用风动、电动刷、电动除锈铲、电动砂轮等。

②材料：砂布、毛刷、棉纱。

（2）作业程序及要点

①手持刮刀腰部，刀刃与除锈面成30°～60°角。当使用一端弯成圆形的刮刀时，手稍许放平一些，由前方向胸前拉，或一手压住刮刀弯头处一手向怀里拉，刮除旧涂层和锈蚀。

②为了除锈彻底，加快速度，可在刮锈前先用除锈锤的平头敲除严重锈蚀处所或锈块，然后再用刮刀或除锈铲把油污、氧化皮、铁锈清除干净。

③用除锈锤的尖头细找表面不平凹陷处的锈皮，把它敲除干净，但不能损坏钢梁。

④在除锈和铲除旧涂层或氧化皮后，再用钢丝刷和棉纱清除钢板上残留杂质和铁锈等，直到显露出金属光泽为止。

（3）技术标准及质量要求

①使用手动工具或动力工具除锈清理，清理后钢表面应全部清除油污、灰尘以及疏松的氧化皮、铁锈、旧涂层，钢表面应呈现出金属光泽。

②在清理过程中，使用工具要平稳，用力适度，清除彻底，不损伤钢表面（如刮、铲、锤的伤痕等）。

（4）安全注意事项

①工作时穿工作服，戴手套、护目镜。

②要搭设安全可靠的脚手架，并系好安全带。

③在桥面要注意设置维修警示，保证行车安全。

2）喷砂清理（干喷砂）

（1）机具及材料

①机具：电动或内燃空气压缩机（$3m^3/min$以上）、储风桶、送风管路、筛砂机、运砂车、储砂罐、压力胶管、油水分离器、喷砂器、喷砂嘴、盛砂设备、电工刀、活口扳手、克丝钳、工具袋。

②材料：洁净干砂（砂子的技术条件是，以呈锐角颗粒的石英河砂为最好，加工筛选后的颗粒为0.5～2.5mm的河砂，因为这种砂在喷射时尘雾少、效率高）、喷嘴、铁线。

(2)作业程序及要点

①喷砂前的准备:

a. 搭设好安全可靠的脚手架,不得侵入限界。

b. 备干燥、洁净、坚硬的砂子,装满储砂桶,上紧桶盖。

c. 连接管路,安装好喷砂嘴。

d. 试风,风压达到 0.4 ~ 0.6MPa,每个喷砂嘴的供风量不小于 3 ~ $4m^3$/min。

②喷砂操作:

a. 喷砂时先开风阀再开砂阀,停用时先关砂阀后关风阀,以防堵塞。

b. 钢梁喷砂顺序一般应自上而下,由一端向另一端推进,以减少干扰。对杆件喷砂时应先喷角落及窄缝处后喷宽敞部分,先喷边缘后喷中间,先喷铆钉头后喷平面。

c. 喷砂嘴距钢梁表面距离为 150 ~ 250mm,喷射角度控制在 45° ~ 80°,移动速度要均匀。喷砂嘴以采用 $\phi5 \sim \phi7$mm 的高氧化铝陶瓷者为好。随着喷砂嘴口径逐渐磨大,风压也要调高一些。

d. 喷砂操作人员要加强联系,密切配合。

e. 喷砂完毕后,应用压缩空气把钢梁表面的砂粒、灰尘及锈末清除干净。

f. 检查钢梁有无裂纹、损伤及不良处所。

(3)技术标准及质量要求

①钢梁表面无残留的旧漆膜、氧化皮及锈痕。各种残留物的面积不超过整个钢表面面积的 5%,其外观达到 Sa2 级清理标准。如果对清理等级标准有具体要求,参考相应标准。

②角落、铆钉头边、板束的缝隙处所的污垢、锈蚀清理干净。

③钢梁表面无损伤。

(4)安全注意事项

①在 3m 以上作业应系好安全带或设有安全网。

②喷砂人员在开喷前,要穿好工作服,戴好手套,防护头罩内接通输送新鲜空气的管路,喷砂衣要密闭,衣内砂尘在空气里不超过 $2mg/m^3$。

③喷砂时,喷嘴不准对人、车、畜等。

④在桥上喷砂时应设专人防护,来车及时关闭砂风阀,停止作业。

⑤不准带风修理喷砂设备或更换零件。

⑥喷砂胶管要避免弯折过剧,同时要经常检查防止管壁磨损过薄引起爆炸。

⑦压力容器、压力表、安全阀等应按规定进行检试,合格后才准许使用。

⑧各种机具、风砂管路都不得影响交通。

2. 钢梁保护涂装

1)漆料调配要求

(1)油漆稀稠程度符合施工时气温所要求的黏度。根据油漆出厂黏度、施工温度及施工方法确定掺加规定的稀料数量,满足施工要求。不准在现场临时任意掺加稀料。

(2)领用油漆其名称、牌号、性能和出厂日期,确认符合规定的技术条件才能使用,各种不同品种的油漆不得混用。

(3)油漆的干燥时间、耐久性及颜色等性能符合产品规定标准。一般钢梁用漆表面干燥时间应小于 8h,实际干燥时间应小于 24h。

(4)稀释剂应与油漆配套使用参见相应标准,严禁使用汽油、煤油、柴油作为桥梁用漆的

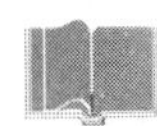

稀释剂。

(5)调配好的油漆，要经试涂漆膜厚度达到质量要求，干膜4层总厚度不少于150μm，湿膜每层厚为50～70μm，漆膜表面均匀、平整、光滑、不流淌。

(6)使用前1～2d将整桶油漆倒置，让沉淀扰动。

(7)使用当天，开桶搅拌均匀，分装油漆按各种成分的比例配料，并根据施工季节调整干燥剂用量，拌和过滤，再掺加稀料控制施工黏度。

(8)对某些油漆，例如灰铝锌醇酸磁漆、聚氨酯桥梁盖板漆等，最好做到现调现用，不要储放过久，前者两天后再用则成膜质量降低，后者储放10～12h便会胶化不能再用。

(9)为防止油漆结皮和起泡，调好的油漆暂不使用时，可用牛皮纸封闭油漆表面以隔离空气。

(10)对过期的油漆应先进行检验，合格后方准作用。

2)手工刷涂油漆

(1)机具及材料

①机具：小油桶、各式油漆刷。

②材料：油漆、砂布、棉纱。

(2)作业程序及要领

①先将油漆均匀地散涂在清理干净的钢梁表面上，或刷成S形，或水波浪形后，再用刷子横刷、竖刷，顺序是自上而下，自左至右刷，先刷线脚，角落部位等依次刷匀。

②每次漆刷蘸漆不宜过多，蘸漆深度以刷毛的1/3～2/3为宜，并稍在小油桶边并一下，以免流滴，涂刷一次切不宜过厚，否则容易发生皱皮现象。

③油漆施工黏度要适宜，漆液太稀易流挂、盖不住底，太稠不易刷匀、影响干燥。

④对钢梁杆件之间狭小间隙部位和相互交叉的隐蔽处所，对杆件组拼存在窄缝处要特别注意油漆涂刷质量。

⑤涂刷第二、三道漆时，涂刷前应将涂刷面用细砂布打磨一遍，再用净刷子或棉纱清擦干净后，才能涂刷二、三道漆。涂刷油漆仍重复第一条的操作工艺，直至达到规定的道数和漆膜总厚度为止。

(3)技术标准及质量要求

①涂刷道数及漆膜厚度要符合规定要求，但每道干膜厚度约30～40μm为最好。

②油漆涂刷均匀，表面没有粗粒及刷痕，无流挂和皱折，色泽均匀，光泽好。

(4)安全注意事项

①要搭设好适用、安全、可靠的脚手架。

②工作时应穿工作服，戴手套、口罩。

3)喷漆枪喷涂油漆

(1)机具及材料

①机具：供风系统、喷漆枪、压力喷漆桶、油水分离器、各种胶管及其他设施、油漆搅拌机、钢丝筛、嵌腻缝工具、干膜及湿膜测厚仪、4号黏度剂。

②材料：油漆、稀料、棉纱、砂纸、滑石粉、干红丹粉、清亚麻仁油。

(2)作业程序及要领

①根据施工季节和工作量大小，调配好油漆。

②擦拭被喷涂的钢梁表面。

③检查校验喷漆机具并试风。

④试喷：检查油漆黏度、漆膜厚度，如发现不合要求，可适当再调配，直到符合要求。

⑤喷涂第一层底漆时空气喷漆压力一般以0.3～0.5MPa为好。喷枪与钢料表面的距离要适当，以15～25cm为宜，喷枪与物面应保持垂直。可横喷或竖喷，每次应叠压一半，顺序为自下而下，先难后易，先死角、边缘后平面。喷漆的速度必须前后均匀一致，不能时快时慢，防止流挂。不易喷到的处所，可用油刷补涂。

⑥用油性腻子腻塞杆件缝隙。

⑦喷涂第二层底漆，两层底漆间隔时间一般不少于48h。

⑧各次喷涂油漆前，应用铲刀将上一层表面的灰尘杂质铲除干净，然后用"0"号砂纸轻轻打磨，并将灰尘擦拭干净后再喷涂，使各层油漆黏结牢固。

⑨喷涂一、二层面漆，要遵守前述⑤、⑦、⑧项的要求。

⑩在经受烟熏、落煤灰和蒸汽影响的部位，涂油作业应在较长的间隔时间内进行，必要时应遮挡尚未干燥的油漆。

⑪钢梁油漆完成后，应在钢梁腹板、桥门架上，标明施工方法、日期、油漆品种、漆膜厚度，并原样描绘原有标志或标记。

⑫每次喷涂工作完毕后，要及时清洗喷涂器具。

⑬拆除脚手架。

(3)技术标准及质量要求

①用规定的钢梁漆料。一般情况喷底漆、面漆各两道，每道湿膜厚度不少于60μm，干膜总厚度在150～200μm，易损和工作条件困难部位应多加一道面漆。

②喷涂第一道底漆前，用干净布蘸松节油或松香水擦拭干净。

③对杆件上可能存水的缝隙，要用油性腻子腻塞平整。

④如需用稀释剂，应与漆料相配套。

(4)安全注意事项

①每次上架作业前，先检查脚手架，发现松动、损坏的要及时捆紧或更换，以保证安全。

②高空作业必须系好安全带或设安全网。

③喷涂操作人员应戴防护口罩、眼镜、手套，身体外露部分涂抹防护剂。

④压容器、仪表要按规定进行检查，合格后方准使用。

⑤使用保管漆料、溶剂等应注意防火。

3. 钢梁杆件整修

1)裂损杆件处理

(1)检查发现焊缝开裂或杆件有裂纹时，应做到：

①立即汇报，并请示采取相应的处理措施，并根据裂纹的严重程度，采取保证安全的临时措施，如限制行车速度、限制过桥的车重等。

②加强对裂纹的观察，必要时可派人专门监视，直至采取必要的加固措施为止。还应在裂纹的尖端与裂纹垂直方向用红油漆作箭头标记，箭头指向裂纹尖端，在箭杆端部标明检查日期。

③将裂纹的部位、长度、宽度、发展情况及检查日期记入"桥梁病害检查记录簿"里。

④可根据裂纹位置、性质、大小及数量采取以下相应措施：

a. 在裂纹的尖端钻一圆孔(一般孔径10～12mm，最大不超32mm)，裂纹的尖端必须落入

孔中，目的是消除尖端的应力集中，防止裂纹的发展。但垂直主应力的裂纹则不宜钻孔。

b. 用高强度螺栓拼接加固。

c. 抽换杆件或换新梁。

(2)处理方法：

①杆件弯曲矫正：当钢梁杆件弯曲变形超过容许规定时，应进行矫正。

a. 矫正工作可借助于整直器和千斤顶等设备来进行。对个别缀板等也可用大锤敲打整治，但整治后钢料表面应无锤痕。

b. 矫正工作可采用冷矫或热矫。冷矫正在普通温度下进行，一般适用于较小弯曲，受活载冲击影响小的杆件。冷矫时应缓慢加工，不得损伤钢料。冷矫施工方便，但易发生裂纹、折断及局部压损、钢材变脆等缺点。加热矫正适用于杆件有较大弯折，断面有剧烈变化或矫正大截面杆件。其加热长度应扩大至变形范围的 1.5 ~2 倍。加热温度宜控制在 600 ~800℃之间，加热可用柴火、火炉，小范围也可用喷灯或氧炔焰，加热要均匀。钢材的温度可根据火色，用肉眼看到变成暗樱红色、深樱红色或樱红色时钢材的温度就达到 650 ~800℃，即可矫正。加热矫正技术复杂，但效果较好。

c. 矫正变形顶力应逐步增加，在矫正的最后阶段，当变形已消失时应使顶力保持 10 ~15min，使钢材承受超屈服点的压力而慢慢变形，以后再撤去顶力。

d. 矫正后的杆件不能有裂纹、劈裂、显著的局部压损或缺口等损伤，因此要用放大镜细致检查。铆合杆件还应拆换松动铆钉，检查钉孔有无变形、错孔，边钢有无裂纹等。

②消除杆件恒载影响：矫正杆件的变形可在原位置上进行，也可根据情况拆下来矫正后再装上。采取拆下矫正时，为防止拆开接头影响其他部分的受力，造成相邻杆件的应力超限或在平面、立面上发生变形，应该预先消除被矫正杆件恒载应力。

a. 在梁下设临时连续支架、支撑节点进行卸载，这样能保持钢梁原有拱度。但当桥高水深或桥孔通航时不适用。

b. 用调整应力的方法卸载。例如，更换受拉杆件时，用带有调整螺栓的拉杆拉拢受拉杆件，用千斤顶顶开受压杆件。修补腹板及翼缘损伤的板梁时，在受伤的上、下翼缘加人为的应力进行调整。

③杆件破损修补：

a. 杆件上有缺口或弹孔局部损伤，为防止这部分因断面削弱发生裂纹，应把破损的边缘修整、凿光，嵌以填板，再在两侧加拼接板用铆钉铆合，其拼接补强板尺寸应满足每边能铆两排铆钉，也可用高强度螺栓连接。

b. 用焊接法时，缺口不得成直角而应成钝角，以利应力分布(在未了解钢梁的钢材可焊性及可靠的焊接工艺时，焊接补强一般不准采用)。

c. 损伤在钢梁翼缘角钢和盖板时，拼接角钢和盖板长度要根据计算需要的铆钉数或高强度螺栓数来确定。

d. 当杆件扭曲破损严重，不能矫正或修补时，可割去损坏部分，然后以新料接续。如果杆件、拼接板损坏或扭曲很严重，无法修补时，则应更换新件。

2)钢梁裂纹及损伤加固

(1)机具及材料

①机具：空压机、钻床、铆钉枪、切割器、顶把、灯光及示功扳手、风动扳机、电焊机、其他零小工具等。

②材料：钢板或型钢、铆钉或高强度螺栓、氧气、焊条、油漆（底面漆）、砂布、气柴油、铁皮以及小料等。

（2）作业程序及要点

①加固一般采用铆合，但由于铆合设备多、工艺要求高，往往使用高强度螺栓连接。如对钢料的可焊性及焊接工艺确有把握时，也可采用焊接加固。

②根据设计图纸，对钢材进行放样。画线放样应使用样板。样板可用薄铁皮制作，其容许误差应符合规定。放样前应将钢料水平放置，用卡具使样板与钢料密贴，放样时应预留边缘整修的余量，冲出铆钉孔中心点。

③放样画线完毕要经过详细核对，无误后进行下道工序。

④裁切下料可用氧炔焰切割或锯割。切割后四周边缘均应加以整修，修整深度不少于2mm。

⑤钻铆钉孔：最好放到固定钻床上钻孔，钻孔必须正确，钉孔应与钢料表面垂直，呈规则的圆柱孔，孔壁光滑整齐。

⑥拼装：钢料及钢梁的拼接面应除锈干净，涂刷红丹防锈底漆（高强度螺栓连接，应涂刷无机富锌漆），先将1/3的孔眼用冲钉和螺栓连接，再拼装板及钢料。

⑦逐个进行铆合，铆合质量符合规定。如用高强度螺栓连接，要按初拧和终拧步骤进行，不得超拧和欠拧。

⑧整个加固部分要按标准做好防锈处理。

（3）技术标准及质量要求

①加固部位及尺寸符合设计要求。

②加固用钢料不低于钢梁材质，同时与钢梁表面密贴，连接牢固。

③拼接板与钢梁拼接面应除锈干净，并涂刷防锈底漆（红丹底漆或环氧、无机富锌底漆），表面洁净，无潮气。

④铆合质量要符合标准。高强度螺栓连接不得超拧和欠拧。

（4）安全注意事项

①在通车期间进行钢梁加固，要按规定设好防护。

②根据需要，按规定搭设好脚手架。

③作业人员应穿工作服，戴手套、护目镜。

④在3m以上进行作业时应系安全带。

第八章　桥涵、隧道养护与维修的常用机具及安全作业

第一节　养护作业常用机具

养护作业人员除了应佩戴安全帽、护目镜，配备专用工作服、帆布背包、劳保皮鞋以及防护雨衣、雨鞋、手套、口罩等外，还要根据养护项目特点配备专门的工具和装备。

一、养护常用工具

1. 角尺（又称曲线尺、拐尺）

角尺有木制和钢制两种。角尺常用于画垂直线（直角线）、平行线和检查木料的直角。画垂直线时，左手握尺柄紧靠木料侧面，尺翼平放在要画的木料平面上，画笔沿着尺翼的外边进行画线。

画平行线时，用尺柄来画，即左手握尺柄，中指甲卡在尺柄上需要画平行线的刻度上，右手握画笔紧贴在尺柄的端头，左右手同时顺木料方向，由前向后移动画线。

2. 量尺

量尺有钢卷尺、皮卷尺、木折尺等。在使用各种量尺时，一端应对准量尺的零点，在另一端认真读出尺上的数字。

3. 锯割工具

锯割工具分为架锯、横锯、刀锯、侧锯、板锯、钢丝锯和钢锯等。

（1）架锯按其锯条长度及齿锯不同可以分为粗锯、中锯、细锯、绕锯、大锯等。

粗锯锯条长度为65～75cm，齿距4～5mm，主要用于锯割较厚的木料；中锯锯条长度为66～60cm，齿距3～4mm，主要用于锯割较薄的木料或开榫；细锯锯条长度为45～50cm，齿距3～4mm，主要用于细木工活及开榫、拉肩；绕锯（又称曲线锯）锯条较窄（约10mm左右），锯条长度为60～70cm，主要用于锯割圆弧或曲线；大锯（又称二人抬）锯条长度为130cm，锯齿由锯条中间向两端斜分，主要用于把圆木或方木锯成板材或小方木。

（2）横锯又称龙锯或快马子，其锯齿方向是由中间向两端斜分，并且锯齿面呈弧形，两端装上手柄，主要用于截断木料。

（3）刀锯由锯刃和锯把两部分组成。根据用途不同，可分为单刃刀锯、双刃刀锯和夹背刀锯。单刃刀锯是一边有锯齿，双刃刀锯是两边有锯齿，夹背刀锯的锯背上用钢条夹直，锯齿较细，主要用于截断木材和刻槽口等。

（4）侧锯又称槽锯，由木手把和锯条组成，锯条长约20～40cm，用螺栓固定在把手上的凹槽内。锯齿较细，锯齿有的是由中间向两端斜分和单向倾斜的，主要用于在木料上开槽等。

（5）板锯由木把手及锯条组成，把手装在锯条一端，锯条长25～75cm，齿距3～4mm，锯齿向锯尖方向倾斜，主要用来锯割较宽的木板。

（6）钢丝锯又叫弓锯，由弯成弓形的竹片锯架及钢丝锯条组成。其锯条是在钢丝上剁出锯齿形的飞棱，利用飞棱的锐刃来锯割木料，主要用来锯割较复杂的曲线或开孔。

(7)钢锯由钢锯弓和钢锯条组成，锯弓长短可以伸缩调节，锯弓的一端有手柄，锯条安装后可以用手螺旋调节锯条松紧度，主要用于锯断钢轨、螺栓及其他钢制品。

4. 砍削工具

常用的砍削工具主要有斧和锛。

(1)斧有单刃斧和双刃斧之分。斧是用来砍或劈木料的工具，单刃斧适合砍而不适于劈，双刃斧既适于砍又适于劈。

(2)锛由锛头、锛身和木柄组成，用来砍削较大的木材平面。锛的操作较困难，易发生砍伤腿脚，因此必须小心谨慎，动作不能过大，使用手劲掌握准头，控制方向。右手握锛柄 1/3 处（从尾端算起），将锛提到一定高度后用力下砍。两只脚的站法是两脚靠拢，两脚掌站成丁字形，两脚不要离开，右脚在前，左脚在后。下锛时，一般锛刃的位置以不超过前脚 30cm 为宜。举锛和下锛时，其身体不能随着锛的上下移动而摆动。正确姿势是身体应微俯，与地面大约成 70°角，用力要适度，看准砍稳，以保证锛位准确有力。

5. 刨削工具

刨按其用途及构造，可分为很多种，一般常用的有平刨、槽刨、线刨、边刨、轴刨等。

(1)平刨由刨身、刨柄、刨刃、铁盖、刨梁、螺丝及木楔组成。平刨常用来刨削木料的平面，使其平直。按其用途，平刨又分为长刨、中刨和短刨。长刨适用于刨削长料，是一种细加工刨。中刨一般用于第 1 道粗刨木料面，为第 2 道细加工创造条件，它的加工精度不高，刨削面较粗糙，但刨削量较大。短刨又分粗短刨和细短刨。粗短刨是用于木料的第 1 道工序粗加工，细短刨是用来刨削木材的最后一道工序，即净光。

(2)槽刨由刨身、刨柄、方形木楔子及刨刃等组成。槽刨是用来刨削木料凹槽用的。

(3)线刨由刨身、刨刃和木楔组成，专为成品棱角处刨削美术线条用。

(4)边刨又叫裁口刨，由刨身、刨刃和木楔组成，专供在木料边缘裁口用。

(5)轴刨又叫弯刨、滚刨、蝙蝠刨，有木制、铁制两种，用来刨削较小工作面的弯曲部分及凹凸、圆形构件等。

刨在使用时，刨底要常擦油（机油或食油）。木楔不能打得太紧，以免损坏刨梁。刨用完后要退松刨刃，如果长时间不用应将刨刃及铁盖退出。

6. 凿孔工具

(1)凿按形状及用途分为平凿、斜凿、圆凿等。凿主要用于桥枕、护木及其他木质设备凿眼、剔槽及在狭窄部分作切、削。

①平凿（又叫板凿）主要用于凿方孔及切、削。平凿又分宽刃凿及狭刃凿两种。宽刃凿适用于剔槽及切、削，狭刃凿专用来剔削较狭窄较深的孔槽。

②斜凿是刃口倾斜的一种薄凿，切削比较锋利，适用于倒棱、剔槽及狭窄部分的剔削。

③圆凿刃口呈弧形，适于剔凿圆孔、圆槽及雕刻。

(2)凿孔的要领是“一打晃三晃，凿子好外拿”，就是每击一下凿顶，要把凿子晃动后再继续打第二下，这样往外拔凿子时才不致被木料夹住。另一个要领是“前紧后跟，越凿越深”，就是在凿孔时每打击几下凿子，就必须向前移动一下凿子的位置，这就是“前紧后跟”，凿子在孔眼中越往前凿，因后面已经凿空，故进刃就比较容易，这就是“越凿越深”。

7. 钻孔工具

桥隧作业常用钻孔工具主要是手扳麻花钻，又称螺旋钻。

螺旋钻钻杆用优质钢制成，长 50～60cm，钻杆前段形成螺旋纹，端头呈尖锥状。钻杆上端横向穿入木柄作为旋转执手，木柄采用硬木。

螺旋钻主要用在桥枕、护木上钻勾螺栓孔和在枕木上钻螺纹螺钉孔。

8. 除锈工具

常用的除锈工具有刮刀、除锈锤、钢丝刷。

(1)刮刀用弹簧钢或工具钢加工锻制，用来刮除钢结构物上的锈皮及失效的漆膜，也可用于刮除桥枕、护木上失效的煤焦油和腻子及其他污垢等。

(2)除锈锤用弹簧钢或普通钢锻制而成，用来敲除严重锈蚀的锈块等。

(3)钢丝刷是在木质把身上栽上钢丝而成，有平把、翘把形式，主要用来清除钢板及钢制品上的锈迹和漆皮，以及其他污垢等。

9. 涂漆工具

常用的涂漆工具主要有腻子铲、扁油刷。

(1)腻子铲主要有木柄钢片铲刀、牛角板和自制腻缝工具，主要用来将调制好的腻子填补压入钢梁的节缝里和钢梁表面的凹坑内，防止积水。

(2)扁油刷由木柄和鬃毛组成，是根据作业面大小选用大小不同的扁油刷子，在小油桶里蘸上油漆后于物体表面进行涂刷，也可用于其他涂刷和清扫等。

10. 混凝土工具

混凝土主要手工工具有铁铣、水桶和灰盘、胶管、手推运灰车、捣固铲等。

(1)用手推运灰车运送混凝土时，要保持车平稳，防止混凝土撒落。

(2)使用捣固铲时，两手握住铲柄，上下捣固混凝土，使所捣处所的混凝土实落出浆。

11. 钢筋作业工具

钢筋作业手工工具主要有小锤、大锤、剁斧、钢筋弯制卡盘、手摇扳、钢筋扳子、钢筋钩。

钢筋弯制卡盘由一块钢板底盘（厚约 12mm）和扳柱（ϕ22～ϕ25mm 钢筋柱）组成，在底盘上焊 3 个或 4 个扳柱。扳柱间的距离根据所弯制钢筋直径而定。底盘固定在工作台上。

手摇扳由钢板底盘、扳柱、扳手组成。

钢筋扳子分为横口和顺口扳手两种。

钢筋钩用 ϕ10～ϕ14mm 的钢筋制作，手柄长 17cm 左右。

(1)用途

①钢筋弯制卡盘用来弯制直径较粗的钢筋；

②手摇扳用来弯制 ϕ12 以下的钢筋；

③钢筋扳子与卡盘配套，用来弯制直径较粗的钢筋；

④钢筋钩用来绑扎钢筋。

(2)使用方法

①钢筋弯制卡盘是和钢筋扳子配套使用。一人将钢筋放置在卡盘的扳柱间，另一人双手握住钢筋扳子柄，将卡口卡住钢筋（根据钢筋直径选用钢筋扳子，一般情况下卡口的尺寸应比钢筋直径大 2mm），用力推或拉钢筋扳子柄，直至将钢筋弯至所需角度。

②使用手摇扳时，一手将截好的钢筋放在底盘上的扳柱和手摇扳柱之间，另一手握住扳手柄往胸前拉，将钢筋弯成所需的角度。如果钢筋较细（ϕ8mm 以下），可一次同时放入几根弯制。

③钢筋钩的使用是，一手握住钢筋钩的手柄，另一只手扶住钢筋搭接处缠绕好的绑丝，然

后用钢筋钩的小钩钩住绑丝的折头鼻，再将绑线的另一头搭压在小钩内，转动钢筋钩的手柄，将绑扎丝扭紧。

(3)注意事项

①使用钢筋扳子弯制钢筋时，要把钢筋放正确，以免出现大的误差。推(或拉)扳子时，扳子的卡口一定要卡牢钢筋，然后由小到大施力，防止用力过猛卡口脱离钢筋摔伤人。

②使用手摇扳子弯制钢筋时，一定要将钢筋的位置放正确，防止出残品。

③使用钢筋钩绑扎钢筋时，转动手柄用力要适当，防止将绑丝扭断。

二、常用吊装机具

1. 绳索及拴吊工具

主要有麻绳、锦纶绳、钢丝绳、链条、钢丝绳辅助零件、卡环、吊钩、吊环、夹钳、松紧螺栓、扁担梁等。

(1)麻绳和锦纶绳

麻绳和锦纶绳根据组成的股数多少分三股、四股和九股等多种。

①使用方法：麻绳在用于手动起重设备、临时性装吊作业和捆绑配件作业中，主要是掌握如何打结绳扣。好的绳扣应该是扣结方便，不会滑脱，牢固稳妥，解扣方便。

绳扣主要有平结(也称果子扣)、插结(也称三角扣)、活结、节结、展帆结、倒扒扣(也称系扣)、琵琶扣(也称水手结或单环结)、双琵琶扣、缆风扣、猪蹄扣、梯子扣、鲁班扣、背扣、管子扣(也称倒背扣)、吊钩结。

②注意事项：使用麻绳时，应根据受力的大小选用直径合适的麻绳，使用前应做荷载试验，符合要求后方可使用；使用时发现有连续环圈扭结时要抖直；使用中的麻绳应注意避免受潮、淋雨或纤维中夹杂泥沙和受油污等化学介质侵蚀；不准在粗糙的或有锋棱的物体上拖拉，防止磨断麻丝和绳股。

(2)钢丝绳

①构造：钢丝绳是由高强度钢丝机制搓捻而成，钢丝绳按捻制的方向不同分为顺绕钢丝绳、交绕钢丝绳和混绕钢丝绳。钢丝绕成股和股捻成绳的方向相同叫顺绕钢丝绳；钢丝绕成股和股捻成绳的方向相反叫交绕钢丝绳；相邻层股的绕捻方向相反的叫混绕钢丝绳。钢丝绳按结构不同有普通结构钢丝绳(由直径完全相同的钢丝搓成)、混合结构钢丝绳(由不同直径的钢丝搓成)、扁平结构钢丝绳(由扁平钢丝股做成，外形接近圆形)、封闭式结构钢丝绳(在普通钢丝股的外表上包一层由一定形状的钢丝做成的外环)。钢丝绳在搓捻时都在中心配有麻芯、棉纱芯、石棉芯和软钢芯。

②注意事项：钢丝绳应严格按受力的大小选用，不得超负荷使用；使用前应详细检查是否有断丝、锈蚀，检查其磨损程度；钢丝绳的端头要用铁丝捆扎或用熔点低的合金焊牢，也可用铁箍箍紧，以免绳头松散和扎伤手；钢丝绳所穿滑车轮槽宽度应大于绳径，滑轮边缘不许有破裂现象；钢丝绳在使用中不许出现锐角曲折、死弯、扭结、磨绳等现象；不准急剧改变升降运行速度，以免产生冲击荷载；应尽量顺着一定的方向缠绕在滑轮或滚筒上，缠绕时要让钢丝绳一圈紧靠一圈整齐排列，防止因相互错叠而磨损；钢丝绳不许用打结的方法连接在起吊物体上，应事先做好各种连接配件；每次使用完毕，应将钢丝绳晾干，刷去灰垢和铁锈，在表面涂以防锈油脂；运转或库存钢丝绳应成卷排列，不可重叠堆码，并应与腐蚀性的物品分开，注意防潮和防挤压。

(3)链条

①构造：链条有板片关节链和焊接链两种。

板片关节链是由许多薄钢片由轴杆连接而成，板片多少由受力大小而定，可以是2～12片。

焊接链是由许多椭圆形链环组成，有焊接和锻接两种。

②注意事项：使用链条前应以相当于破坏荷载一半的重载进行试验；对于来历不明的旧链不可用于有危险的起重工作；由于链条对冲击和超载极为敏感，常无预兆而突然断裂或产生极难察觉的裂纹，因此不易用于有振动的作业，不可超载；链条是钢铁制成，应防止锈蚀。

(4)钢丝绳辅助零件

主要有钢丝绳夹头和套环。

①构造：钢丝绳夹头常用的有臼齿形、V形和M形。套环是用钢材机制而成，也称三角环、耳环、鸡心环。

②用途：钢丝绳夹头主要用于绳环固定和搭梢接头。套环用以保护钢丝绳的弯环部分不产生死弯。

③使用方法：

a. 钢丝绳夹头——当使用夹头固定绳环时，应根据钢丝绳的直径配套使用夹头，不得用大号夹头夹钢丝绳。紧固螺栓一定要拧紧至夹内钢丝绳压扁1/3为止。

b. 套环——将钢丝弯绕在套环上。

④注意事项：使用钢丝绳夹头时，在起吊并受力后应检查夹头是否有走动，以防滑脱。

(5)卡环

①构造：卡环也称卸扣或开口销环，是由钢锻制而成，分弯环及横销两部分。

②用途：在起重装吊工作中，卡环用来栓联工具，如连接结钢丝绳和吊钩，以及千斤顶捆绑物体时固定绳套。

③使用方法：将卡环的横销从弯环上卸下，将钢丝绳放置在弯环内，再将横销与弯环连接起来。

④注意事项：使用卡环时，应注意选用允许荷载的卡环吊装重物。

(6)吊钩

①构造：吊钩有用钢材锻制而成和用钢板铆接而成的两种形式。按其形式不同，有单面及双面吊钩。

②用途：吊钩是起重工作中的主要工具之一，主要用来勾挂被起重的物件。

③使用方法：将吊钩的钩环固定或连接在钢丝绳上，用钩勾挂被起重的绳套。

④注意事项：使用吊钩前应认真检查吊钩上有无裂纹和残余变形，吊钩表面应光滑，不得有飞刺、剥裂、锐角等，每使用一年应检查试验一次，凡发生有细裂纹或尾部螺纹中有刀具的深切削时应停止使用；在吊钩的危险断面上若磨损高度超过10%时，应进行检算以确定其容许吊重，吊钩不得施行焊补或填补；吊钩必须有适当的保安辅助设备，以防止挂在钩上的绳链从吊钩开口处掉出。

(7)吊环

①构造：吊环是用钢材锻制而成的封闭环形吊具，其起重能力大于吊钩，且无脱钩的危险。

②用途：同吊钩。

③使用方法：基本同吊钩，只是被起重的绳套要先穿过吊环。

④注意事项：吊环所起的作用基本同吊钩，在使用前应认真检查是否有裂纹、变形、超限磨损、切痕等情况。

(8)夹钳

①构造:夹钳是用钢材锻制的一种能自动夹紧的吊具,构造简单,使用方便。

②用途:用来夹吊工字钢及轨料。

③使用方法:将钳口张开,钳住被吊物体后,起吊即可。

④注意事项:夹钳应保持钳口灵活,钳口不得有变形、裂纹等情况。

(9)松紧螺栓

①构造:也称花篮螺栓,是利用丝杠进行伸缩的一种工具。

②用途:松紧螺栓是在拉紧和放松钢丝绳时起到承受荷载和卸载作用。

③使用方法:松紧螺栓的使用是根据拉紧和放松钢丝绳的需要,用活口扳手转动螺栓。

④注意事项:使用松紧螺栓时,应检查螺杆是否有裂纹,否则会被拉断;根据拉力大小选用符合规格的松紧螺栓;在使用活口扳手松紧螺帽时用力要稳;平日要注意对丝扣的防锈保养。

(10)扁担梁

①构造:扁担梁是根据起吊重物的重量和长度选用圆木、方木、轨束梁、工字钢等制成。

②用途:扁担梁是在起吊长形构件(如梁、桁架、大型拱圈、桩等)时使用,起吊长形构件往往需要2个或2个以上的吊点以减少构件悬臂过长自重弯曲的影响。

③使用方法:扁担梁的使用是根据被吊物件的长度及吊点位置选配好扁担梁的长度和结构形式,将被吊物件的吊点栓上绳索与扁担梁的两端连接,再用吊钩吊起扁担梁上的千斤绳,就可将被吊物件安全起吊。

④注意事项:使用扁担梁起吊重物时,应根据被起吊物件的结构形式选配扁担梁,对被吊物件的吊点要慎重吊位,否则会破坏构件造成损失。

2. 常用起重机具

公路养护常用的起重机具主要有倒链滑车、钢丝绳手扳葫芦、千斤顶、绞磨、手摇绞车、电动卷扬机、地龙等。

(1)倒链滑车

①构造:倒链滑车又称链条滑车、神仙葫芦、手拉葫芦。

a. 齿轮传动倒链滑车由链条、链轮、行星装置和上下吊钩等组成。

b. 蜗轮传动倒链滑车由链条、链轮、蜗杆蜗轮装置和上下吊钩等组成。

②用途:主要用于吊起和拖拉重物,它通过机械原理起到省力作用。

③使用方法:倒链滑车只是在短距离起重、移动重物或绞紧物体以控制方向用。使用时先将倒链滑车联挂在固定点,下钩与重物钩挂好。当提升重物时,用手拉链条使链轮作顺时针方向旋转,停止不拉重物不会自动下落,可维持悬吊不动;当需要下落时,可用手拉动链条使链轮作反时针方向旋转。

④注意事项:

a. 在使用前应认真检查吊钩、链条、轮轴有无损伤,传动部分是否灵活,否则不得使用。

b. 使用时应先反拉细链条,使粗链条松弛,以使滑车有最大的起重距离。

c. 起重时应先慢慢倒紧,待链条吃劲后检查滑车各部分有无变化,安装是否稳妥,链条是否会自行回松等,确认良好后才可继续工作。

d. 起重时,手拉链条要正对链轮均匀拉动,不可猛拉、强拉或斜拉,发生卡链时可顺势回拉一至二转,活动后可继续工作。

e. 不可超负荷使用,如起吊重量不明确,在绞紧倒链滑车后,只准一人拉动小链条,不得用

两人以上的力量一齐拉，以免粗链条因受力过大而断裂。

f. 倒链滑车多作为垂直于地面方向使用，若在倾斜或水平方向使用时，拉链方向应与链轮方向一致，注意和防止链条脱槽。

g. 搬运装卸倒链滑车时不得随意丢甩抛掷，注意保护轮轴及链条，轮轴及齿轮要随时加油，不使链条齿轮扭结脱扣，要经常保持清洁，避免锈蚀。

(2)钢丝绳手扳葫芦

①构造：钢丝绳手扳葫芦又称万能钢索牵引器，由两对平滑自锁的夹钳、手柄、吊钩等组成。常用的有 YQ－3 型、69－3 型。

②用途：同倒链滑车。

③使用方法：使用时，先将葫芦后端与固定点连接并稳固好，前端的钩与被移动重物钩挂好，然后手握手柄作前后往复推动运动。

④注意事项：

a. 使用前应认真检查各部件是否有裂纹伤损，否则不得使用。

b. 使用时先慢摇手柄，待钢丝绳吃紧后再检查葫芦各部分有无变化，安全是否稳妥，夹钳是否灵活，确认良好方可继续工作。

c. 使用中手持手柄用力要均匀，不可猛推猛拉。要经常对葫芦保养，以防锈蚀。

(3)千斤顶

①构造：千斤顶又称压机和顶镐，按构造可分为螺旋式、液压式和齿条式。

a. 螺旋式千斤顶是利用斜面和螺旋的原理制成，主要由主架、底座、锯齿形螺旋杆、伞齿轮、铜螺母、升降套筒、特制推力轴承及棘轮组等主要构件组成。

b. 液压千斤顶的起重量较大，它主要由活塞、活塞罐、底板、顶帽、外套、油泵、摇把等主要部件组成。

c. 齿条式千斤顶(起道机)系杠杆棘爪锯齿条式机构。

②用途：主要用来顶起重物。

③使用方法：使用千斤顶顶起重物时，先将千斤顶稳放在平稳坚实的地盘上，或用木板垫平。千斤顶的顶面与较光滑物体的接触面之间，应加垫木板或麻袋防止滑动。千斤顶安妥后，将手柄插入手柄孔作往复推拉，若是液压式应先关闭油门。开始起顶不应用力过猛，先将重物稍微顶起，经试验无不良情况或变化时，再继续顶起重物。

④注意事项：

a. 使用前应检查各部分是否灵活良好，油路是否畅通。

b. 螺旋和齿条千斤顶必须装有保险装置，使用前应检查保险装置是否良好，严禁使用螺纹磨损率超过 2% 的千斤顶。

c. 千斤顶起重能力应大于起顶重物。若几台千斤顶联合同时使用时，每台的起重能力不得小于其分担荷载的 1.2 倍(起落梁等重要工作时不得小于 1.5 倍)。

d. 使用的千斤顶要放在平整坚实的地盘上，或用木板垫平，必要时垫厚铁板或钢轨束以扩大支承面。千斤顶顶面与较光滑物件的接触面之间，应加垫木板或麻袋、胶板防止滑动。荷载应与千斤顶轴线重合，顶重过程中应严防由于基底偏沉或荷载水平位移而发生千斤顶偏斜的危险。

e. 进行起落梁时，应另搭枕木垛在旁边保险，以防意外。保险枕木垛面至顶起面的净距一般不得大于一块枕木厚，木垛顶部设楔木，使梁底脱空距离保持在 1～3m 以内，万一发生故障可立即垫实。不得在无人监视下长时间用千斤顶支顶。

f. 以几台千斤顶凌空抬起一件大型物体时,无论起、落,均不得使各千斤顶同时操作。例如顶起一孔梁,必须两端分开起落,一端起落时,另一端必须填实垫稳。

g. 若用两台千斤顶起落重物一端时,两台千斤顶应放在重心线两侧对称位置处,底座放的方向应略成八字形,使两台千斤顶受力均匀。

h. 用两台或两台以上的千斤顶同时起一端时,要统一指挥和喊号,以求动作一致。不同类型的千斤顶避免放在同一端使用。

i. 千斤顶的顶起高度不得超过有效顶程。千斤顶的施力点应选择在重物有足够强度处。千斤顶稳妥后,要先将重物稍微顶起,经试验无不良情况和变化时,再继续顶起重物,不应用力过猛。

j. 使用千斤顶降落物体比顶高物体更容易发生事故,必须均匀缓慢地向下松,不可猛松。几台千斤顶同时降落时更应注意,必须使各千斤顶受力均匀,不可一台降落快,另一台降落慢,致使单独受力过大造成事故。

(4)绞磨

①构造:绞磨有木绞磨和铁绞磨两种,均由磨心、支架、连接杆、绞杠等组成。

②用途:用来拖拉重物,也可通过方向轮将重物吊起。

③使用方法:使用前先将绞磨固定好,用封绳锁牢,然后将牵拉钢丝绳在磨轴上缠绕4~5圈,起重绳在下,尾绳在上,按顺序缠好,不得压绳,后边的跑头用人力借助其他物体倒出去并将绳绷紧。根据重物的拉力大小安排适当人推动绞杆。当工作暂停时,应将后边跑头封住,并将绞杆用铁杆别住。

④注意事项:

a. 使用前应详细检查设备各部分是否良好,特别是对制动装置应作为重点,以免在起重过程中因制动失灵造成事故。

b. 机座要固定在基础上,保证设备稳固。绳索要牢固坚韧。

c. 用手摇绞车起重时,每个工作人员必须用力一致,以免摇柄回转伤人。

d. 打梢要使用铁链条,必须用三道扣,第一道用双扣,起吊较轻的物件也不许用不牢固的绳索代替铁链条打梢,拉梢人必须站在钢丝绳剩余段的外边,远离卷扬机以保安全。

e. 起吊重物中途停顿时,不要急剧开动离合器和制动器,重物不能单凭一种制动器悬空停留,必须与棘轮、制爪同时配合使用。采用有电磁制动装置,在断电时能自动抱闸的机种较安全。

f. 卷筒上的钢丝绳要依次靠紧排列整齐,并保留一圈半至两圈,绞动时不得用手或易滑易断的东西调顺钢丝绳,以免损伤手指。

(5)手摇绞车

①构造:手摇绞车即手摇卷扬机,为人力起重的主要机具,由几对齿轮和一个滚筒及其他配件组成。

②用途:同绞磨。

③使用方法:使用手摇绞车,需先将绞车稳固在平整坚硬的基础上,后方加锚拉绳,前方与重物连接,然后手摇绞车摇柄牵移重物。

④注意事项:所用绞车、卷扬机不得超负荷使用。

(6)电动卷扬机

①构造：电动卷扬机的构造原理和手摇绞车相同，只是其滚筒是由电动机来带动而不是手摇带动。电动卷扬机主要由机架、卷筒、电动机、钢丝绳组成。

②用途：同绞磨。

③使用方法：使用前需先将卷扬机稳固在平稳坚硬的场地，按规定接好三相电源，手握离合器操纵杆，开启开关即可工作。

④注意事项：卷扬机安全使用。

(7)地龙

①构造：地龙是锚定设备的通称，分站龙、桩龙、卧龙、炮眼地龙、混凝土地龙等。

a. 站龙由柱木及上、下挡木等组成，有单桩、双桩及三桩。

b. 桩龙是以打入土中一定深度的木桩来作地龙，有单桩、双桩及三桩地龙。

c. 卧龙是埋入土中的横置木料，将钢丝绳栓于木料中间的一点或两端从坑前端槽内引出。

d. 炮眼地龙是在坚硬岩石地面不易设置前面几种地龙时采用。在岩石面上打炮眼深约1.5m，炮眼约排成圆形，数量不少于3个，在炮眼内插入32mm钢钎、圆钢或短钢轨，在几个钢钎中间插入$\phi25 \sim \phi30$cm的圆木，用钢丝绳将钢钎及圆木一起捆紧，然后在后面适当距离再打一炮眼并插入一根钢钎，用钢丝绳连在一起做成炮眼地龙。

e. 混凝土地龙是永久性地龙，它是根据承受的拉力，经过计算，在地面上挖一长方坑，灌筑混凝土，在混凝土中预埋一根型钢作为横梁，在型钢上连接拉杆引出地面。

②用途：锚定绞车、定滑轮、缆风绳以及扒杆和起重机的平衡索。

③使用方法：地龙主要用来稳固绞车、卷扬机、定滑车、缆风绳以及扒杆和起重机的平衡索之用，使用时将地龙拉出的钢丝绳与被稳固的钢丝绳用钢丝绳夹头连接牢固或用其他办法连接牢固即可。

④注意事项：

a. 埋设地点应平稳、干燥，必要时应事先平整地面并设置排水。

b. 所埋地龙木料要求无腐朽。生根钢丝绳要拴牢，不得有滑出或被拉断的危险，受力方向应与地龙埋设方向一致。

c. 地龙埋妥后要经过试拉才能正式使用，在使用中应经常检查，如有变形应立即采取措施防止事故。每次雨后更应加强检查，并排走附近积水。

d. 当附近有固定建筑物时，应尽量代替地龙使用，但必须经过估算方可，以免建筑物被拉坏。

三、圬工修补机具

(1)常用工具：在圬工修补工作中，常用的手工工具有尖嘴和扁嘴凿、手锤、铁抹子、小秤等。

①构造：尖嘴凿和扁嘴凿是用工具钢锻制而成的，一端为齐头，而另一端为锥形(尖嘴)或楔形(扁嘴)，其长度根据施工方便而定，一般为20～30cm；手锤是大柄铁锤头；铁抹子是用1～2mm的钢板截制成的，上面焊一弯把，根据需要抹子有尖头和齐头的；小秤是由专门厂家生产的盘秤。

②用途：用手锤和尖嘴凿、扁嘴凿将圬工的裂纹凿成V形和梯形槽口，以便用树脂砂浆填补。也可以用来凿除损坏的圬工部分，便于修补；铁抹子用来轧实和抹平修补的圬工表面；小秤用来称量修补圬工裂纹时的用料，使之按比例配合。

③使用方法及注意事项：使用手锤和凿子时，一手紧握凿子身，使凿头对准要凿的圬工处，

另一手握锤柄，用锤头击打凿子的上端，在击打时要准、稳，以免脱锤打伤手和用力过猛凿坏不该凿的圬工处所。

使用铁抹子时，手握抹子把，将修补填料用力压进凿好的圬工槽内，并揉动，使填料在槽内密实。表面用抹子压光。

使用小秤称量配料时，要认真掌握，看准刻度。

第二节　养护与维修的安全作业

一、养护人员安全

1. 基本要求

保证人身安全是养路职工的基本职责，必须认真执行有关法令和规章制度，贯彻执行“安全第一，预防为主”的方针。从事桥涵、隧道养护作业的人员，必须经过专门培训，熟悉本职业务，熟悉主管路段内桥涵、隧道的基本状况，掌握安全技能，落实防范措施，防患于未然。新工人及任职人员未经安全技术教育，不得上岗作业。

作业人员工作前应充分休息，不得酗酒，严格执行规章制度，遵守两纪。作业时要身着养护服，佩戴上岗证。作业中注意警示防护，确保行车和人身安全。

2. 上、下班步行安全

(1)上、下班在路肩上行走，不得并行、打闹、谈笑，不得穿戴红、绿色衣服、帽子、围巾，不得用衣帽等物遮盖两耳，不得穿带钉鞋和高跟鞋。

(2)通过路口、桥梁或穿越线路时，必须执行“一站、二看、三通过”制度，确认无车时再通过，严禁抢道跨越。

(3)在人行道较窄(小于1m)或仅设有护栏的桥梁、隧道中行走时，要有专人防护，拉开适当距离。来车时及时分散紧靠栏杆站立，严禁跑动或横穿道路。

(4)在道路上行走时，遇暴风雨、大雾或在深堑、曲线等不良天气及地形，应靠边慢行，注意安全。

3. 上、下班乘机动车辆安全

(1)乘车人员必须由施工负责人统一安排，不得乱扒、乱乘。

(2)车厢(边)应有加固措施；拖车必须装栏杆或扶手；不准超载，避免拥挤时车厢损坏，造成人身伤亡。

(3)笨重料具专车运送，不能与乘车人员混运，避免料具碰伤手脚。

(4)机动车辆应按规定行驶，遵守交通规则。

(5)运行中乘坐人员不得将头、手、脚伸出车棚，避免被树枝、危杆或来往车辆碰伤。

(6)车未停稳不得抢上、抢下、扒车或跳车。

4. 作业安全

(1)作业中遇雾、雨时，应将全部机具放到路肩以外的安全处；不得到高大建筑物下、电杆旁、大树下及容易触电处或涵洞内避雨。

(2)进行防护作业及设备检查时，下列作业情况必须设专人防护：

①天气不良或在深路堑、小半径曲线视线受阻地段；

②使用养路机械作业时；

③长大桥、隧等，作业地点在繁忙交通线路上，视听条件不良处所；

④单独检查设备及单独上路作业人员；

⑤整修路堤、边坡取土、抬运片石横过河床时，要注意气象预报，防止上游河流洪水暴发，以防伤人。

(3)暑、寒作业安全：

①酷暑时要加强劳动保护，多饮防暑降温饮料，确保职工人身安全。暑期作业时间要合理调整，以防中暑。

②暑期严禁作业人员无组织下河、池、湖等玩水。

③严寒冬季作业，加强劳动保护，以防冻伤手脚。防寒期设火炉取暖时应做到：取暖炉烟筒安装合理，烟筒不无故取掉，经常清理积灰；经常检查，炉、筒不漏气；严禁一人一室。发生煤气中毒时，应及时采取措施正确抢救，先将房屋门、窗打开进行通风，将煤气中毒者放置于通风地方，进行正确的人工呼吸，就近送往医疗单位抢救。

5. 桥隧作业人身安全

(1)在离地面3m以上的高空及陡坡上作业，必须戴好安全帽、安全带或安全绳，不准穿带钉或易溜滑的鞋。每次使用前，使用人必须详细检查安全用品。对安全带或安全绳，单位每半年应做一次鉴定。

(2)使用脚手架必须满足工作安全的要求，搭设牢固，脚手板外伸悬臂应有专人负责，经常检查整修，不得浮起活动。脚手架使用的材料，必须坚韧耐用。

(3)上山、下河经常通过的陡坡和路滑处所应做有步行台阶，必要时应设置栏杆。临时通行可打安全桩，并拴好安全绳。

(4)在无人行道的桥上作业时不得向桥外方向使劲，防止摔下。桥面及人行道上，不准有露尖的赘物或作业工具横置路面。

(5)进行钢梁喷砂除锈时，喷砂嘴不准对着人、车、船，不准带风、带砂修理喷砂设备和更换零件。

进行钢梁铆钉作业时，禁止在脚手架上试打铆钉枪；使用铆钉枪打销钉和过冲时，应呼唤应答，防止过冲伤人；换装铆钉枪风弹时，不准对人；停用铆钉枪时，必须带好安全环；非风动机具操作人员，不准动用铆钉枪。

(6)开挖建筑物基坑和刷坡时，应注意：

①按放好的边线从上向下开挖，禁止掏底挖土。

②遇有滑层、裂纹、浸水等情况，基坑壁必须用撑木支撑或改缓边坡。

③靠近基坑上方不得堆土及放置料具等重物以防坍塌。

④在同一坡面的垂直线上，不得上下同时开工，不得在上层挖土时下层运土。

⑤圬工凿除或人工打眼两人配合作业时，禁止面对面或戴手套打锤。

(7)在隧道内处理松动衬砌、危石及翻修衬砌工作时，必须有预防塌落伤人的安全措施。

(8)水上作业应有救生圈、救生船或救生衣等设备。下水作业前，应观测水深及流速，并选派会水的人员担当水中作业，其连续工作时间一般不得超过下列规定：

①水温在5～15℃不得超过1h。

②水温在16～25℃不得超过2h。

冬季需在冰上施工时，施工领导人应针对江河水面宽、深度及地理条件、作业繁简等情况，制订出安全防范措施。

(9)桥涵大维修作业，遇到山区山洪暴发时或平原遇江河水位暴涨时不准下水作业。

水害抢险时，要注意工地和建筑物附近有无冲空、坍塌和其他异状，及时采取安全防护措施。

二、防洪与防寒

1. 防洪

洪水与流冰对桥涵的危害甚大，应采取永久整治和经常养护相结合的办法，为此应对桥涵上下游一定范围内的河道采取必要的措施进行预防。对水害桥涵采取整治河道、添建导流建筑物、加大桥孔等方法整治，对现有桥涵及导流建筑物和河道加强养护维修，以减少洪水的威胁和提高桥涵防御洪水的能力。

（1）防洪检查

防洪检查是在每年的春融或汛前对桥隧建筑物进行一次全面的检查。在防洪检查的同时还应对上游的水库、贮木场、江河堤坝进行调查。

（2）防洪准备

①组织措施——水害发生后能及时组织人力、物力进行抢修；

②防洪准备工作——做好抢险料具的储备和人员组织；

③洪水期的检查——坚持冒雨和雨后检查，制定责任地段分工制；

④汛后复查——对有冲刷和损坏的设备，安排计划修复和改造。

（3）预防措施

①整治河道，提高泄洪能力：

a. 修建河流防护调节建筑物；

b. 河道裁弯取直；

c. 防止淤积；

d. 泥石流处理。

②预防冲刷：

a. 修建草皮或柴排护底；

b. 增设消能设备；

c. 下游筑拦沙坝；

d. 浆砌片石（或混凝土）护底。

（4）防洪抢险措施

当洪水来临时，要密切注意洪水通过桥涵情况，发生险情应立即采取有效措施进行抢险，确保行车及设备安全。

①对漂浮物堵塞桥孔进行疏导、砍散；

②对墩台基础受严重冲刷的进行抛投片石及石笼抢护；

③水毁严重的桥涵，可先采取便道或便桥抢通线路，恢复通车，再修复的措施；

④要特别注意制定水害抢险的行车及人身安全措施。

2. 防寒

寒冷地区为防止涵洞内发生冻结，在冬季应用挡雪板挡住小孔径涵洞的洞口。对基底在冰冻线以上且翼墙后为渗水不良土壤的涵洞、墩台、翼墙等应及早进行整治，在未彻底整治前，视不同情况在冬季采用培土、培草、填平冲刷坑等措施来进行防止。

当严寒地区春融时，水位上涨，大量流凌可能撞坏桥墩台，严重时会堵塞桥孔，甚至堆积成冰坝和冰桥以致推走整个桥梁；冰层在骤冷情况下会开裂，如遇大风、冰层移动可能会挤歪桥

墩;河流在结冰后,由于水流的影响或其他原因,冰层会发生爬动,当水位涨落时,冰面随之升降,这些对墩台等都会产生破坏作用,所以在这些河流中应高度重视防凌工作,采取相应措施进行预防。

(1)在冰层开始移动前,应将实体墩台、翼墙、堤坝的周围(约宽0.5m)的一部分冰层破开,以免流冰撞击墩台。

(2)对有大量流凌的河流应预先在桥梁上游不少于50m、下游不少于30m范围内开凿纵横水沟。流凌特别严重、大量流凌形成冰坝或冰桥拥下时,在到达桥址以前将其炸碎,以保证流冰顺利通过桥梁,确保安全。

三、故障防护

1. 故障防护基本要求

养护工作人员发现桥隧发生事故,如桥面开裂、水害、泥石流、流冰、火灾及交通事故等危及行车安全时:

(1)立即向上级主管部门报警。

(2)在事故现场设立“危险慢行”或“禁止通行”警示标牌进行防护。

(3)组织人员维修或消除事故。应尽快疏通河道、清理路面,恢复通车。

2. 注意事项

(1)桥隧设备一旦发生事故,首先要维护好故障处所秩序,正确设好防护,避免事态扩大,确保行车和人身安全。

(2)遇事不能慌乱,要保持清醒头脑,准确判断故障处所各种不同情况。

(3)发生故障时,先设置防护,后处理故障,绝不能只顾处理,不设防护。

(4)处理故障时,要尽量缩小影响范围或减少损失。

四、料具装卸与堆放

1. 材料装卸安全作业

(1)装载材料、工具时应稳固,不得偏载、超载和超出装载范围;装载危险物品时,应有可靠的安全措施。

(2)装卸材料时,装卸车负责人应做好下列工作:

①配备足够的装卸车人员、工具和安全防护用品。

②夜间作业时,配有足够的照明设备。

③多个车辆卸车时,每辆车上指定一人担任组长,负责指挥卸车、安全检查、现场整理。

④对笨重材料(如木料、石块、钢构件、混凝土预制块等),禁止边走边卸。卸料要堆放在指定场地。卸车后要认真检查,确认材料数量及堆放稳固。

⑤组织卸料时,卸车负责人应严格掌握卸车位置,在下列地点禁止卸车:

a. 路线交叉口附近。

b. 桥涵上与隧道非作业地段。

c. 各种警示牌、标志牌下。

d. 公路收费站、各类车站处。

e. 线路两侧有大量堆积物地段。

⑥搬运及装卸重物时,应尽量使用机械作业,人力操作时,要统一指挥,动作一致。

⑦搭设滑板(钢梁)装卸重物时,应支撑牢固,坡度适当,滑行前方禁止站人,后方应有保

险缆绳。

⑧搬运、装卸有毒、有害物品时，必须按规定穿戴防护用品。

⑨装卸盘条、铁丝时，要检查堆码、装载、捆绑状态，遇有相互牵连时，应整理剪断分离后再进行作业。

⑩在带电的接触网下搬运长大杆件（如脚手架用的杆板等）时，应平放在车上运送或由两人抬运，严禁在搬运中竖立或高举，以防长大杆件触电，危及搬运人员的安全。

2. 材料堆放安全作业

（1）路边堆放材料、机具等，不得侵占行车道。

（2）砂石等养路材料可在路肩临时堆放。

（3）尽量避免夜间装卸，若必须夜间装卸时要有充足的照明。

（4）每次卸车后，负责人应组织人员全面检查堆放情况，不符合规定或堆放不稳固的应立即整理。

参考文献

[1] 中华人民共和国行业标准. 公路桥涵养护规范(JTG H11—2004). 北京:人民交通出版社,2004.

[2] 中华人民共和国行业标准. 公路隧道养护技术规范(JTG H12—2004). 北京:人民交通出版社,2004.

[3] 中华人民共和国行业标准. 公路养护质量检查评定标准(JTJ 075—94). 北京:人民交通出版社,1994.

[4] 中华人民共和国行业标准. 公路桥涵施工技术规范(JTJ 041—2000). 北京:人民交通出版社,2000.

[5] 王红霞. 公路养护与管理技术. 北京:人民交通出版社,2006.

[6] 关宝树. 隧道工程施工要点集. 北京:人民交通出版社,2003.

[7] 交通部公路管理司. 公路养护与管理手册 . 北京:人民交通出版社,1993.

[8] 杨文渊,牛犇. 桥梁施工工程师手册 . 北京:人民交通出版社,1997.

[9] 张辉. 公路与桥梁工程病害防止及检测修复实用技术大全 . 长春:长春出版社,1999.

[10] 高速公路养护管理》编委会 . 高速公路养护管理 . 北京:人民交通出版社,2001.

[11] 刘自明. 桥梁工程养护与维修手册 . 北京:人民交通出版社,2004.

[12] 谌润水,胡钊芳,帅长斌. 公路旧桥加固技术与实例 . 北京:人民交通出版社,2002.

[13] 李世华,张建辉. 道路桥梁养护手册 . 北京:中国建筑工业出版社,2002.

[14] 赵振东,陈惠明. 公路养护工程常见病害及防治 . 北京:人民交通出版社,2005.

[15] 山西省高速公路管理局. 养护岗位 . 北京:人民交通出版社,2004.

[16] 徐犇. 桥梁检测与维修加固百问 . 北京:人民交通出版社,2002.

[17] 宋波,张举兵. 图说桥梁病害与外观检查 . 北京:人民交通出版社,2007.

[18] 范立础. 桥梁工程(第二版). 北京:人民交通出版社,1988.